AF639436

Fahrer- und Werkstatt-Handbuch

BMW | R 1200 GS Adventure

bis 2013

Thomas Jung & Uwe Altmann

moto pool

Impressum

Sämtliche Arten der Verbreitung, Vervielfältigung und Speicherung – auch auszugsweise – nur mit schriftlicher Genehmigung des Verlages.

Die in diesem Buch enthaltenen Ratschläge werden nach bestem Wissen und Gewissen erteilt, jedoch unter Ausschluss jeglicher Haftung von Verlag oder Redaktion.

Redaktion:
Thomas Jung, Uwe Altmann

Fotos:
Uwe Altmann
BMW AG, München

Titel:
Uwe Altmann

Typo-Konzept:
Brigitte Ruoff

Text, Satz und Layout:
Thomas Jung, Uwe Altmann

4. Auflage 2023

© Copyright:
Sattelmaier Verlag
motopool
Bahnhofstraße 41
71691 Freiberg/N

ISBN: 987-3-848697-21-1

Diverse Zeichnungen, Fotos und Schaltpläne mit freundlicher Genehmigung der BMW-Motorrad AG, München.

Zündkerzengesichter und Bildtexte mit freundlicher Genehmigung der Robert Bosch GmbH, Stuttgart.

Vorwort

Lieber Leser,

angesichts der komplexen Steuerung von Motor und Bremssystem an aktuellen Motorrädern kommt oftmals die Frage auf, ob an einem modernen Motorrad überhaupt noch etwas in Eigenregie zu reparieren ist.
Das vorliegende Buch ist wohl die beste Antwort darauf. Hier wird Schritt für Schritt erklärt, wie der technisch interessierte Fahrer seinen Untersatz selbst in Schuss hält. Und es wird dankbar zur Kenntnis genommen, dass auf Grund der erwähnten komplexen Steuerung des Motors manche Arbeitsgänge, die noch vor Jahren ein fester Bestandteil des Standard-Repertoires des engagierten Hobby-Schraubers waren, heute unter den Tisch fallen. Als Beispiel seien hier die Einstellung des Zündzeitpunkts (womöglich noch mit Einstellung des Unterbrecher-Abstands) oder die Justierung der Leerlaufdrehzahl genannt. Eine weitere Segnung moderner Zeiten sind Wartungsintervalle, von denen die Altvorderen nur träumen konnten. Immerhin sind die ach so romantischen Schraubereien am Straßenrand von anno dunnemals (z. B. eben mal nach dem Elektroden-Abstand der Zündkerze schauen) die absolute Ausnahme. Voraussetzung ist natürlich die Einhaltung der Wartungsintervalle und deren korrekte Ausführung.

Diese Anleitung kann keine Motorradmechaniker-Ausbildung ersetzen, aber dem ambitionierten Fahrer und Hobbyschrauber Zusammenhänge vermitteln. Und bietet so eine Entscheidungshilfe bei der Frage: Was kann in Eigenregie durchgeführt werden, was muss in der BMW-Werkstatt durchgeführt werden?
Bestimmte Arbeitsgänge, zu deren Durchführung Sonderwerkzeuge und ein umfangreicher Maschinenpark benötigt werden, die unsere Hobbymechaniker-Verhältnisse übersteigen, scheiden da von vornherein natürlich aus und werden zur Durchführung in der BMW-Werkstatt empfohlen.
Arbeiten an der Bremsanlage – insbesondere Bremssysteme mit ABS-Unterstützung – sind den versierten Fachkräften der BMW-Werkstatt vorbehalten!

Die Arbeitsschritte sind wie folgt gekennzeichnet:

- • Arbeitsschritt
- ! Wichtiger Hinweis oder Warnhinweis
- 👁 Wichtige Sichtkontrolle
- → Folgerung

Inhalt

Oft gesucht – schnell gefunden

Zur Sache

Stillstand bedeutet Rückschritt, so die Devise der Entwickler. Und zwar nicht nur im Hause BMW, sondern auch bei den Mitbewerbern, die dem GS-Erfolgsrezept – und dessen Marktanteil – ständig auf den Fersen sind. Mit der R 1200 GS wird 2004 eine neue Messlatte aufgelegt.

Mythos »GS«: Der Grundstein liegt in Sportveranstaltungen – wie etwa bei der legendären »Paris-Dakar« 1981

Seit dem Jahr 1923 ist BMW untrennbar mit dem Boxermotor verbunden. Die damals präsentierte BMW vom Typ R 32 des bayrischen Flugmotoren-Herstellers mit dem blau-weißen stilisierten Propellers als Emblem entpuppte sich als eines der leistungsfähigsten und zugleich zuverlässigsten Baumuster seiner Zeit. Der Grundaufbau mit angeflanschter Kupplung, Getriebe und Wellenantrieb des Hinterrads hat sich schnell zu einem Synonym für »deutschen« Motorradbau entwickelt. Die Leistungsfähigkeit dieses Antriebskonzepts zeigte sich in zahlreichen Sporterfolgen, die mit freilich speziell für ihren Einsatzzweck entwickelten Ausführungen errungen wurden – seien es nun Weltmeistertitel der Straßenfahrer, Geschwindigkeitsrekorde oder abseits befestigter Straßen Titel im Geländesport. Die dabei gewonenen Erkenntnisse flossen – und fließen – aber kontinuierlich in die Produktion der Serienmodelle ein.

So nimmt es nicht Wunder, dass der Boxermotor der 1200er GS heute einen so hohen Stand der Ausgereiftheit hat. Und entsprechend dem universellen Einsatz-

Das Kernstück der Glückseligkeit: Zwei gegeneinander pumpende Kastenkolben, auf das Nötigste reduziert.

möglichkeiten einer Enduro hat die GS einen Grad der Verbreitung erreicht, der seinesgleichen sucht. Und dafür genügt es nicht, einen legendären Ruf zu genießen – davon gibt es viele Motorräder, die meisten jedoch mit geringerer Verbreitung – sondern es muss sich auch um ein einfach zu fahrendes und bequemes Motorrad handeln.
Wer ein Universal-Motorrad braucht, greift zur Boxer-GS. Aus der Jahrzehnte-langen Entwicklingsarbeit heraus gelingen eben auch solche Fahrzeuge, die Maßstäbe setzen. Die Maßstäbe Wertigkeit, Pflegeleichtigkeit, Zuverlässigkeit und Werterhalt sind das Refugium der drallen Bajuwarin.
Aber die Mitbewerber sind aus Europa und Japan sind auch keine Nasenbohrer. KTM, Triumph, Ducati, Yamaha, Honda und Suzuki haben ebenfalls großvolumige GS-Varianten im Angebot.
2004 toppt BMW das Angebot zumindest seitens des Hubraums mit der R 1200 GS. Mehr Kubik gab es seinerzeit in keiner Enduro. Das Grundkonzept der erfolgreichen Vorgänger R 1100/1150 GS war bei der Überarbeitung gesetzte Vorgabe. Gefeilt wurde am Hauptkritikpunkt der Vormodelle: am Gewicht. Satt fünf Zentner betankt auf der Waage sind beim Rangieren nicht zu unterschätzen. Auch wenn diese im Fahrbetrieb fast wie weggeblasen scheinen. Aber weniger Gewicht bedeutet mehr Dynamik. Also heist die Devise Abspecken.
Alles stand auf dem Prüfstand. Und zwar auf allen Ebenen und in allen Ecken.
Beliebtes Thema der Ingenieure in München ist der Boxermotor, der trotz seiner prinzipiellen Nachteile immer auf der Höhe der Zeit ist. Die R 1200 GS Werkscode Typ K25 erhält ein komplett neues Motorgehäuse, in dem jetzt auch eine Ausgleichswelle rotiert. Womit der Langstreckenkomfort erhöht wird. Dass die Vibrationen besonders bei tiefen bis mittleren Drehzahlen nicht ganz

Seit dem 13. März 2004 erhältlich: die R 1200 GS, Nachfolgerin der R 1150 GS. Mehr Hubraum bietet mehr Drehmoment und Leistung. Auch wenn es sich nur um 40 Kubikzentimeter handelt (1130 zu 1170 cm^3), steigt das Drehmoment von 98 Nm bei 5250 min^{-1} auf 115 Nm bei 5500 min^{-1}, die Leistung somit von 85 auf 98 PS. Der Einstiegspreis der Basismaschine: 11 500 Euro.

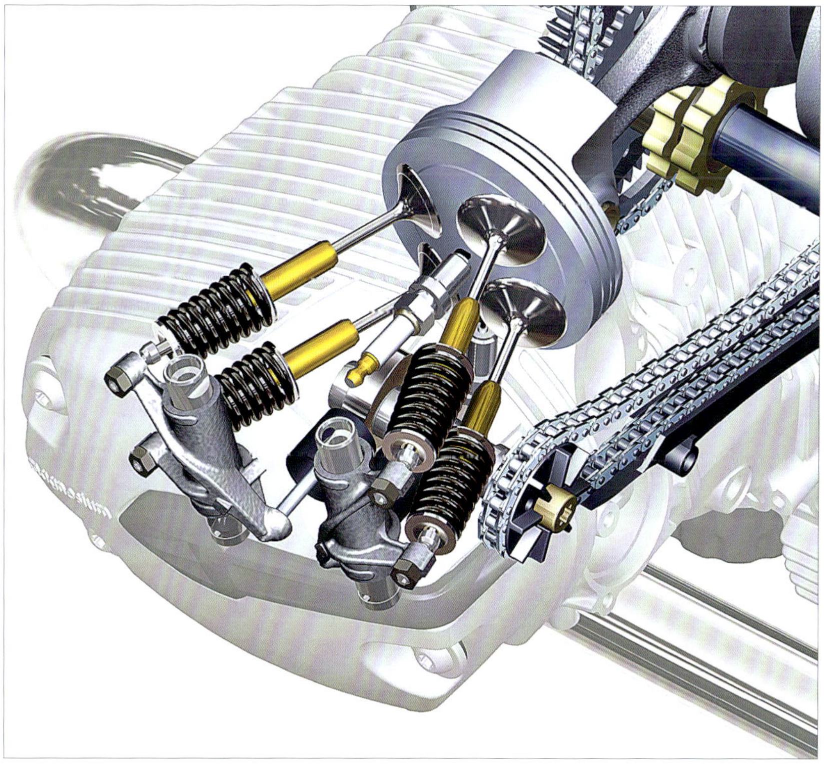

Hier wird die Leistung erzeugt, bei der Steuerung der Gaswechsel. Dank der konischen Ventilfedern können kleine leichte Ventilteller für eine schnelle Betätigung verwendet werden.

Zur Sache

ausgeschaltet werden ist unter Boxerliebhabern kein großes Ding. Die grummelnden Vibrationen gehören beim Boxer zum Charakter, da sind "mir" daheim.

Ein weiteres Novum im Motor ist ein Membranventil, ähnlich eines aus einer Zweitakter-Einlasssteuerung, welches die "Pumpwinde" der zwei aufeinander zulaufenden Kolben in den Ölwannenbereich unter dem Motor ausleitet und so für möglichst viel Unterdruck im Motorraum sorgt. Dadurch sinkt der Gegendruck der gegeneinander arbeitenden Kolben. Fällt also ins Kapitel der Vermeidung innerer Widerstände. An der Kurbelwelle wurde auch gefeilt, der Hubzapfenversatz ist der geringste jemals gemessen. Das bedeudet, dass der Versatz der Zylinder – um die Hubzapfenbreite plus der Dicke der Kurbelwange – noch nie so gering war. Dies wirkt sich günstig auf das Schwingverhalten der Kurbelwelle aus, und die damit geringeren Biegekräfte beanspruchen die Lager der Kurbelwelle weniger.

Der Knackpunkt des Boxerprinzips ist neben dem Einströhmwinkel (Fallwinkel) des brennbaren Gemisches, auch die Steuerung des Wechselvorgangs. Beides erfordert bei zeitgemäßen Leistungsstandards Baubreite. Der Einströmwinkel und die eventuellen Widrigkeiten des Einlassschlunds wurden mit Feinarbeit penibel optimiert. Zum Beispiel mit größeren Ventilen gegenüber der 1150er GS. Außerdem werden mit konischen Schraubenfedern

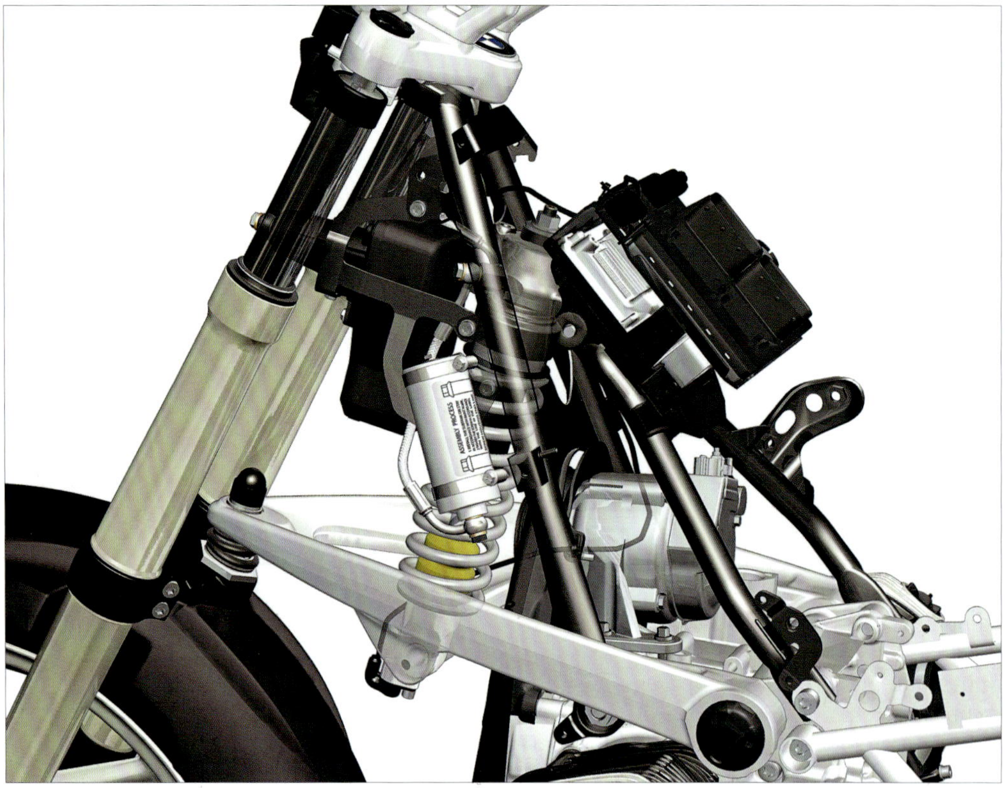

Weiter fester Bestandteil des GS-Konzepts bleibt die Vorderradführung mit dem BMW-typischen Telelever. Die Aufgaben der Radführung und der Federung sind entkoppelt und versprechen feinfühligeres Ansprechen der Federung. In der Darstellung mit der Sonderausstattung ESA (Electronic Suspension Adjustment; deutsch: elektronische Federungseinstellung). Ab 2008 für 680 Euro, heute gesuchte Modelle.

Der Endantrieb der Boxer-GS wird natürlich per Kardanwelle bewekstelligt. Neu bei der 1200er-Ausgabe: Der hohle Winkeltrieb. Und die Paralever-Strebe ist über der Schwinge angebracht. Bei der Vorgängerin war dieser noch unterhalb.

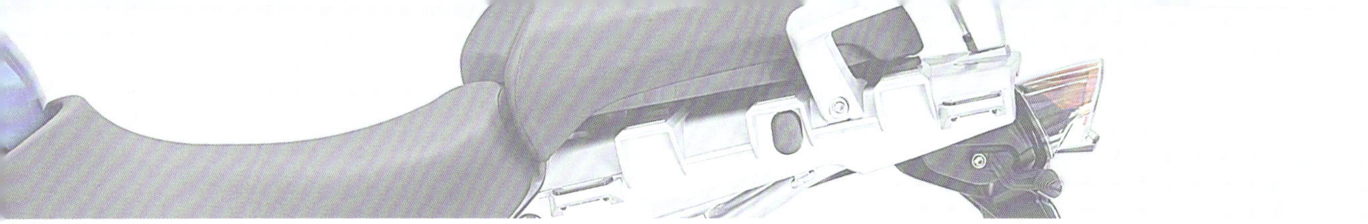

die hin- und hergehenden Massen der Ventilsteuerung veringert, um bei der Drehzahlfestigkeit nicht mit dem Rücken zur Wand zu stehen. Die folglich kleineren Ventilfederteller wiegen dann nicht mehr so schwer. Und die ausgeklügelte Doppelzündung (zwei Zündkerzem je Zylinder) entzündet das Gemisch sicher auch im Magermixbetrieb. Und eine Doppelzündung ist ein probates Mittel, um große Einzelhubräume sicher und gleichmäßig unter Druck zu setzen. Die zwei Zündkerzen zünden übrigens nicht stumpf gleichzeitig das Gemisch, sondern arbeiten zeitlich leicht versetzt (Phasen-versetzt). Beim Motorkaltstart ist allerdings das anfängliche Klackern der Steuerketten erhalten geblieben. Hier braucht's immer noch eine Weile bis der Steuerkettenspanner richtig unter Öldruck steht.
Beim Drumherum: ein neuer leichter Generator (Lichtmaschine) liefert 600 Watt im Bordstromnetz ab. Rekordverdächtig! Es kommen Generatoren von Denso und Bosch zum Einsatz.
Die Kupplung ist der bewährte Einscheiben-Trockenkupplungstyp, die klassische Ausführung. Allerdings sind die Einzelteile für jeweils sich feingewuchtet, es müssen bei der Montage keine Wuchtmarkierungen beachtet werden.
Änderungen gibt es beim Getriebe von GETRAG, dem Ludwigsburger Getriebespezialisten: Die Sechsgangbox verfügt jetzt über schräg verzahnte Zahnräder. Diese ermöglichen leichtere Gangwechsel. Der Wechsel der Gänge erfolgt über Schaltmuffen. Vor allem der neue Schaltautomat macht Freude. Die Schaltgabeln sind in Teflonbuchsen gelagert, Schaltwalze und Schaltwelle sind wälzgelagert. Außerdem laufen die Getriebewellen-Lager nicht mehr offen, sondern sind gekapselt. Dies in Anlehnung an die Konstruktionsweisen im Automobilbau.
Der Endantrieb ist nicht nur optisch überarbeitet. Die Paraleverstrebe verläuft jetzt oberhalb des Schwingarms, wo sie natürlich besser geschützt ist gegen das Aufsetzen im Geländebetrieb. Augenfällig ist die 50 Millimeter-Hohlachse des Hinterachsgetriebes (HAG im BMW-Jargon, hier Winkeltrieb). Die Kraftfluss-Umleitung erfordert mittlerweile Kühlung. Es handelt sich also nicht nur um ein optisches Schmankerl, sondern hilft auch den Wärmehaushalt des Winkeltriebs im Griff zu behalten.
Bei der Frontpartie, respektive Vorderradführung, besteht für die Münchner Ingenieure kaum Handlungsbedarf, der Telelever ist gesetzt. Die Ausführung des Dreieckslenkers der Vorderradgabel jetzt in geschmiedetem Aluminium. Ein Higlight ist auf jedenfall das ESA. Die als Sonderausstattung erhältliche elektronische Federungseinstellung (**E**lectronic **S**uspension **A**djustment) ist schnell der Liebling der großen Schar der Besteller beim BMW Motorradpartner geworden. Und es lohnt sich. Unabhängig davon, ob es wirklich benötigt wird (das tut es nicht), ist es ein entscheidendes Preiskriterium auf dem Gebrauchtmarkt.
Die 1200er GS geht mit zwölf Farbkombinationen in den Verkaufsstart, wenn man die möglichen Kombinationen

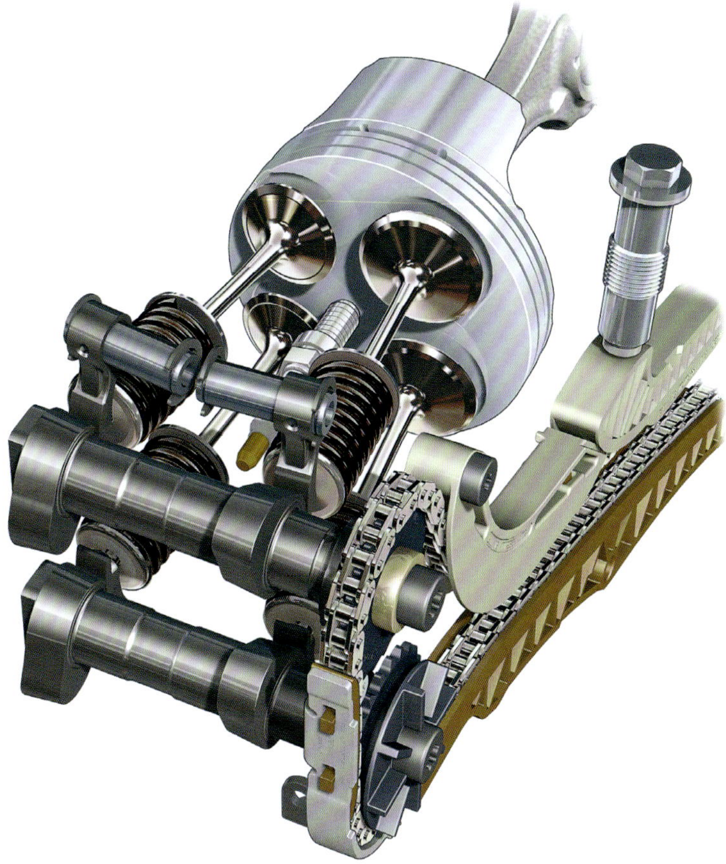

DOHC im Detail: Jede der beiden Nockenwellen betätigt über Schlepphebel je ein radial angeordnetes Ein- und Auslassventil. Die Schlepphebel-Ausführung erinnert an die S 1000 RR aus dem gleichen Stall... Die radiale Anordnung der Ventile erfordert konisch geschliffene Nocken. Die Ventildurchmesser legen deutlich zu. Beibehalten wird das Propellerrad an der unteren Nockenwelle zum "Entölen" der Motordämpfe, bevor diese wieder ins Ansauggehäuse eingeleitet werden.

Voller Verbrennersound: die elektronisch gesteuerte Klappe vor dem frei geräumten Schalldämpfer begrenzt den Durchlass im Drehzahlbereich der Geräuschmessung – sonst wenig.

Zur Sache

aus Grundfarbe (wüstengelb, felsrot, ozeanblau), Sitzbankfarbe (hellgrau, schwarz) und die Lackierung der Seitencover (granitgrau, schwarz) zusammenzählt. 11500 Euro sind für das Basismodell zu entrichten.

Im Jahr 2008 wird die Boxer-GS auf Grund der vorhandenen Basis nochmals angeschärft. Auf den ersten Blick sind die schicken (funktionslosen) Edelstahl-Abdeckungen am Tank das entscheidende optische Unterscheidungsmerkmal. Eine leicht retouchierte Front fällt kaum ins Auge. Wesentliche Merkmale wie Radstand, Federwege und Lenkkopfwinkel bleiben aber unangetastet. Dafür wurde ein konifizierter Alu-Rohrlenker spendiert. Und LED-Rücklicht.

Die Leistung des Generators steigt von 600 auf 720 Watt. Zahlreich verbaute Zusatzbeleuchtung und Zubehör ist der Grund für diese Aufrüstung – und ist damit auf der sehr sicheren Seite. Motorseitig wurde aber erst mal vereinheitlicht, d. h. es werden die Kolben des Schwestermodells R 1200 RT verbaut, wie sie dort seit 2005 verwendet werden. Dadurch steigt die Verdichtung von 11,0 auf 12,0 zu eins. Damit und mit dem Verbau der RT-Nockenwelle, diese ist stärker auf Leistung denn auf Durchzug ausgelegt, liefert die "Neue" nominell 105 PS ab. Prüfstandergebnisse liegen bei bis zu 110 PS. Dass die GS zu den Schwestermodellen leistungsmäßig nicht ganz aufschließen kann, ist wohl dem Umstand geschuldet, dass die Einspritzung bzw. Motorsteuerung auf soliden Durchzug aus mittleren Drehzahlen ausgelegt ist, und nicht wie R 1200 R und RT auf den teuren Super-Plus-Sprit angewiesen ist. Undenkbar für ein Weltenbummler-Motorrad.

Die gesteigerte Drehzahlfreude spielt einer mild gekürzten Gesamtübersetzung in die Karten. Zumindest wenn es um die Dynamik geht. So mancher altgediente GS-Treiber hat sich einen längeren übersetzten sechsten Gang gewünscht, der auf Langstrecke Drehzahl und Spritverbrauch senkt. Aber es kommt die sportlicher abgestimmte Schaltbox aus dem Rennboxer HP2 Sport zum Einsatz, wie sie schrittweise auch in den Schwestermodellen verbaut wird.

Mit 12 500 Euro für die Basisversion liegt der Einstandspreis lediglich 140 Euro über der letzten Ausgabe des Vorgängermodells.

Eine motorisch deutlich aufgewertete R 1200 GS rollt im Jahr 2010 in die Verkaufsräume: nachdem schon das Getriebe sich an der Sportskanone HP2 Sport orientiert, kommt jetzt auch deren DOHC-Zylinderkopf bei den Großserienmodellen an. DOHC ist das Kürzel für Double Overhead Camshaft, deutsch doppelte obenliegende Nockenwelle. Damit erfüllt sich ein Traum so mancher blau-weiß Angefressener. Um einen möglichst kompakten Brennraum zu realisieren sind die, im Teller-Durchmesser gewachsenen, Ventile radial angeordnet. D. h. sie stehen

Die R 1200 GS Adventure ist nach wie vor erste Wahl für ernsthafte Weltenbummler, oder solche, die es werden wollen... Fassungsvermögen Tank: 33 Liter! Gewicht vollgetankt 256 kg, zulässiges Gesamtgewicht 475 kg

nicht jeweils parallel nebeneinander, sondern bilden einen idealen Linsen-förmigen Brennraum. Als Mittler zwischen Nockenwelle und Ventil werden Schlepphel verbaut. Das richtige Ventilspiel wird mittels Halbkugeln eingestellt. Dabei nimmt die GS Anleihen beim Superbike S 1000 RR aus gleichem Haus auf.

Die Leistungsdaten sind angesichts nomineller 110 PS nicht dramatisch höher. Allerdings spricht der Fahrbetrieb eine andere Sprache. Der Drehmoment-Zuwachs gerade im wichtigen mittleren Bereich ist sehr deutlich spürbar. Da mag die deutlich zornigere Aussprache vielleicht eine Rolle spielen. Mit dem neuen Auspuffklappensystem, welches in der Drehzahlregion der Geräuschmessung anspricht, sonst aber "volles Rohr" tönt, kann man sich leicht täuschen.

Kleiner Wehmutstropfen: Wer Wert darauf legt das Ventilspiel auch fernab jeglichen Spezialwerkzeugs einzustellen (nicht nur zu messen) greift zu einem Modell bis 2009, der Doppelnocker spielt da nicht mehr mit.

Eingefleischte Kilometerfresser greifen ab März 2006 zur Adventure. Die R 1200 GS Adventure ist noch abenteuerlustiger als die normale GS. Das wuchtige Erscheinungsbild ist einem 33 Liter-Spritbunker zu verdanken, der Etappen von 600 Kilometern ermöglicht, non stop. Und 20 mm längere Federwege gegenüber der Standard-GS (vorn 210 mm, hinten 220 mm) machen die Adventure zur Empfehlung für Menschen ab 1,80. Die Sitzhöhe ist in zwei Stufen variabel, 895 oder 915 Millimeter. Die filigranen Drahtspeichenräder sind Serie und betonen perfekt den Gelände-lastigen Charakter der Maschine. Der 720 Watt-Generator ist vom Serienstart an verbaut. Ebenso Serie ist das hohe Windschild, Handprotektoren und ein Alu-Lenker.

Die Überarbeitung mit dem 105 PS-Aggregat wirkt sich natürlich positiv auf die Fahrdynamik aus.

Die Fahrwerksdaten bleiben unberührt. Eine niedrigere Sitzbank mit moderaten 820 Millimetern ist erhältlich. Die DOHC-Adventure bleibt bis 2013 im Angebot, die GS bis 2012. Die Nachfolger-GS mit dem flüssiggekühlten LC-Motor steht schon in den Startlöchern.

In der Geschichte der Boxermotoren von BMW steht die K25 als letzte Version der klassischen Anordnung – alles schön in einer Reihe – von Motor, Kupplung, Getriebe und Wellenantrieb.

Doch halt! Eine Möglichkeit "klassisch" auf Tour zu gehen gibt es auch heute noch und wird von BMW gepflegt – als Antrieb des Retro-Modells R nineT kommt natürlich der gute alte Luft-/Öl-gekühlte Bolide zum Einsatz.

Ohne entsprechendes elektronisches Management geht bei zeitgenössischen Antrieben und Leistungsdaten nichts.

1 Lambdasonden (links und rechts)
2 Winkel-/Nebenzündspulen
3 Nockenwellensensor
4 Hauptzündspule
5 Einspritzdüse
6 Drosselklappensensor
7 Kurbelwellensensor
8 Thermosensor Motoröl
9 Thermosensor Ansaugluft
10 Öldruckschalter

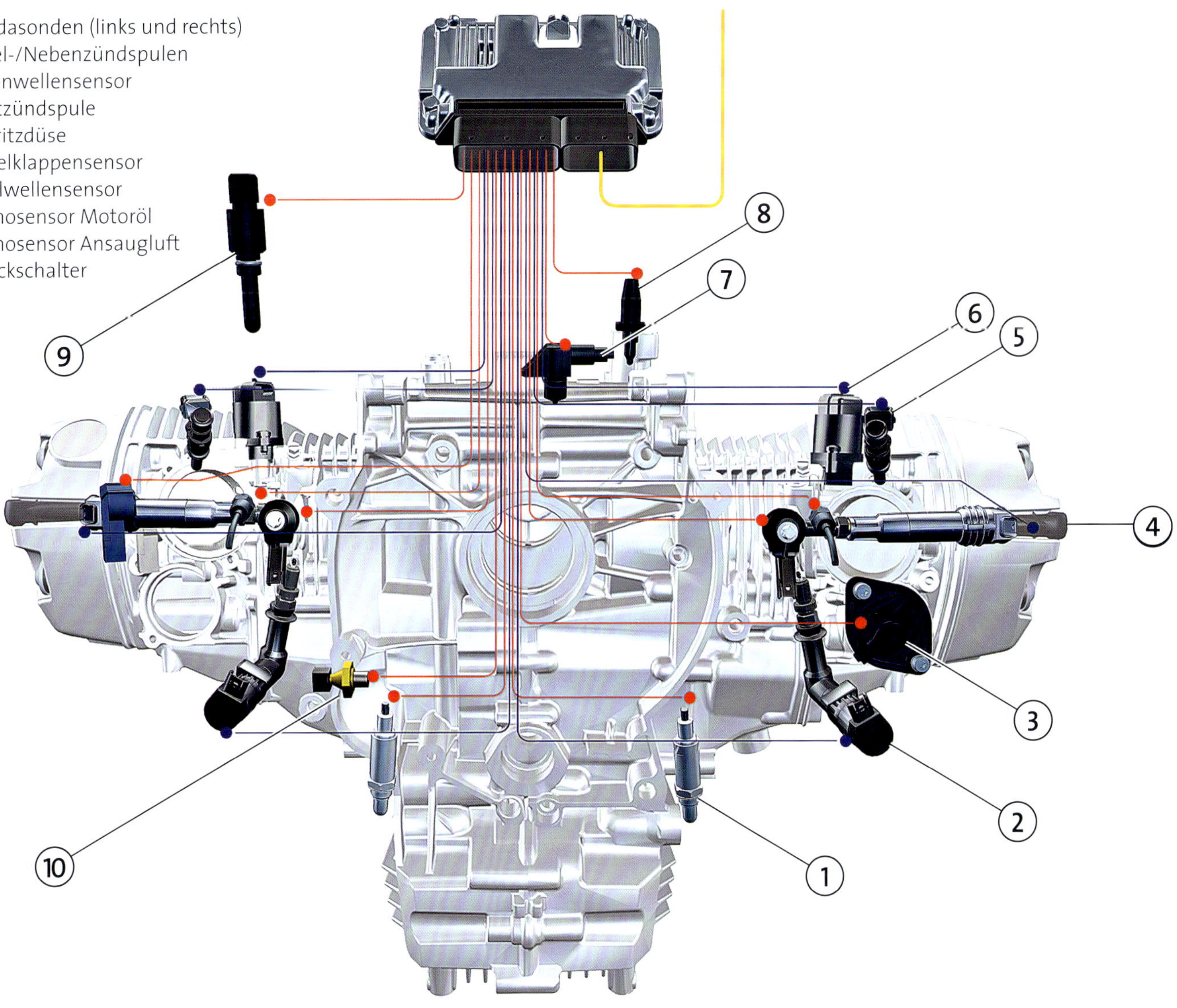

1 Werkzeug & Materie

1.1 Allgemeine Werkzeuge

Das mit der Maschine gelieferte Bordwerkzeug gehört wohl zum Besten, was Motorrädern ab Werk mit auf den Weg gegeben wird, auch wenn es im Lauf der Jahre immer weiter ausgedünnt wurde.
Trotzdem stellt es kein Problem dar, auf der Pyrenäen-Tour zur Not auch die Kerzen wechseln zu können.
Vor allem, wenn dies zuvor in heimischen Gefilden erprobt worden ist.
Bei umfangreicheren Wartungsarbeiten oder gar Motorüberholungen muss das passende Qualitätswerkzeug zur Verfügung stehen, mit dem der Freizeit-Mechaniker seiner Maschine mit Spaß bei der Arbeit auch mal eine Ventilspiel-Kontrolle in Eigenregie gönnt.
Qualitätswerkzeug ist nicht für einen Apfel und Ei zu bekommen, dafür hält es entschieden länger als »Baumarkt-Werkzeug« – und macht eben wirklich mehr Laune.
Markennamen wie Gedore®, Hazet®, Snap-on® oder Stahlwille® bürgen für Qualität (die Aufzählung ist zwar alphabetisch, aber nicht vollständig).
Die Grundausstattung besteht aus **Ring-** und **Gabelschlüsseln** und einem **Rätschenkasten** (Steckschlüssel/ Knarre) mit den entsprechenden Nusseinsätzen.
Bei den **Schraubendrehern** achten Sie darauf, dass die Klinge durchgängig ist und der Schaft einen Sechskant hat, an dem ein Ring- oder Gabelschlüssel angesetzt werden kann.
Nützlich ist auch ein **TORX-Schraubendrehersatz** (z. B. als Erweiterung zu vorhandenem Rätschenkasten), wie er auch im Bordwerkzeug enthalten ist (Bild 2).
Außen-TORX der Größe E8/10/12 (Außen-TORX-Größen haben den Prefix E) sind z.B. bei der Lenkermontage und -Justage (Seite 150) erforderlich.
Ganz wichtig sind auch ein oder zwei **Drehmomentschlüssel**, die den Bereich von 20 bis 200 Newtonmeter (Nm) abdecken.
Bei der Montage von Lagern ist ein **Heißluftfön** nützlich. Die Lager flutschen in angewärmte Lagersitze dann fast von selbst 'rein (Stichwort: Materialschonung).
Zur Ermittlung des Ventilspiels wird ein Satz **Fühlerlehren** benötigt (Abstufung 0,05 mm; für ohc-Modelle zweiten Satz besorgen).
Ein **Messschieber** (Schiebelehre) und **Messschrauben** (Mikrometer, die den Bereich von 25 mm – 125 mm abdecken; Kolbendurchmeser!) werden zur Ermittlung von Motor-Verschleißdaten benötigt.
Um einfache **Elektrikprobleme** zu lokalisieren, ist ein **Multiprüfgerät** erforderlich.
Wenn es Ihr Platz erlaubt, gönnen Sie sich eine **Motorradhebebühne** – eine nicht zu unterschätzende Arbeitserleichterung, die auch einfach improvisiert werden kann (Hauptsache stabil).

Bordwerkzeug
Das serienmäßige Bordwerkzeug genügt zum Aus- und Einbau der Batterie. Eine vom Werk erhältliche Erweiterung ermöglicht noch das Wechseln der Zündkerzen und den Ausbau des Vorderrads.

1

Drehwinkel-Anzeige
- Zum Anziehen von Befestigungen mit Drehwinkel-Angabe (entsprechend BMW Nr. 11 2 501)
- Z.B. zum Anziehen von Pleuel- und Zylinderkopfschrauben und -muttern.

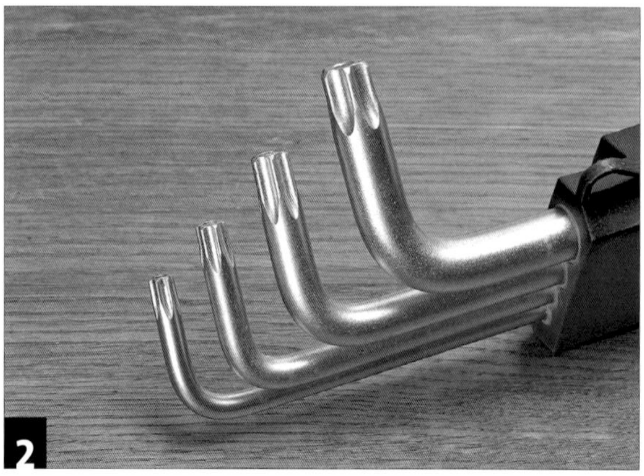

2

TORX-Schraubendrehersatz (Innen-TORX)
- Der Satz beginnt bei der Größe T15 (im Bordwerkzeug enthalten) und wird bei der Verkleidung verwendet. Die obere Grenze sind die Hinterradschrauben mit T50-Schraubenköpfen.

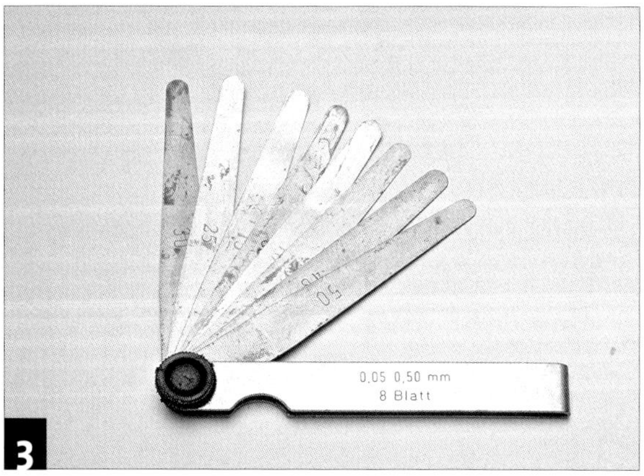

3

Ventilspiel-Ermittlung: Fühlerlehren von 0,05 – 0,5 mm
- 0,05 mm-Abstufung ist ausreichend.
- Zum Einstellen der ohv-Typen wird ein zweiter Satz benötigt.

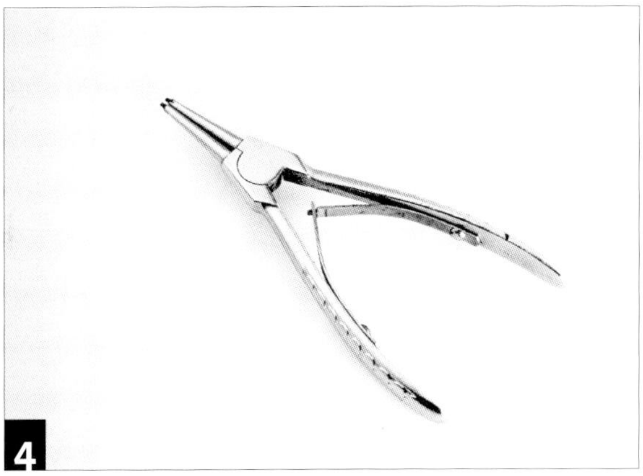

4

Seegerringzange

- Außen-Seegerringzange wird zum Aus- und Einbau z. B. von Kolbenbolzen verwendet.

5

Flachschaber

- Zum Entfernen von Dichtungsresten auf Dichtflächen. Mit Ölstein (zum Schärfen des Schabers).
- Ölstein immer leicht geölt verwenden!

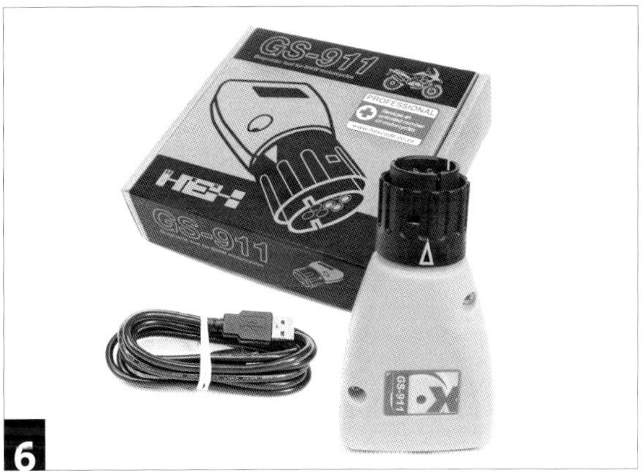

6

GS911: Fehlerspeicher auslesen

- Mit dem Anschluss-Modul lässt sich der Fehlerspeicher per Laptop oder Bluetooth-Handy auslesen. Mehr unter www.gs911.de (Seite 165).

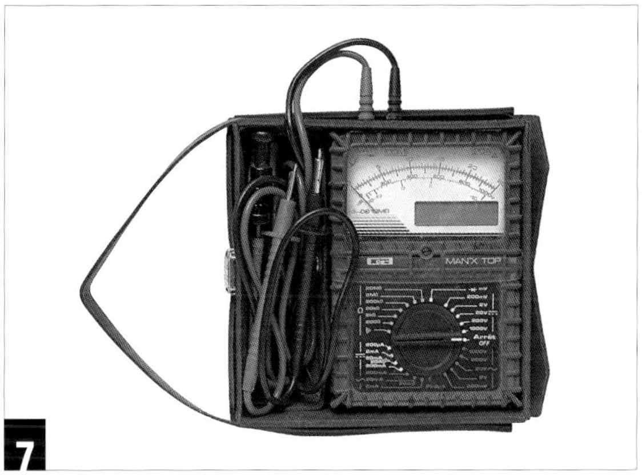

7

Multi-Prüfgerät

- Widerstandsmessung Ω (Ohm)
- Messung der Spannung V (Volt)
- Messung der Stromstärke A (Ampère)

- Zur Vervollständigung der Prüfgerät-Ausrüstung werden noch kleine feine Messspitzen benötigt.
- Zur Überprüfung der Exaktheit des Widerstand-Messbereichs des Messgeräts werden Widerstände (je Messbereich) mit 2 %-iger Toleranz vergleichsgemessen.

8

Ventilfeder-Spanner

- Lohnt sich nur fallweise: besser ausleihen. Zum Aus- und Einbau der Ventile.

Ob sich die hier gezeigten Werkzeuge in der Anschaffung lohnen, muss jeder für sich entscheiden. Aber wenn es ans Eingemachte geht, hat das Improvisieren seine Grenzen. Zwar kann beispielsweise der Ausbau der Ventile (im Zylinderkopf) auch recht hemdsärmlig mit einem Hammer, einer Stecknuss und einem Werkstattlappen (zum Auffangen der dann herumfliegenden Ventilkeile) bewerkstelligt werden, aber das ist bei der gebotenen Feinmechanik Fehl am Platz. Und der Einbau verlangt sowieso nach dem Ventilfeder-Spanner.

1 Werkzeug & Materie

1.2 BMW-Spezialwerkzeug

Bestimmte Arbeiten erfordern BMW-Spezialwerkzeug, das teilweise nicht improvisiert werden kann.
Diese Werkzeuge sind beim freundlichen BMW-Motorrad-Partner käuflich zu erwerben! (Preisangaben inklusive MwSt.)
Hier eine kleine Auswahl der wichtigsten Werkzeuge aus dem reichhaltigen BMW-Fundus, die im weiteren Verlauf eine Rolle spielen.

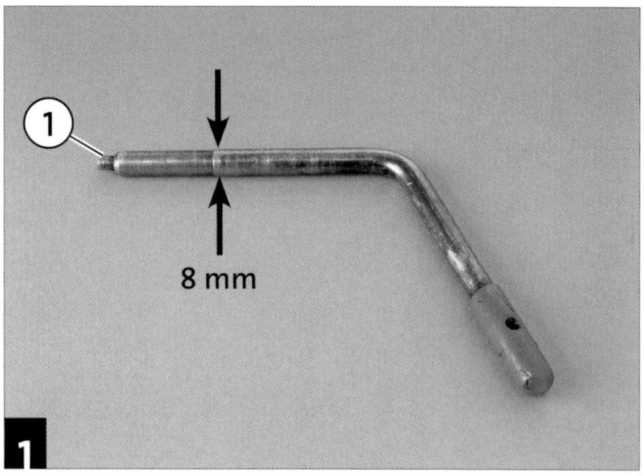

Absteckdorn
- Zum Festlegen der Kurbelwelle im oberen Totpunkt. Die Verjüngung **1** (etwa 4 mm ø) dient zum leichten Einfädeln in das Gehäuse und in die Bohrung des Widerlagers (Bilder 1 bis 3 Seite 40).

Zahnrad-Abdrücker
- Ausbau von Antriebsrad der Ausgleichswelle.
- BMW-Nr. 12 5 521; 37,50 Euro
- M27 x 1

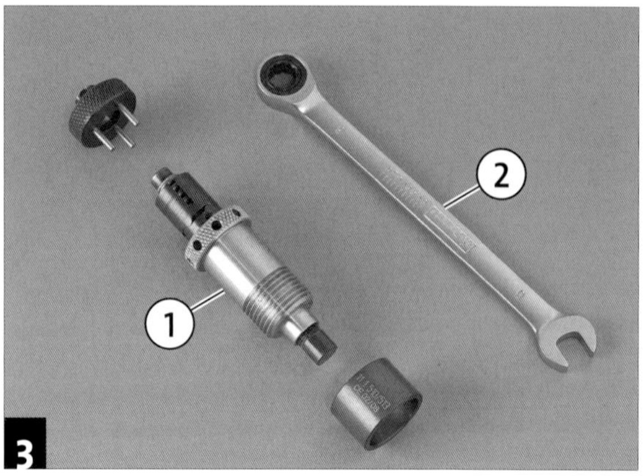

Steuerkettenspanner (nur DOHC-Modelle)
- Zum Justieren der Steuerzeiten.
- Der Satz besteht aus:

1 Spannvorrichtung BMW-Nr. 11 1 512; 78 Euro
2 Ratschenringschlüssel BMW-Nr. 11 1 514

TIPP
Schlauchschellen können auch mit passendem kräftigem Seitenschneider oder Kneifzange geöffnet werden.
! Bei der Montage können auch Schraub-Schlauchschellen verwenden.
! Schellen so ausrichten, dass eventuelle Scheuerstellen vermieden werden!

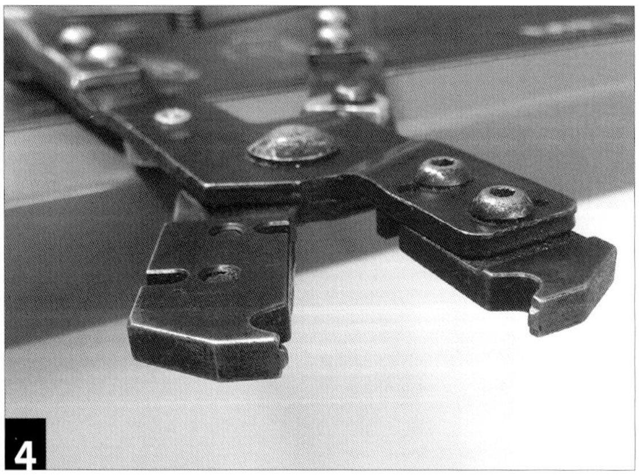

Schlauchschellen-Zange 13 1 512
- Zum Trennen und Schließen der Schlauchschellen. 91,93 Euro

Schlauchschellen öffnen
- Schlauchschelle mit selbstgebastelter Schlauchschellen-Zange 13 1 512 öffnen.

6

Schlauchschellen schließen

- Schlauchschelle zusammenziehen, bis Endstück in Nase (Pfeil) einrastet.

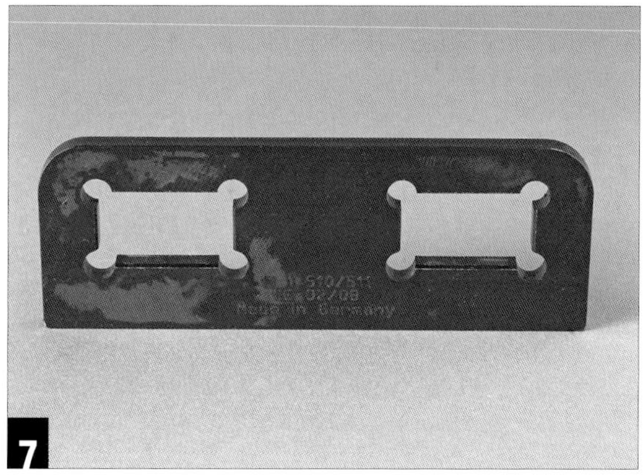

7

Nockenwellen-Arretierer (nur DOHC-Modelle)

- Zum Festlegen der Nockenwellen bei deren Ausbau.
- BMW-Nr. 11 1 511; 23,66 Euro

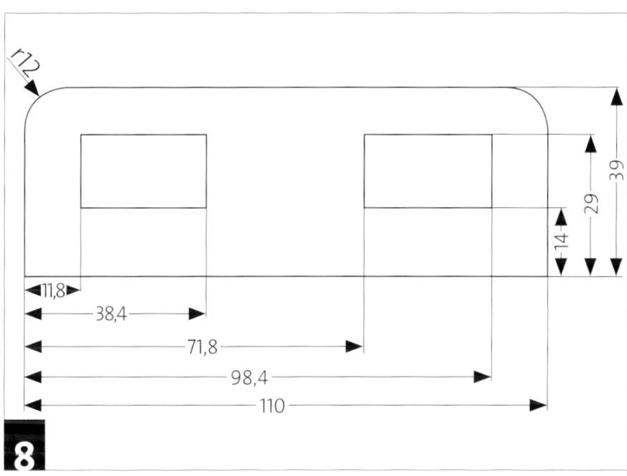

8

Nockenwellen-Arretierer Maße

- Die Maße der Rechtecke und deren Abstand müssen genau eingehalten werden.
  Der Radius r12 kann auch als breite Fase ausgeführt werden.

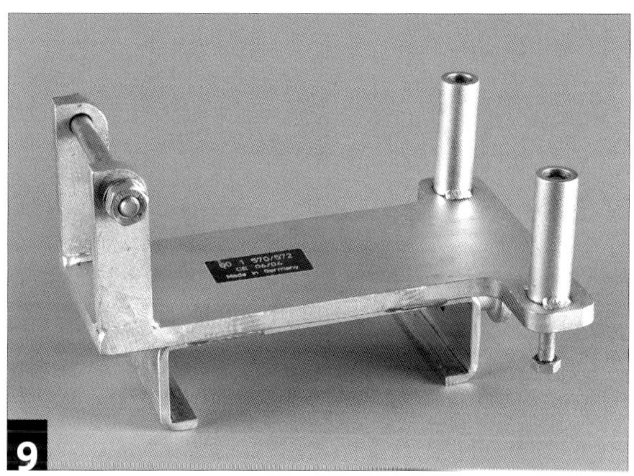

9

Motorhalter

- Große Arbeitserleichterung bei Kupplungsarbeiten und mehr.
- BMW-Nr. 00 1 570; 109,05 Euro

Der Motorhalter Bild 9 ist dafür vorgesehen mit dem Scherenheber BMW-Nr. 00 1 572 kombiniert zu werden. Dieser schlägt mit knapp 400 Euro zu Buche – und befindet sich damit auf dem Niveau der handelsüblichen Mitbewerber.

1.3 Schmieren und Salben

...hilft allenthalben.
Zumindest, wenn man es beizeiten besorgt.
In der heimischen Werkzeugbox sollten sich deshalb auch noch bestimmte Verbrauchsstoffe befinden, als da wären:

- Mehrzweck-Sprayöl (WD-40 z.B.)
- Radlagerfett (wasserabweisendes Lithiumseifen-Fett) für Seilzug-Nippel und Hebel/Pedal-Drehpunkte
- Bremsenreiniger oder Aceton zum Entfetten von Dichtflächen und Gewinden (und natürlich Bremsscheiben reinigen)
- Batteriepolfett (säurefrei)
- Flüssige Silikon-Motordichtmasse
- Montage- oder Kupferpaste
- Hochtemperatur-Schmierstoff:
  Klüberpaste 46 MR 401 (Getriebemontage)
  Optimoly TA (z. B. Radachsen-Montage)
- Silikonfett zum Balsamieren der Verkleidungsaugen und Zapfen.

Schraubensicherung

- Loctite 243 (mittelfest) zur Verwendung bei »normalen« Schraubverbindungen.
- Loctite 648: Fügemittel für kleinere Spaltmaße.
- Gewinde sorgfältig reinigen und entfetten (Aceton/Bremsenreiniger) und Schraubensicherung tropfenweise auf Gewinde auftragen.
- Siehe auch **Mikroverkapselte Schrauben** Seite 17.

1 Werkzeug & Materie

1.4 Radial-Wellendichtringe und O-Ringe

Radial-Wellendichtring ist die fachlich korrekte Bezeichnung für die allseits bekannten »Simmerringe«. Für sie gibt es zwei Grundregeln: Immer erneuern und richtig montieren. Immer erneuern, sofern es sich um Dichtringe am Motor handelt und sich die Gelegenheit zum Wechsel bietet (Motordemontage). Dichtringe am Radlager oder Kettenblattträger müssen natürlich nicht bei jeder Gelegenheit – sprich Radausbau – erneuert werden. Hier genügt die strenge Sichtprüfung auf Unversehrtheit der Dichtlippe.

- Eventuelle Grate und Aufwerfungen an der Bohrung des Dichtrings vorsichtig mit Dreikantschaber entfernen.
- Bohrung entfetten (Bremsenreiniger/Aceton).
- Verzahnungen, Sicherungsring-Nuten, Absätze und Gewinde am Wellenzapfen mit Klebeband »entschärfen«.
  Die empfindliche und mikroskopisch feine Dichtlippe des Dichtrings darf keinesfalls beschädigt werden!
  Entsprechend auch **Ventilschaftdichtungen** montieren: Ventil in Führung einsetzen, Keilnut »entschärfen«, Schaftdichtung aufsetzen und Keilnut wieder freilegen.
  Hier am Ventil eignet sich besonders ein Schrumpfschlauch zum Entschärfen der Keilnut, bevor Sie die Ventilschaftdichtungen aufschieben.
- 👁 Die Lauffläche der Dichtlippe auf der Welle muss perfekt glatt sein – darf keine Einlauf-Spuren aufweisen.
- ! Dichtring trocken (!) mit passender Nuss oder Rundmaterial (möglichst nah am Rand ansetzen) ohne zu Verkanten einschlagen. Dabei kann die Einhaltung einer bestimmten Einbautiefe (z. B. bündig zum Gehäuse) erforderlich sein, oder – eher die Regel – das Einschlagen bis zum Sitzgrund.
- 👁 Manche Dichtringe sind auf ein bestimmtes Schliffbild des Wellenzapfens angewiesen und müssen entsprechend der angegebenen Drehrichtung der Welle eingebaut werden.
- ! Vor Einstzen der Welle/Radmontage Dichtlippen der Dichtringe (ob wiederverwendet oder neu) dünn mit MoS_2-Fett balsamieren oder ölen (Motordichtringe).
- ! O-Ringe bei jeder Montage erneuern.

Einbau

- Dichtringe so einbauen, dass das »abzudichtende Medium« (in der Regel Motoröl) innen liegt – die Beschriftung ist außen lesbar.

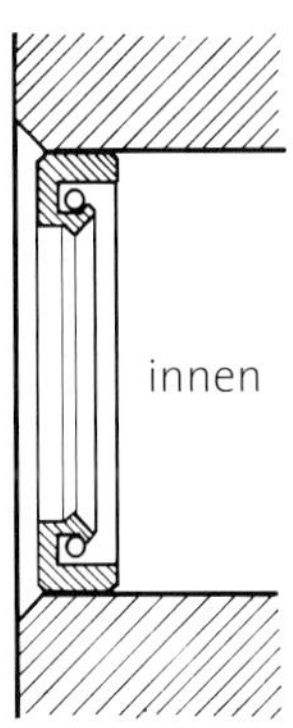

TIPP

Falls Sie jetzt in Gedanken für den Wechsel des sabbernden Dichtrings am Antriebsritzel oder der Schalthebelwelle den Motor mehr oder weniger komplett zerlegen, bohren Sie zuerst zwei- oder dreimal den Dichtring in der Mitte mit kleinem Bohrer an (gleichmäßig am Umfang verteilt; der BMW Motorradpartner arbeitet mit Vorstecher **1** Bild 3), um dort passende Blechschrauben einzudrehen (oder Zugstange **2**).
Mit Zange oder Hebel Dichtring an den Blechschrauben mit herausziehen (oder mit Schlaggewicht **3** arbeiten).

Ausbau

- Dichtring mit entsprechend abgestütztem Widerlager aushebeln.
- Am offenen Motorgehäuse mit Nuss herausschlagen.

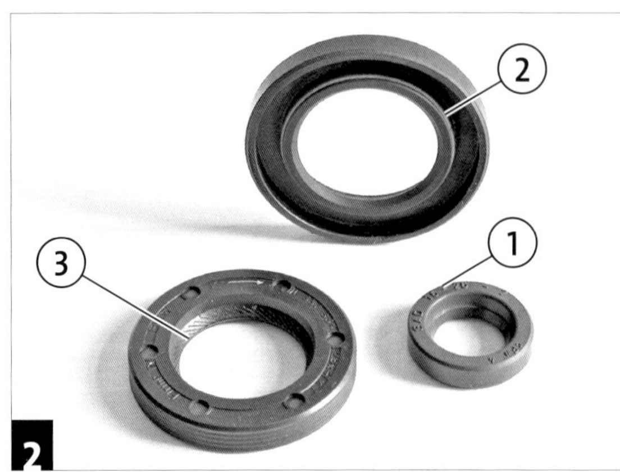

Radial-Wellendichtringe

1 Größenkennzeichnung
2 Feder
3 Dichtlippe

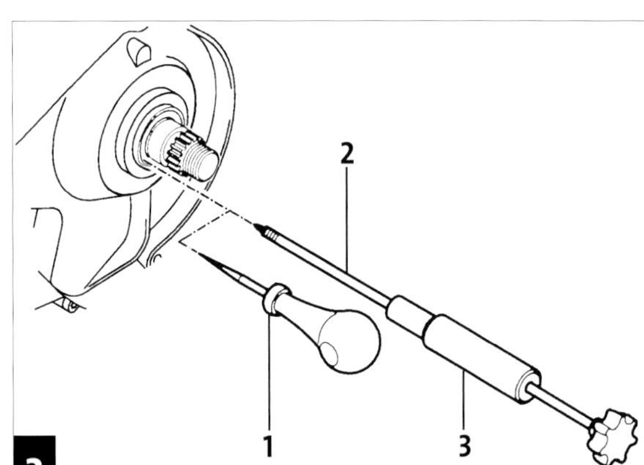

Wellendichtring-Ausbau

1 Vorstecher BMW-Nr. 00 8 583
2 Zugstange BMW-Nr. 00 8 581
3 Schlaggewicht BMW-Nr. 00 8 582

Fahrzeug Ident Nummer (FIN) am Lenkkopf

- Die Typnummer ist Bestandteil der am Lenkkopf eingeschlagenen FIN (früher Fahrgestellnummer). Im Bild Typ **450**.

Motornummer

- Die Motornummer befindet sich hinter dem Zylinder (im Vordergrund der Geber der Ölstandanzeige).

Getriebenummer

- Die Getriebenummer befindet sich auf der Höhe der Auspuffhalterung am Getriebe.

1.5 Ersatzteile und Typisierung

Kraftfahrzeuge sind ständiger Modellpflege unterworfen, wobei häufig nur Details geändert werden, die aber von einem zum anderen Baujahr oder ab einer bestimmten Motornummer manchmal nicht mehr kompatibel sind. Und selbst Fachleuten wie dem BMW Partner nicht augenfällig werden, auch wenn sie den unbedingten Vorteil der Werksschulung haben. Deshalb beim Kauf von Ersatzteilen immer Ihren Fahrzeugschein und die Kenndaten bereithalten, damit Ihr Händler die richtigen, für die jeweilige Ausführung korrekten Teile ausfindig machen kann. Das hilft auch beim Teilekauf bei Motorradzubehör-Handelsketten.

Typisierung

Typ **307** Modelljahre 2004 – 2007
Typ **382** Modelljahre 2004 – 2007 Adventure
Typ **303** Modelljahre 2008 – 2009
Typ **380** Modelljahre 2008 – 2009 Adventure
Typ **450** Modelljahre 2010 – 2012
Typ **480** Modelljahre 2010 – 2013J Adventure

Mikroverkapselte Schrauben

Diese Schrauben haben eine in zwei Komponenten dünne, mikroverkapselte Schraubensicherung auf dem Gewinde aufgetragen. Beim Anziehen der Schraube bricht die Verkapselung auf, die Komponenten vermischen sich und härten aus. Spart natürlich Zeit, und die ist bei der Erstmontage ein erheblicher Faktor. Die Schrauben verwenden wir – je nach Verwendungszweck – unter Beigabe von mittlerer Schraubensicherung (Loctite 243) wieder. Stichwort Verwendungszweck: Davon ausgenommen sind z.B. die Befestigungsschrauben der Bremsscheiben. Da leisten wir uns zu den neuen Bremsscheiben auch die neuen Befestigungsschrauben!

Adressen

Hier eine Zusammenstellung interessanter Kontakte, die das Leben mit den Boxern der GS-Serie angenehmer machen können. Wer sucht, findet hier:

Gepäck

- Hepco & Becker: www.hepco-becker.de
- Krauser: www.krauser.de
- SW MOTECH: www.sw-motech.com

Verschleißteile/Zubehör/Ergonomie/Kommunikation

- Hepco & Becker: www.hepco-becker.de
- Lucas (TRW): www.lucas-bikersworld.com
- Touratech: www.touratech.de
- Wüdo: www.wuedo.de
- Wunderlich: www.wunderlich.de

Wartung

- Fehlerspeicher auslesen siehe Seite 165.

www.bmw-motorrad.de
—.at oder —.ch

- Hier können leicht der nächstgelegene BMW Motorrad Partner gefunden und Reifenfreigaben heruntergeladen werden.

Internetforen (unvollständig)

- www.gs-forum.eu
- www.gs-world.eu
- www.r1200gs.info

2 Verkleidung

- Wartungs- und Montagearbeiten, die den Abbau der Verkleidung voraussetzen, verweisen nach hier.
- ! Richten Sie sich einen sicheren Lagerplatz für die Verkleidungsteile ein, damit die teuren Lackteile und das Windschild nicht verkratzen.
- ! Auf sicheren Stand der Maschine achten!
- Sitzbank mit Zündschlüssel entriegeln und Sitzbank abnehmen.

2.1 Verkleidungsreparatur

Das beste Mittel gegen Beschädigung der Verkleidungsteile ist der sorgsame Umgang mit den Teilen. Verkleidungsteile mit Zapfen, die in entsprechende Augen eingreifen, nicht seitlich herausziehen, sondern zentrisch genau in Richtung der Zapfen.

- Kleine Vibrationsrisse am Ende des Risses mit 3- oder 4-mm-Bohrer »abschließen« (der Riss wandert dann nicht weiter).
- Auf der Rückseite des Verkleidungsteils links und rechts der Beschädigung (Risses) etwa 2 Zentimeter breit die Oberfläche mit Schleifpapier aufrauhen.
- 2K-Epoxy-Kleber auftragen und Glasfaservlies auflegen. Weiter Kleber auftragen, bis Vlies komplett getränkt ist. Aushärten lassen.
- Wer tiefer in die Materie einsteigen möchte, findet z.B. auf www.carservice-produkte.de weitere Verbrauchsmaterialien und Werkzeuge.

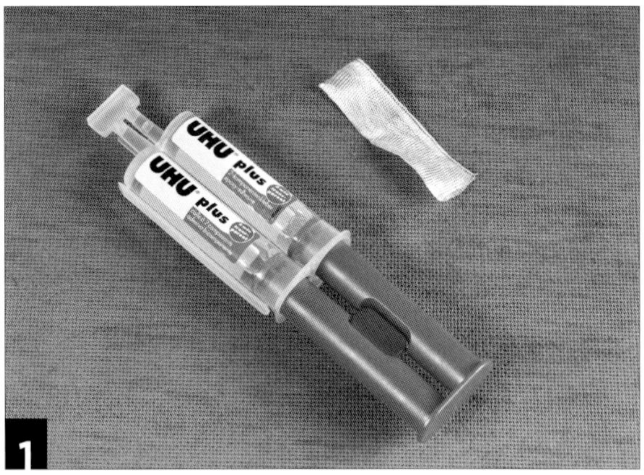

Verkleidungsreparatur
- Die Grundausstattung des Verkleidungsflickens besteht aus Zwei-Komponenten-Kleber (2K-Epoxy-Kleber) und Glasfaservlies zur Verstärkung.

Anzugsmomente
- Falls nicht anders angegeben, alle Schrauben mit 2 Nm anziehen.
- ! Bei zu starkem Anziehen der Schrauben wird das Material unter dem Schraubenkopf weggedrückt, es fließt quasi weg, und die Schraube lockert sich dann.

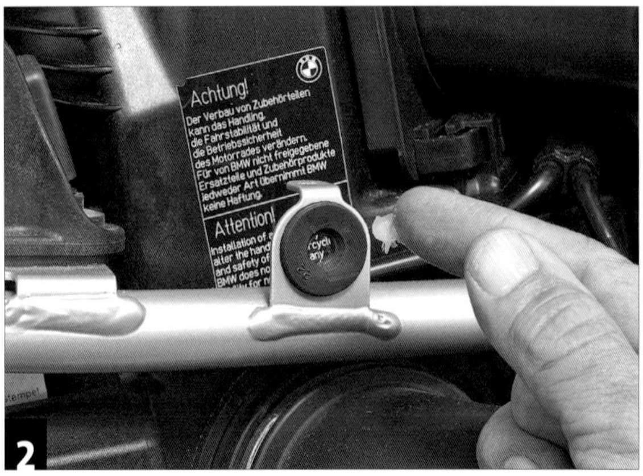

Verkleidungspflege
- Verkleidungsaugen und Zapfen gelegentlich mit Silikonfett balsamieren.

2.2 Tankverkleidung Typ 307 (ab 2004)

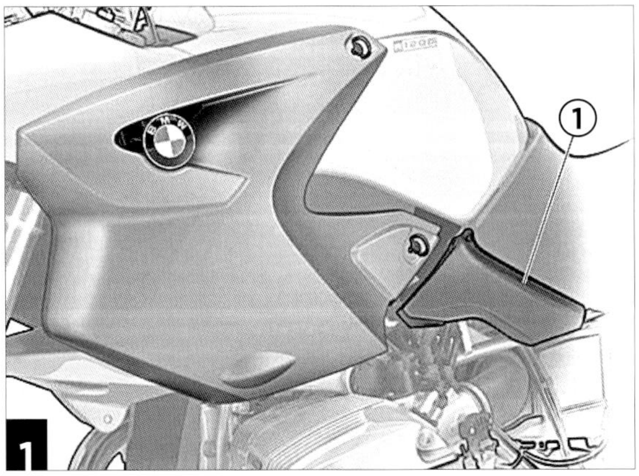

Seitenblende links/rechts Typ 307
- Seitenblende **1** abziehen/aufstecken.

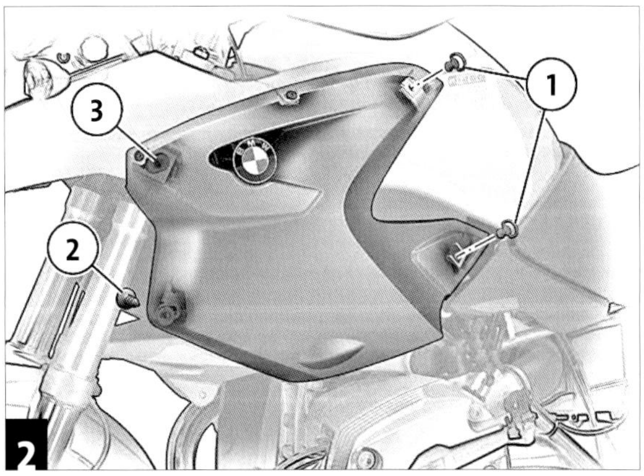

Seitenteil rechts/links Typ 307
1 Schnellverschlüsse öffnen.
2 Schraube ausdrehen.
- Seitenteil vorn aus Halterung **3** abziehen und abnehmen.

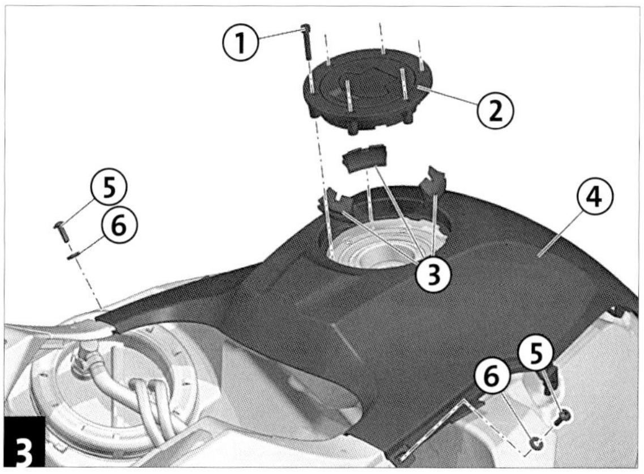

Mittelteil Typ 307 Ausbau
- Schrauben **5** ausdrehen und mit Scheiben **6** abnehmen.
- Schrauben **1** ausdrehen.
- Tankdeckel **2** abnehmen.
- Verkleidung **4** mit den Gummipuffern **3** abnehmen.

Mittelteil Typ 307 Einbau
- 👁 Auf einwandfreien Sitz des Dichtrings unter dem Tankstutzen achten.
- Verkleidung **4** ansetzen.
- Gummipuffern **3** ausrichten.
- Tankdeckel **2** ausrichten und Schrauben **1** eindrehen.

Mittelteil Typ 307
1 **Anzugsmoment** M5 x 28 .... 3 Nm
5 **Anzugsmoment** M5 x 16 .... 2 Nm

2.3 Tankverkleidung Typ 382 u. 380 (Adventure ohc)

- Sitzbank abnehmen.

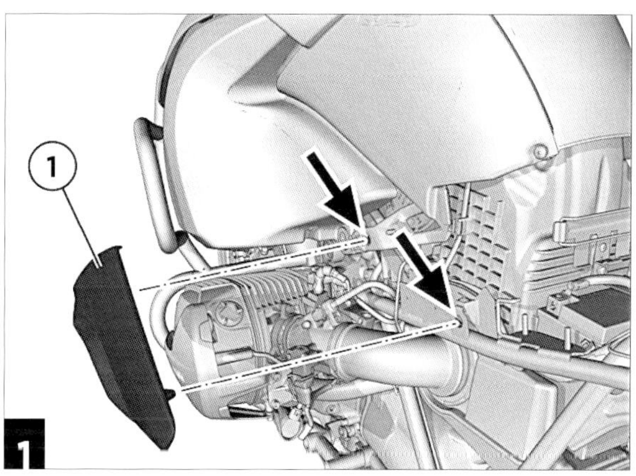

- **Seitenblende links Adventure**
- Seitenblende »ausknöpfen« (Pfeile) und abnehmen.
- Gummitüllen zur Pflege gelegentlich mit Silikonfett schmieren.

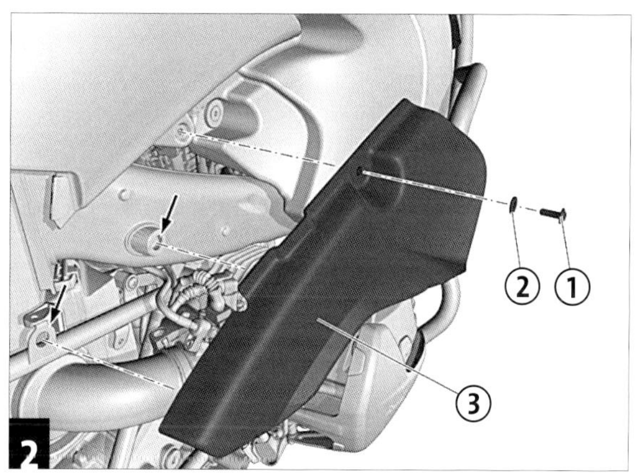

Seitenblende rechts Adventure
- Schraube **1** ausdrehen und Scheibe **2** abnehmen.
- Seitenblende **3** ausclipsen (Pfeile) und abnehmen.

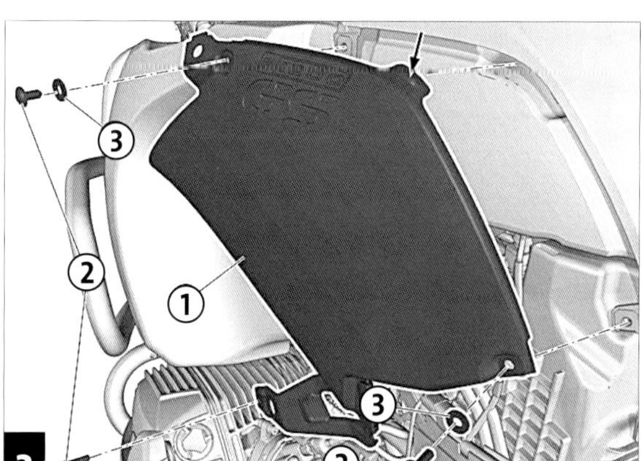

Seitenteil links Adventure
- Schrauben **2** ausdrehen und mit Scheiben **3** abnehmen.
- Seitenteil **1** »ausknöpfen« (Pfeil) und abnehmen.

2 Verkleidung

2.3 Tankverkleidung Typ 382 u. 380 (Adventure ohc)

Fortsetzung

- Mittelteil wie bei Typ 307 aus- und einbauen (Bild 3 Seite 19).

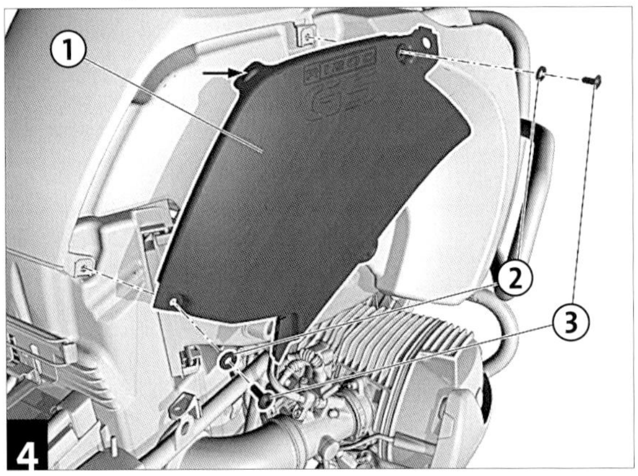

Seitenteil rechts Adventure

- Schrauben **2** ausdrehen und mit Scheiben **3** abnehmen.
- Seitenteil **1** »ausknöpfen« (Pfeil) und abnehmen.

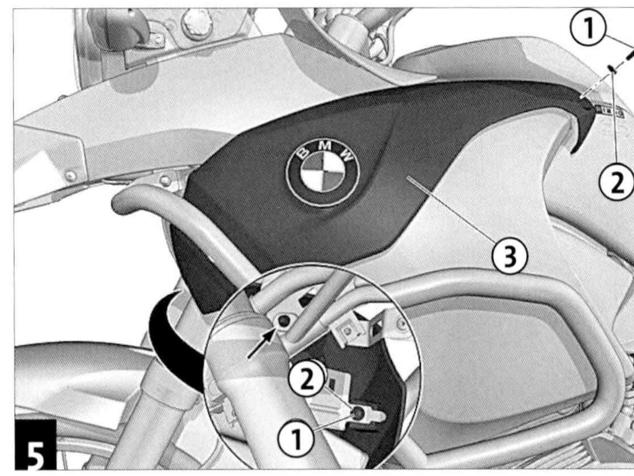

Seitenteil links/rechts

- Schrauben **1** ausdrehen und mit Scheiben **2** abnehmen.
- Seitenteil **3** »ausknöpfen« (Pfeil) und abnehmen.

2.4 Tankverkleidung Typ 303 und 450 (ab 2008)

Seitenblende links/rechts ab 2008

- Seitenblende von Hand abnehmen.
- Gummitüllen zur Pflege gelegentlich mit Silikonfett schmieren.

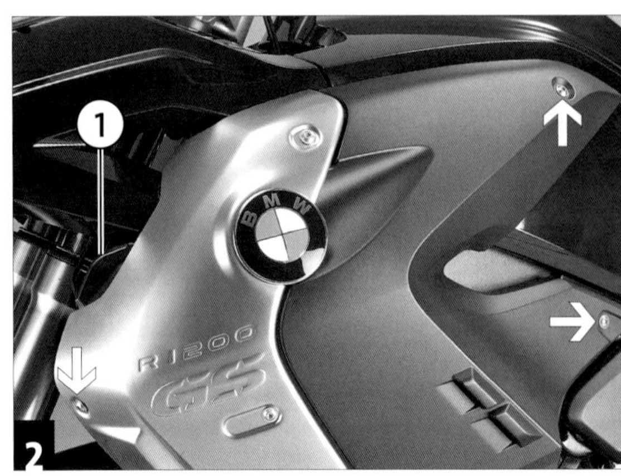

Seitenteil links/rechts ab 2008

- Drei Schrauben je Seite ausdrehen und Seitenteil komplett abnehmen.

1 Zapfen-Einbaulage

Seitenteil links/rechts ab 2008

- Seitenteil vom Befestigungszapfen abziehen (Einbaulage **1** Bild 2).

Tankseitenteil ab 2008

- Zwei Schrauben je Seite ausdrehen und Tankseitenteil abnehmen.

Tankstutzen ab 2008
- Vier Schrauben ausdrehen und Tankstutzen abnehmen.
- **Anzugsmoment** M5 x 16 .... 2,4 Nm

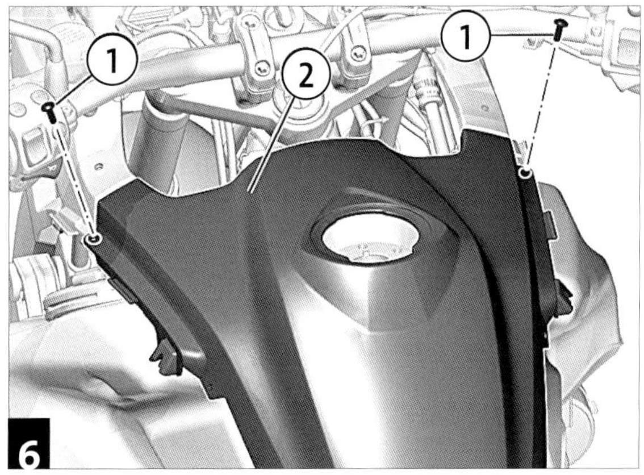

Mittelteil ab 2008
- Schrauben **1** ausdrehen und Mittelteil **2** abnehmen.
- Einbau in umgekehrter Reihenfolge.

2.5 Tankverkleidung Typ 470 Adventure

- Seitenblende wie bei 2.3 Seite 19 Typ 382 und 380 ausbauen.

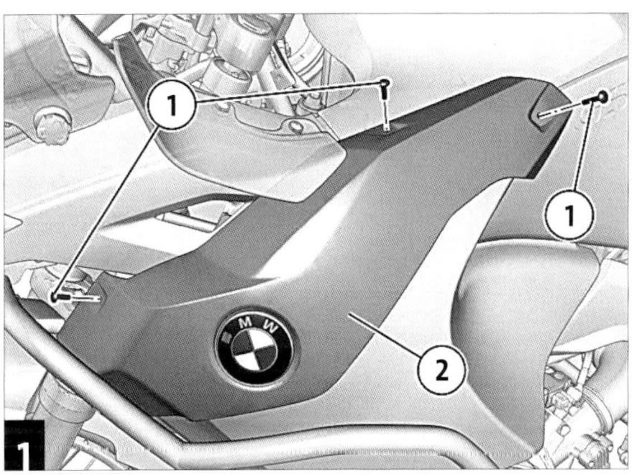

Seitenteil links und rechts
- Schrauben **1** ausdrehen.
- Seitenteil **2** abnehmen.

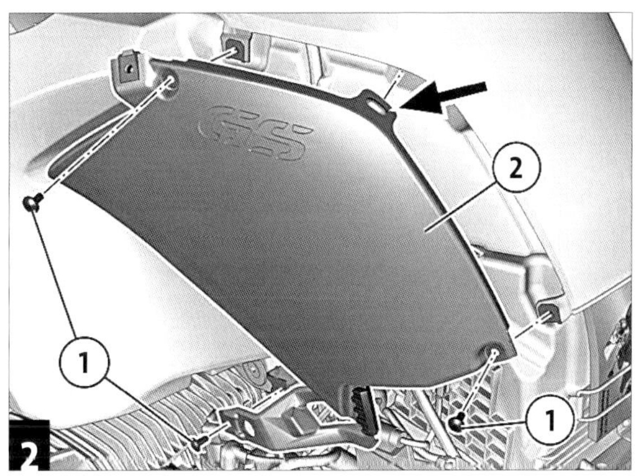

Tankverkleidung links und rechts
- Schrauben **1** ausdrehen und Nase (Pfeil) aushängen.
- Tankverkleidung **2** abnehmen.

2.6 Obere Radabdeckung vorn

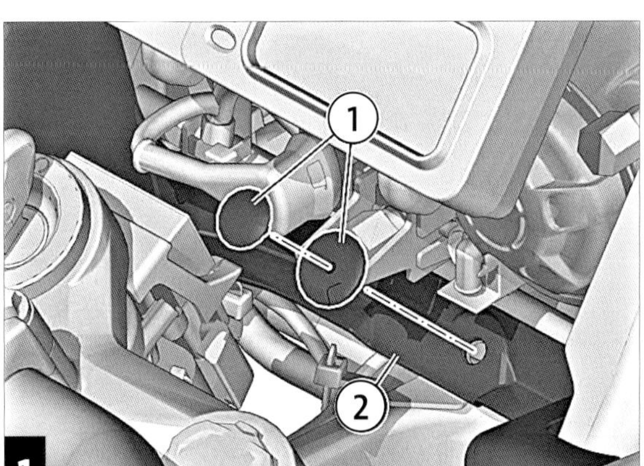

Innenverkleidung
- Innenteil des Spreizniets **1** von hinten ausdrücken und Innenverkleidung **2** abnehmen.

Innenverkleidung/Spreizniet
- Beim Einbau zuerst Innenverkleidung ausrichten.
- Außenteil des Niets einsetzen, dann Innenteil eindücken.

2.6
Obere Radabdeckung vorn
Fortsetzung

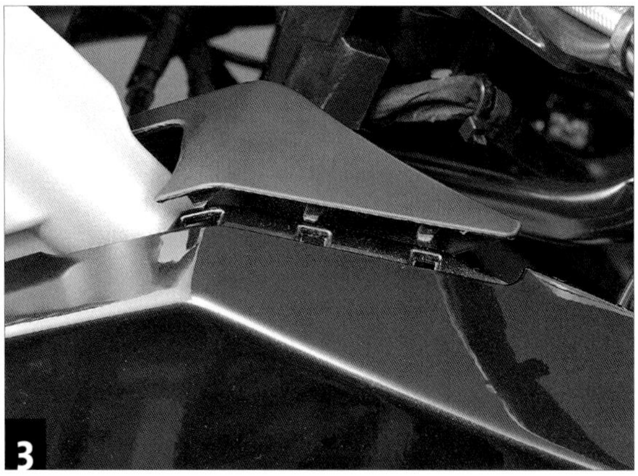

Innenverkleidung ausklipsen ab Typ 303 (2008)
- Innenverkleidung herausfädeln.
- Radabdeckung nach vorn abnehmen.

Obere Radabdeckung vorn
- Drei Schrauben je Seite ausdrehen.

- Beim **Einbau** in umgekehrter Reihenfolge vorgehen.

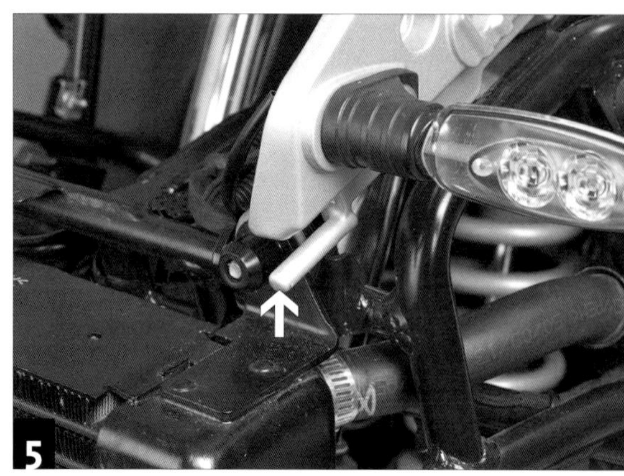

Obere Radabdeckung Einbau
- In umgekehrter Reihenfolge einbauen. Dabei obere Radabdeckung auf Zapfen links und rechts (Pfeil) aufschieben.

2.7
Obere Radabdeckung vorn Typ 470 Adventure

- Seitenteile Bild **1** oben Seite 21 ausbauen.

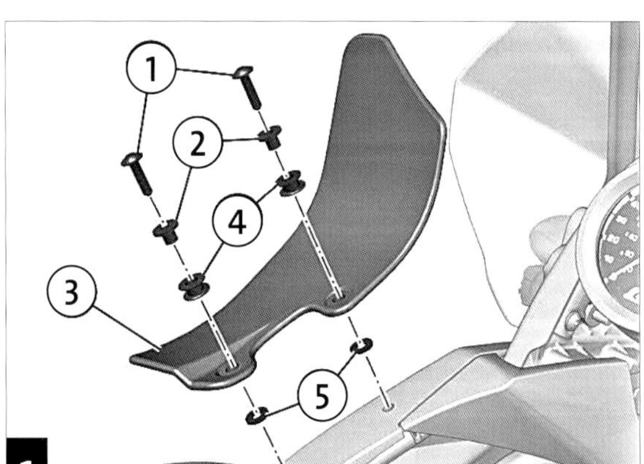

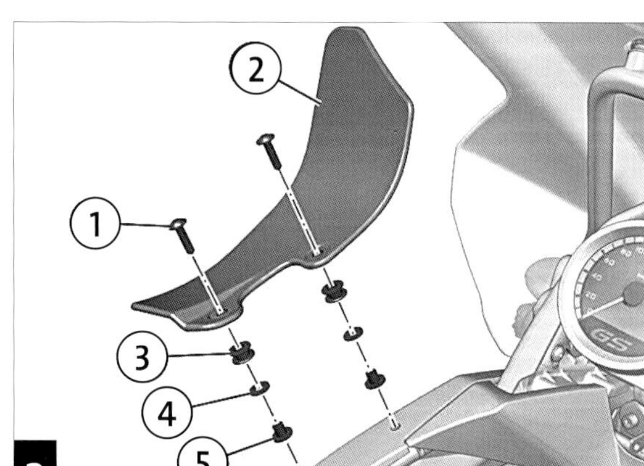

Windabweiser alte Befestigung
- Schrauben **1** mit Buchsen **2** ausbauen und Windabweiser **3** mit Tüllen **4** abnehmen.
- Scheiben **5** entsorgen.

Windabweiser neue Befestigung
- Schrauben **1** ausbauen.
- Windabweiser **2** mit Tüllen **3**, Kunststoffscheiben **4** und Buchsen **5** abnehmen.

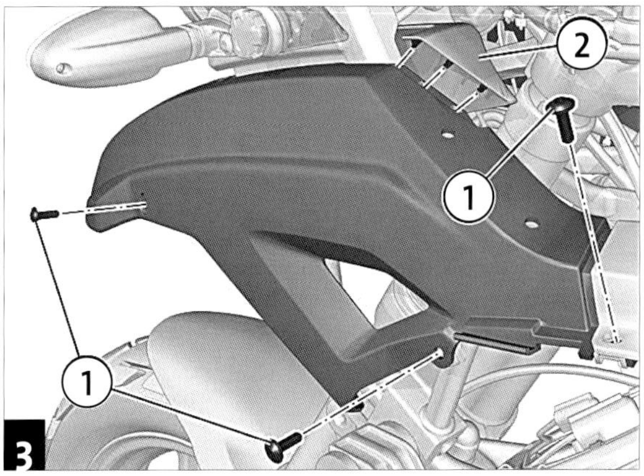

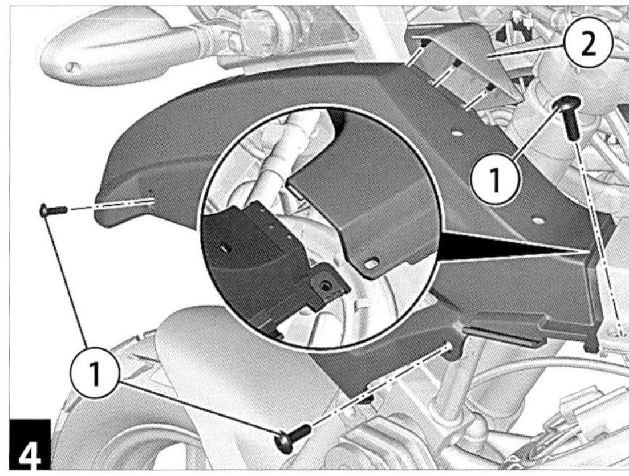

Obere Radabdeckung ausbauen
- Schrauben **1** ausbauen. Innenabdeckung **2** ausklipsen und Radabdeckung nach vorn abnehmen.

Obere Radabdeckung einbauen
- 👁 Auf korrekte Einbauposition achten (Lupe).
- Schrauben **1** einbauen und an Innenabdeckung **2** einklipsen.

2.8 Windschild

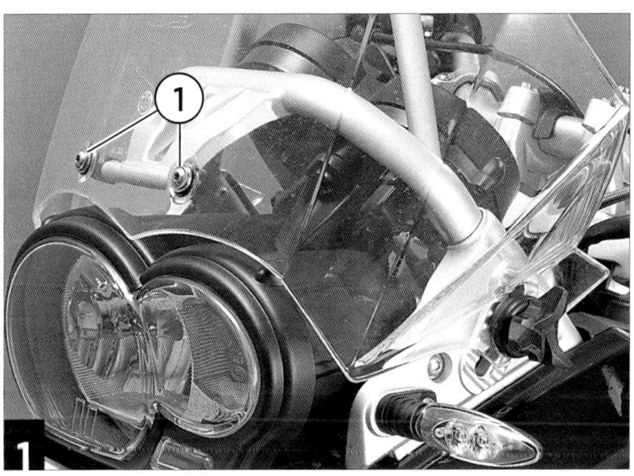

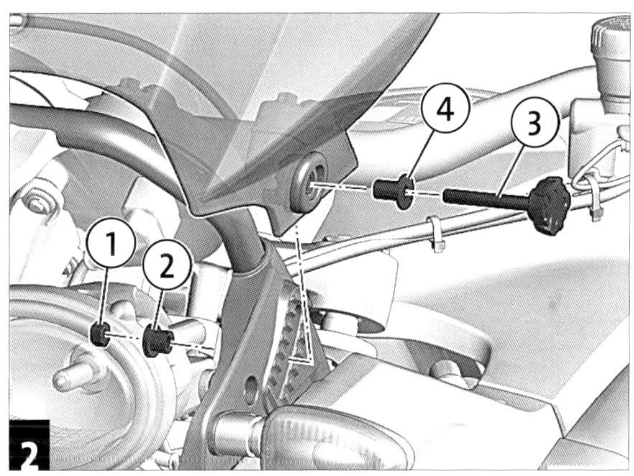

Windschild ausbauen
- Zwei Schrauben **1** mit Buchsen ausdrehen.
- 👁 Auf Verbleib der Muttern achten.

Windschild ausbauen
- Muttern **1** ausbauen und mit Buchsen **2** abnehmen.
- Klemmschrauben **3** mit Buchsen **4** ausbauen.
- Windschild abnehmen.

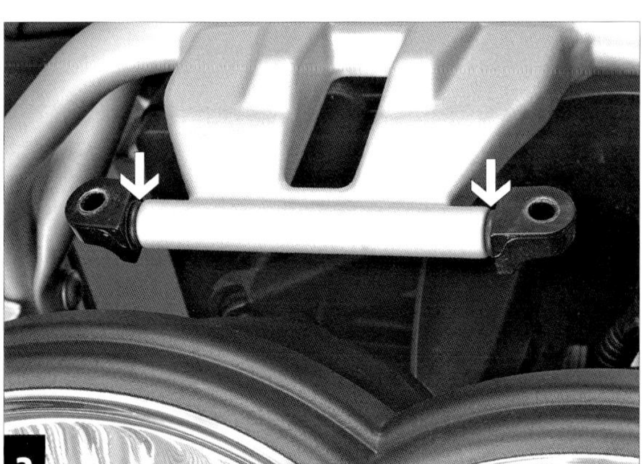

Windschild-Einbau
- Halterungen mit O-Ringen (Pfeile) einbauen.

Windschild-Befestigung
- Halterungen gemäß Kennzeichnung links/rechts einsetzen.

2 Verkleidung

2.8 Windschild

Fortsetzung

Windschild-Befestigung

- Rastplatten so einbauen, dass Nase nach unten weist.

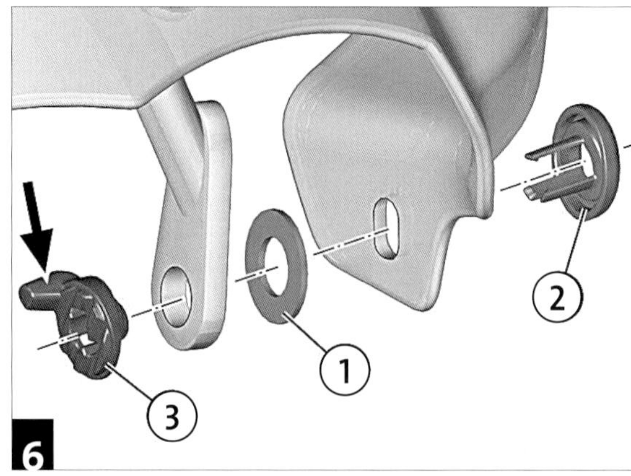

Windschild-Befestigung Adventure

- Scheiben **1,** Blenden **2** und Rastplatte **3** (Seitenmarkierung beachten) einbauen.
- Rastplatte **3** mit Nase nach oben weisend einbauen.

Windschild-Einbau

- Klemmschraube mit Buchse (Pfeil) einbauen.

Windschild-Einbau

- Gewindebuchsen (Pfeil) einbauen.
- Muttern so aufdrehen, dass maximal ein Gewindegang übersteht.

Windschild-Einbau

- Schrauben mit Buchsen (Pfeil) und Muttern eindrehen.
- **Anzugsmoment** M5 x 16 .... 2,5 Nm

2.9 Hinterrad-Abdeckung

- Sitzbank abnehmen.

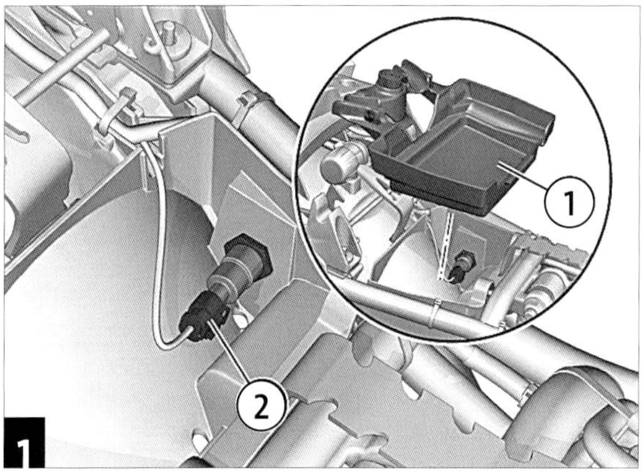

Steckdosen-Stecker trennen
- Werkzeugschale **1** entnehmen.
- Stecker **2** trennen.

Hinterrad-Abdeckung aus-/einbauen
- Zwei Schrauben aus-/eindrehen.

Kennzeichenträger und Heckleuchte
- Drei Schrauben aus-/eindrehen.
- Radabdeckung nach unten klappen.

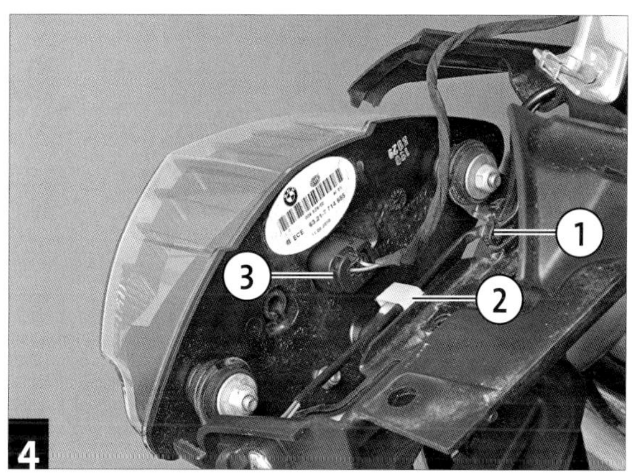

Kennzeichenträger und Heckleuchte
- Kabelbinder **1** trennen.
- Klemme **2** öffnen und Stecker **3** vom trennen.
- Kennzeichenträger abnehmen.

Diagnose-Stecker
- Diagnose-Stecker (Pfeil) abnehmen und übrige Kabelbinder von der Hinterrad-Abdeckung trennen.

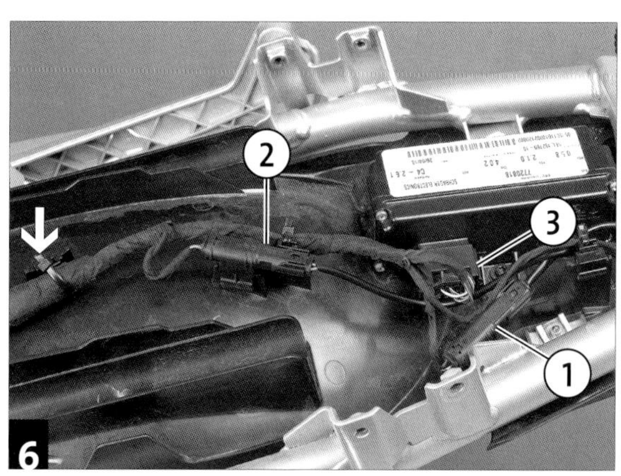

Blinkerstecker trennen
- Kabelbinder (Pfeil) trennen. Stecker **1** und **2** vom Sockel lösen und trennen. Ggfs. auch Kabel und Stecker **3** der Diebstahlwarnanlage trennen.
- Radabdeckung nach hinten abnehmen.

2 Verkleidung

2.10
Heckverkleidung

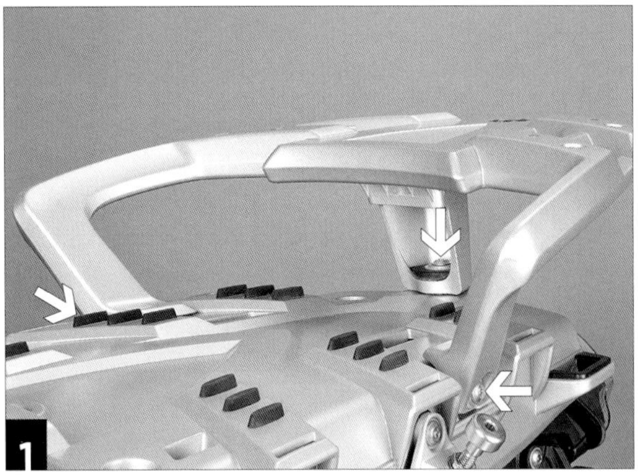

Handlauf-Befestigung/Soziusgriff
- Drei Schrauben ausdrehen und Windschild abnehmen.
  Auf Verbleib der Unterlagscheiben achten.

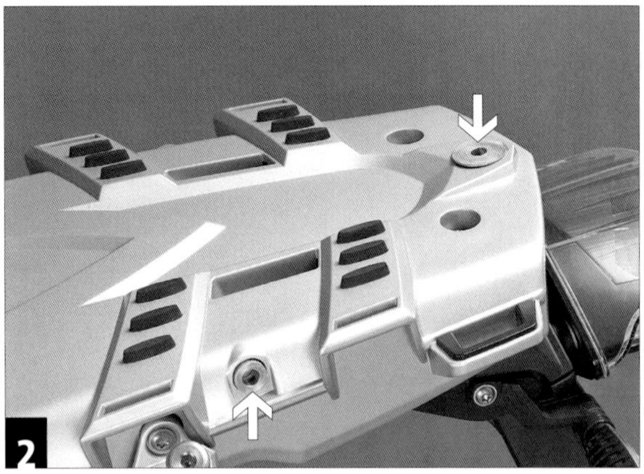

Handlauf-Befestigung
- Beim Einbau Scheibe und Buchsen nicht vergessen.

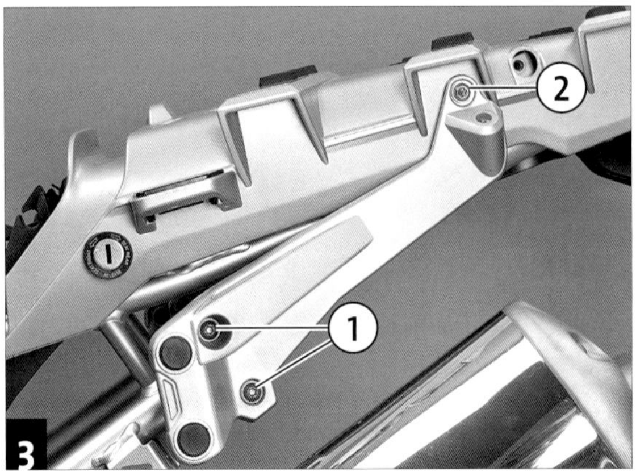

Befestigung Strebe
- Zwei Schrauben **1** je Seite lockern.
- Schrauben **2** links und rechts ausdrehen.

Befestigung Strebe
- Strebe lässt sich dann leicht abziehen und die Gepäckablage ausbauen (siehe Bild 5).

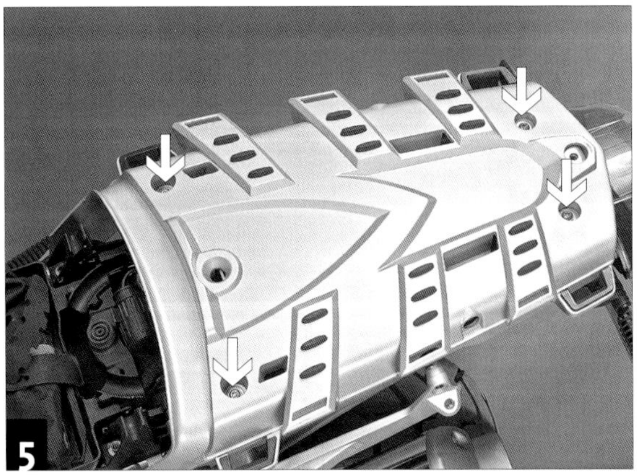

Gepäckablage-Befestigung
- Vier Schrauben ausdrehen und Gepäckablage abnehmen.
  Auf Verbleib der Unterlagscheiben achten.

Gepäckablage-Befestigung
- Schraube links ausdrehen.

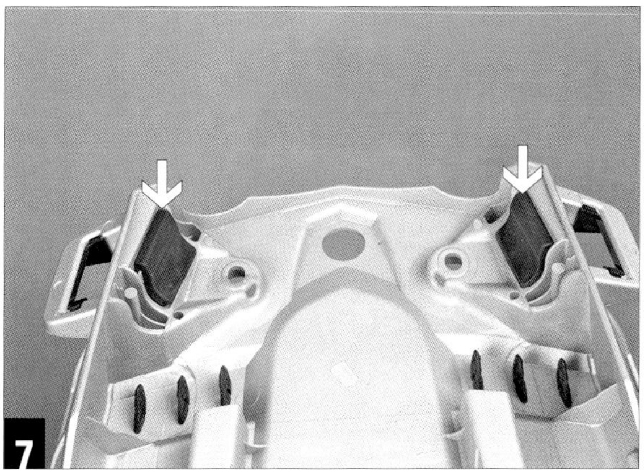

Gepäckablage

- Beim Einbau auf Verbleib der Auflage-Gummis achten.

Koffer-Zapfen

- Schrauben M8 x 48 mit Gegenmutter einbauen.
- Einschraubhöhe 30 mm einhalten.

Koffer-Zapfen

- Koffer-Zapfen mit Hülse einbauen.

2.11 Vorder- und Hinterrad-Abdeckung

Hinterrad-Abdeckung

- Drei Schrauben ausdrehen und Abdeckung abnehmen.

- Gewinde reinigen. Schrauben mit Loctite 243 sichern (mikroverkapselt).
- **Anzugsmoment**
  M5 x 14 . . . . . 2,4 Nm

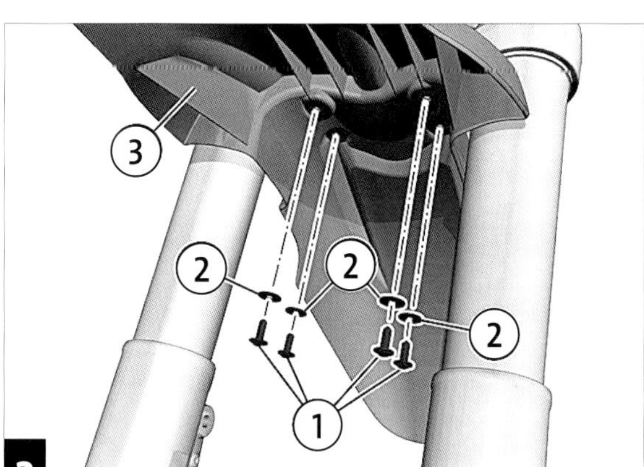

Vorderrad-Abdeckung

- Vorderrad ausbauen (Seite 144).
- Vier Schrauben ausdrehen und Abdeckung nach vorn herausfädeln.

2.12 Motorschutz

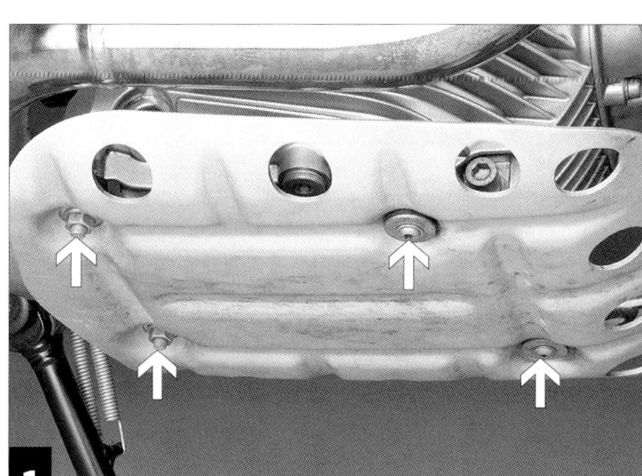

Motorschutz-Ausbau

- Zwei Muttern und zwei Schrauben ausdrehen und Motorschutz abnehmen.

3 Wartung

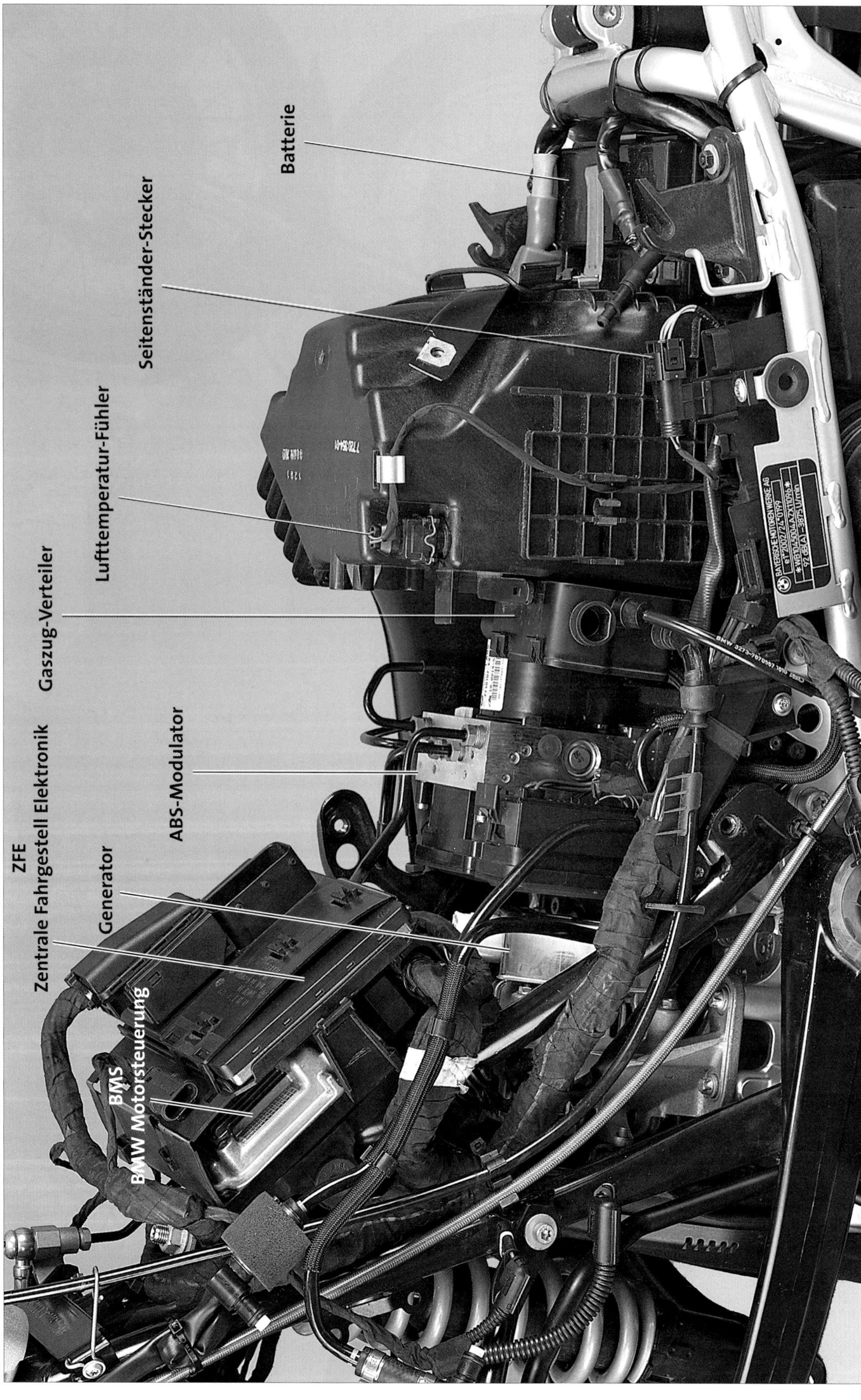
Batterie
Seitenständer-Stecker
Lufttemperatur-Fühler
Gaszug-Verteiler
ABS-Modulator
ZFE
Zentrale Fahrgestell Elektronik
Generator
BMS
BMW Motorsteuerung

Öltemperatur-Fühler
Ölthermostat
Luftfilter-Gehäuse
ABS-Sensorstecker
hinten

3 Wartung

3.2 Wartungsintervalle

Regelmäßige Wartung ist das beste Mittel für lange Freude am zuverlässigen Funktionieren der Maschine. BMWs R 1200 GS-Baureihe ist pflegeleicht, und die Wartung erfordert keinen großen Werkzeug- und Zeitaufwand. Die einfache Kontrolle des Ventilspiels – und das kaum aufwendigere Einstellen – fällt nur alle 20000 Kilometer an. Das ist halt der Vorteil des Boxermotors. Die Wartungsintervalle müssen bei normaler Fahrweise nicht aufs Komma genau eingehalten werden. Auf Urlaubsfahrt kann die fällige große Inspektion auch einmal um 500 bis 1000 Kilometer hinausgeschoben werden.

Bei häufigen Kurzstreckenfahrten oder Regenfahrten wird eine Fahrerin oder ein Fahrer mit Durchblick den erschwerten Bedingungen gemäß die höher beanspruchten Baugruppen (Luftfilter und Motoröl) vorzeitig warten bzw. wechseln.
Arbeiten an der hydraulischen Scheibenbremse dürfen aus Sicherheitsgründen nur bei entsprechenden Vorkenntnissen selbst durchgeführt werden, ansonsten ist das Motorrad in einer Fachwerkstatt besser aufgehoben.

Intervall/km ⇨ ⇩Bauteil	1000 Einfahrkontrolle	10000 Pflegedienst	20000 Inspektion	40000 Inspektion	Jahres- service
Motoröl	E	–	E	E	E
Motoröl-Filter	–	–	E	E	E
Getriebeöl	–	–	–	E	**Alle 2 Jahre erneuern**
Endantriebsöl	–	–	E	–	**jährlich erneuern**
Luftfilter	–	–	E	–	–
Batterie	–	P*	P	P	P
Zündkerzen	–	–	–	E	–
Ventilspiel	P	–	P	P	–
Bremsflüssigkeit	–	–	–		**Alle 2 Jahre erneuern**
Bremsbeläge und Bremsscheiben	–	P*	P		–
Bremssystem	–	–	P		–
Scheinwerfer-Einstellung	–	P	P		–
Kupplungs-Seilzugspiel	P	P	P		–
Seitenständer (Leichtgängigkeit)		–	–	P	–
Radaufhängung	P	–	P		–
Motorstartunterdrückung	P	–	–	–	P
Muttern, Schrauben und Befestigungsteile	P	–	P/A		–
Räder und Reifen	–	–	P		–
Lenkkopflager	P	P*	P		–
Fehlerspeicher auslesen mit MODiTeC (BMW-Werkstatt)	P	P*	P	P	P
Gasseilzug	P	P*	P	P	P
Generatorriemen	P	–	–	E	**Alle 6 Jahre erneuern**

* Erstmalig bei 10000 Kilometern, dann alle weiteren 20000 Kilometer

A **Anziehen** **E** **Erneuern** **P** **Prüfen und gegebenenfalls einstellen, reinigen, schmieren, bzw. erneuern**

Bei höheren als den aufgeführten Kilometerständen Intervalle sinngemäß wiederholen.

3.3 Motoröl

3.3.1 Ölstandkontrolle

- Fahrzeug mit betriebswarmem Motor unbelastet auf ebenen Untergrund senkrecht stellen. Falls der Motor nicht wirklich betriebswarm ist, kann ein zu geringer Pegel angezeigt werden, da sich das Öl mit zunehmender Temperatur ausdehnt.
- Motor abstellen.
- Falls Ölpegel unter MIN-Markierung am Schauglas liegt, Motoröl nachfüllen.

! Zuviel eingefülltes Öl ablassen.

Das Öl ist der Lebenssaft für jedes Triebwerk. Klar, dass da der Pegelstand regelmäßig kontrolliert (bei jedem zweiten Tankstopp) und regelmäßig erneuert wird.

Ölstandkontrolle
- Ölpegel muss zwischen MIN- und MAX-Markierung liegen.
- Die Differenz zwischen MIN- und MAX-Markierung beträgt 0,5 Liter.

3.3.2 Öl- und Filterwechsel

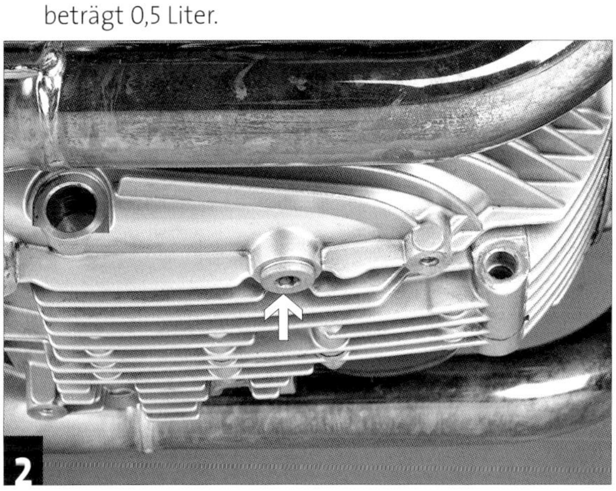

Ablassschraube
- Auffanggefäß unterstellen. Schraube ausdrehen (Finger nicht verbrühen) und austropfen lassen.
- **Anzugsmoment** (neue Dichtscheibe) M16 x 1,5 .... 32 Nm

Einfüllstopfen
- Einfüllstopfen mit Knebel aus Bordwerkzeug (siehe rechts) aus- und eindrehen.

Ölfilter
- Filter mit Ölfilterschlüssel (BMW-Nr. 11 4 661 oder handelsüblich) aus-/eindrehen.
- **Anzugsmoment** .... 11 Nm

Ölfilter
- Auffanggefäß unterstellen. Filter mit Ölfilterschlüssel oder passender Zange ausdrehen.
- O-Ring des neuen Filters vollständig mit Öl benetzen und Filter von Hand festziehen oder mit Ölfilterschlüssel eindrehen.
- **Anzugsmoment** .... 11 Nm

! Altöl und Ölfilter vorschriftsmäßig entsorgen. Jeder Ölverkäufer ist zur Rücknahme der gekauften Ölmenge verpflichtet!

- Abschließend Ölstand kontrollieren wie oben beschrieben.

Von BMW empfohlene Produkte und allgemein zulässige Viskositätsklassen

Bezeichnung	SAE 15W-50
Spezifikation	API SJ/JASO MA

! Alle 20 000 km bedarf das Öl einer Erneuerung (erstmalig bei Tachostand 10 000 km), mindestens aber einmal im Jahr.

! Im Rahmen des Ölwechsels auch Ölfilter wechseln.

! Motoröl bei betriebswarmer Maschine ablassen, damit sich Metallabriebsteilchen noch in der Schwebe befinden und sich noch nicht abgesetzt haben.

- Ggf. Motorschutz abnehmen (Seite 27).

- **Ölfüllmenge (Ölwechsel mit Filterwechsel)** maximal .... 4 l

3.4 Luftfilter

- ! Luftfilter alle 20 000 Kilometer erneuern.
- Sitzbank anehmen.
- Seitenblende und Seitenteil rechts abbauen (ab Seite 18).
- Tankverkleidung rechts abbauen (Seite 18).
- Haltebügel lösen und Ansaugschnorchel abnehmen.
- Altes Filterelement oben leicht eindrücken und entnehmen.
- Neues Filterelement passgenau einsetzen (Bild 3).
- Ansaugschnorchel ansetzen und Haltebügel einschieben, bis sie hörbar einrasten (Bild 1a/1b).
- Tankverkleidung, Seitenblende und Seitenteil rechts anbringen (ab Seite 18).
- 👁 Darauf achten, dass der Gasseilzug in der Aussparung des Ansaugrüssels verläuft.

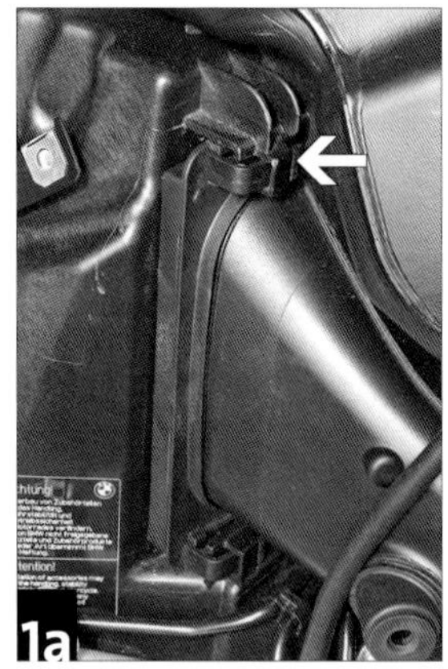

Ansaugschnorchel
- Haltebügel an der Rastnase (Pfeil) eindrücken und Bügel **1** herausziehen.
- Beim Einbau müssen die Nasen hörbar einrasten.

Ansaugschnorchel
- Ansaugschnorchel greift in Muffe ein.

Filterelement
- Filterelement passgenau einsetzen.

3.5 Funktionsprüfung der Motorstart-Unterdrückung

- Die Motorstart-Unterdrückung wird laut Wartungsplan bei der Jahresinspektion durchgeführt.
- Die Prüfung stellt die Funktion von Seitenständerschalter, Getriebe-Potentiometer (Ganganzeige) und Kupplungsschalter sowie deren Signalverarbeitung in der Motorsteuerung fest.
- ! Wenn bei eingelegtem Gang die Kupplung gezogen wird, bevor die Zündung eingeschalten wird, erfolgt keine Startfreigabe.

Prozedere
- Seitenstütze einklappen.
- Not-Ausschalter in Mittelstellung schalten.
- Getriebe in NEUTRAL schalten.
- Zündung einschalten.
- → NEUTRAL-Kontrollleuchte **N** leuchtet.
- Gang einlegen.
- → NEUTRAL-Kontrollleuchte **N** geht aus.
- Starterknopf betätigen.
- → Starter läuft nicht.
- Seitenstütze ausklappen.
- Kupplung ziehen.
- Starterknopf betätigen.
- → Starter läuft nicht.
- Seitenstütze einklappen.
- Starterknopf bei gezogener Kupplung betätigen.
- → Starter läuft.

- Falls das Motorrad in irgendeinem Punkt anders reagiert, muss die Not- und Sicherheits-Abstellung des Motors mit dem BMW Motorrad-Diagnosesystem geprüft werden (BMW-Werkstatt), oder mit dem GS911 analysiert werden.

3.6 Batterie

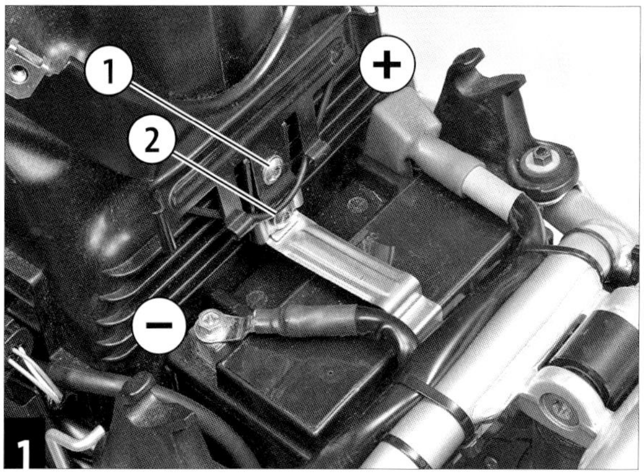

1

Einbaulage Batterie
- Schraube **1** ausdrehen und Bordbuch-Halter abnehmen.
- Schraube **2** ausdrehen und Batterie-Halter abnehmen.
- Zuerst Minuspol (**–**), dann Pluspol (**+**) abnehmen.

! Batteriepole in umgekehrter Reihenfolge anschließen.

2

BMW-Ladegerät
- Batterie mit BMW-Ladegerät laden:
- Passende Ladekennlinie am Ladegerät wählen.
- Zündung einschalten.

→ Die »Zentrale Fahrgestell-Elektronik« (ZFE) schaltet ein.
- Zündung ausschalten.

→ Die ZFE schaltet nach 30 bis 60 Sekunden aus, wenn keine Verbraucher eingeschaltet sind (Abschaltverzögerung).
- Innerhalb der Abschaltverzögerung BMW-Batterieladegerät **zuerst** an der Bordsteckdose anschließen.

→ Ladegerät zeigt Ladezustand der Batterie an.
- Falls die Batterie nicht voll geladen ist, BMW-Ladegerät an die örtliche Stromversorgung anschließen.

! Zeigt das BMW-Ladegerät Unterspannung an (weniger als 7 Volt), kann die Batterie nur direkt über die Batteriepole geladen weden, da die ZFE bei Unterspannung (< 7 V) die Bordsteckdose abschaltet. Mithin ist die Batterie damit praktisch tot. Viel Glück beim externen Laden.

! Ausgestattet mit Elektrostarter und anspruchsvoller Elektronik empfiehlt sich eine topp geladene Batterie.

👁 Wenn das Kraftwerk nur den Anschein macht die Arbeit mühselig aufzunehmen die Batteriespannung zwischen den Polen kontrollieren (Bild 1).
- Für Gelegenheitsfahrer empfiehlt sich in jedem Fall ein Ladungserhaltungsgerät (siehe Bild 2 oder im Zubehörhandel erhältlich).
- Sitzbank abnehmen.

! **Beim Ausbau der Batterie zuerst Minus-, dann Pluspol abnehmen!** Andernfalls kann mit einem abrutschenden Werkzeug ein Kurzschluss verursacht werden, der einem langen Batterieleben abträglich ist.
- Bei der Serien-Batterie handelt es sich um eine Blei-Vlies-Batterie (engl. Bezeichnung **A**bsorbent **G**lass **M**at). Hier ist das Elektrolyt (Schwefelsäure) in einem Glasfaser-Vlies vollständig gebunden, die Batterie kann in allen Lagen betrieben werden, und sie läuft selbst bei einem Gehäuseschaden nicht aus. Somit entfällt auch das Kontrollieren des Säurepegels und das allfällige Korrigieren desselben. Noch ein Vorteil: Dadurch, dass die Platten in Vlies gebettet sind, sind sie besser gegen Vibrationen und Erschütterungen geschützt.
  Die Selbstentladung liegt bei ein bis drei Prozent pro Monat (herkömmliche Batterie: zehn Prozent). Dank ihres geringen Innenwiderstands können AGM-Batterien kurzzeitig höhere Entladeströme zur Verfügung stellen, etwa beim Starten des Motors, und sie erhitzen sich auch nicht bei diesen hohen Strömen. Also die ideale wirtschaftliche Motorrad-Batterie.

! Beim **Ausbau** der Batterie zuerst Minus-, dann Pluspol abnehmen!

! Beim **Einbau** zuerst Pluspol, dann Minuspol montieren!

👁 Bei häufig entladener Batterie nach kürzerer Standzeit, Regelspannung und auf Kriechststrom prüfen (Seite 77).

3.6.1 Batterie extern laden

- Batterie muss zum Laden nicht ausgebaut werden, um sie direkt an den Batteriepolen zu laden (Bild 1).
- Minuspol abnehmen und Kabelschuh isolieren.

! Ladegerät mit Strombegrenzung verwenden.

! Darauf achten, dass die Ladespannung nicht über 14,2 Volt ansteigt.
- Maximalen Ladestrom (10 % der angegebenen Kapazität) nicht überschreiten.
  Beispiel 14 Ah .... max. 1,4 Ampère
  Ladezeit .... 5 – 10 Stunden

👁 Eine defekte oder überalterte Batterie wird trotz korrekt angezeigtem Sollwert sofort »in die Knie« gehen, wenn das Licht eingeschaltet wird.
- Anschlusspole reinigen (Messingdraht-Bürstchen) und mit Polfett (säurefrei) einbalsamieren.
  Batterie einbauen.

! Die durchschnittliche Lebensdauer einer Batterie beträgt vier bis fünf Jahre.
- **Batterie einwintern** wie im Kapitel Einwintern Seite 165 beschrieben.

! Batterie laden, sobald die Spannung unter 12,5 Volt liegt.
- BMW definiert den Zustand der Batterie **bei Messung im abgeklemmten Zustand** wie folgt:

AGM-Batterie
Sollwert .... >12,3 V
defekt ...... <12,3 V

3 Wartung

3.7 Zündkerze

- Die Funkenspender werden alle 40000 Kilometer erneuert.
- Bei Unregelmäßigkeiten im Fahrbetrieb (z.B. unwilliges Starten, Ruckeln oder unsauberes Ausdrehen) kann eine Kontrolle des Kerzengesichts hilfreich sein, um die Ursache festzustellen.
  Das Kerzengesicht kann Aufschluss über defekte Luftwege (z.B. Luft ziehende Ansaugstutzen) und unregelmäßige Kraftstoffzufuhr (z.B. defekter Einspritzdruck-Sensor) geben.
- Um das Kerzengesicht aussagefähig beurteilen zu können, Motor 10 Minuten warm fahren und schon beim Ausrollen abschalten.

! Längeres Laufen des Motors mit Standgas vor dem Abstellen lässt die Kerzen wieder einrußen.

👁 Kerzengesicht (siehe auch nächste Seite) soll grau- bis rehbraunen Farbton aufweisen, bei weißem bis aschgrauem Bild ist das Gemisch zu mager, der Motor läuft zu heiß.
Bei dunkel- bis schwarzbraunem Kerzenbild ist das Kraftstoffluftgemisch zu fett.
Schwarz verrußte, feucht glänzende Kerzen deuten auf mechanische Schäden wie verschlissene Ventilführungen oder abgenutzte Kolbenringe hin, durch die Öl in den Verbrennungsraum gelangt.

→ Zu mageres Gemisch kann z.B. durch Undichtheit am Einlassflansch zwischen Drosselklappengehäuse und Zylinderkopf verursacht werden.

→ Zu fettes Gemisch kann durch einen zugesetzten Luftfilter verursacht werden.

- Zündkerze(n) mit Messingdrahtbürste reinigen.

👁 Isolator auf Risse oder Absplitterungen untersuchen.

👁 Dichtring muss einwandfreie Planflächen aufweisen, bei Beschädigungen Dichtring erneuern.

👁 Mittelelektrode muss rechteckige Kanten haben.

👁 Masse-Elektrode muss gleichbleibende Dicke aufweisen.

- Bei Beschädigung Kerzen erneuern.

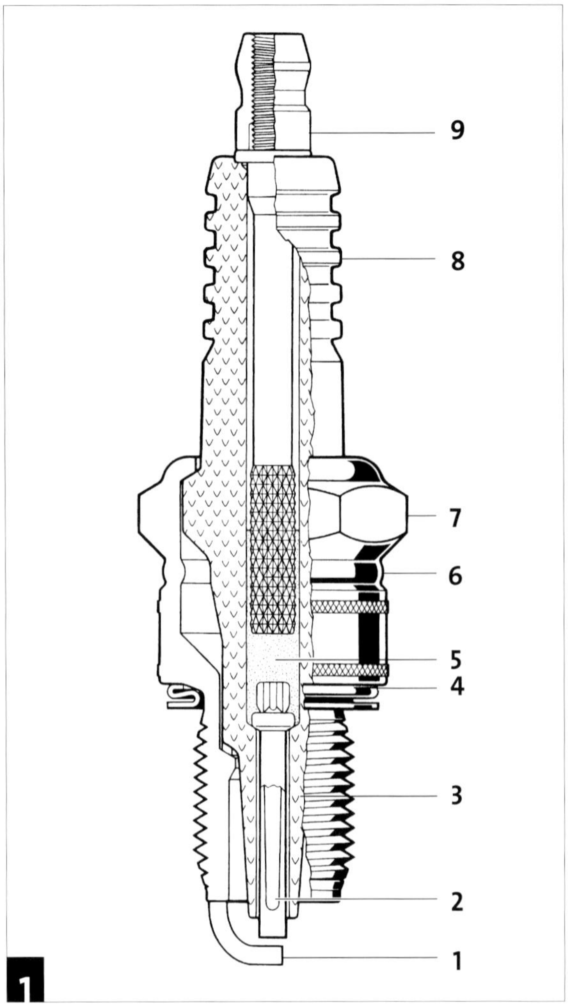

Zündkerze

1	Masseelektrode	**6**	Warmschrumpfzone
2	Mittelelektrode	**7**	Gehäuse
3	Isolatorfuß	**8**	Isolierkörper (Al_2O_3-Keramik)
4	Dichtring		
5	Leitendes Glas	**9**	Anschlussmutter

Elektrodenabstand messen

- Sollwert 0,8 – 0,9 mm

! Masse-Elektrode nicht nachbiegen – Bruchgefahr im Betrieb!

Einbau

- Zündkerze (Gewinde öl- und fettfrei) gefühlvoll von Hand einschrauben.

! Unbedingt darauf achten, dass schon der erste Gewindegang richtig greift.

! Eine schräg angesetzte Kerze ruiniert mit ihrem harten Stahlgewinde das weiche Gewinde im Aluminium-Zylinderkopf schon nach einer halben Umdrehung.

- Erst bei richtigem Sitz die Kerze(n) mit Kerzenschlüssel SW18 anziehen und Kerzenstecker wieder aufsetzen.
- **Anzugsmoment** .... 18 Nm

! Falls gebrauchte Zündkerze wieder verwendet wird, Kerze bis zum Aufsitzen eindrehen und um $^1/_4$ bis $^1/_3$ Umdrehung anziehen.

Zündkerzengesichter

Normal
Isolatorfuß von grauweißer-graugelber bis rehbrauner Farbe. Motor ist in Ordnung. Wärmewert richtig gewählt. Gemischeinstellung und Zündeinstellung sind einwandfrei, keine Zündaussetzer, Kaltstarteinrichtung funktioniert.
Keine Rückstände von bleihaltigen Kraftstoffzusätzen oder Legierungsbestandteilen vom Motoröl.
Keine thermische Überlastung.

Verrußt
Isolatorfuß, Elektroden und Zündkerzengehäuse mit samtartigem, stumpfschwarzem Ruß bedeckt.
Ursache: Fehlerhafte Gemischeinstellung (Vergaser, Einspritzung): Gemisch zu fett, Luftfilter stark verschmutzt, Startautomatik nicht in Ordnung oder Starterzug (Choke) zu lange gezogen, überwiegend Kurzstreckenverkehr, Zündkerze zu kalt, Wärmewert-Kennzahl zu niedrig.
Auswirkung: Zündaussetzer, schlechtes Kaltstartverhalten.
Abhilfe: Gemisch und Starteinrichtung richtig einstellen, Luftfilter prüfen.

Verölt
Isolatorfuß, Elektroden und Zündkerzengehäuse mit ölglänzendem Ruß oder Ölkohle bedeckt.
Ursache: Zu viel Öl im Verbrennungsraum.
Ölstand zu hoch, stark verschlissene Kolbenringe, Zylinder und Ventilführungen.
Bei 2-Takt-Ottomotoren zu viel Öl im Gemisch.
Auswirkung: Zündaussetzer, schlechtes Startverhalten.
Abhilfe: Motor überholen, richtiges Kraftstoff-Öl-Gemisch, neue Zündkerzen.

Isolatorfußbruch
Ursache: Mechanische Beschädigung durch Schlag, Fall oder Druck auf die Mittelelektrode bei unsachgemäßer Handhabung. In Grenzfällen kann durch Ablagerungen zwischen Mittelelektrode und Isolatorfuß sowie durch Korrosion der Mittelelektrode der Isolatorfuß – besonders bei überlanger Betriebsdauer – gesprengt werden.
Auswirkung: Zündaussetzer, Zündfunke springt an Stellen über, die durch Frischgemisch nicht sicher erreicht werden.
Abhilfe: neue Zündkerzen.

3 Wartung

3.7.1 Zündkerzen-Wechsel

ohc-Typen

- Zündkerzen alle 40 000 Kilometer wechseln.
- ! Zündung ausschalten!
- Kerzenschacht vor Ausdrehen der Zündkerzen mit Druckluft ausblasen.

BMW-Spezialwerkzeug 12 3 561

- Das Abziehen der Stabzündspulen erfordert relativ hohe Handkraft, falls BMW-Spezialwerkzeug 12 3 561 nicht zur Verfügung steht, ist aber machbar.
- Zündkerze mit Kerzenschlüssel ausdrehen.

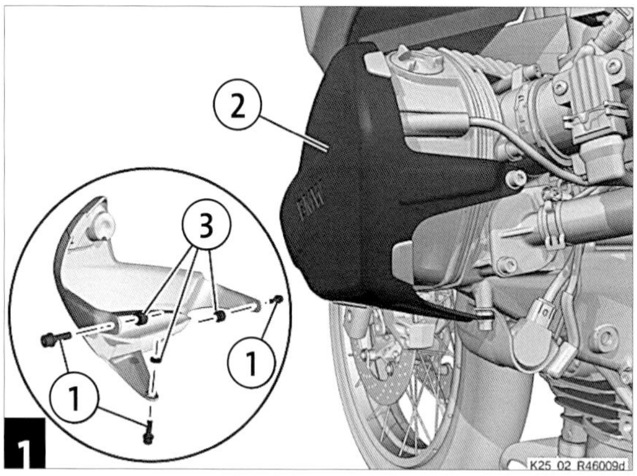

Zylinderkopfdeckel-Abdeckung (Adventure)
- Drei Schrauben **1** ausdrehen.
- Abdeckung **2** mit drei Buchsen **3** abnehmen.
- Beim Einbau Zündkabel nicht einklemmen.

Hauptzündkerze
- Abdeckung von hinten abziehen.

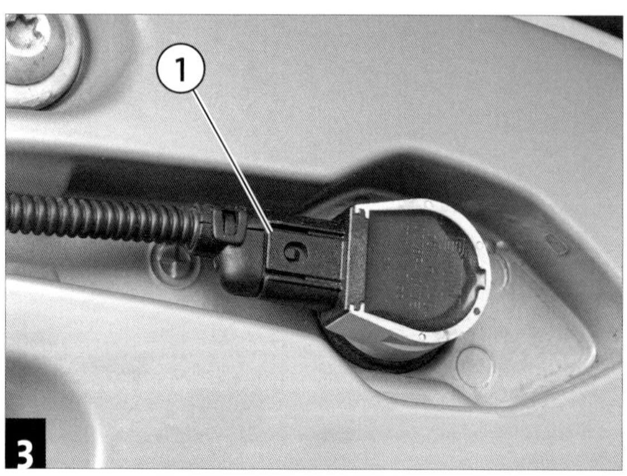

- ! Stecker der Stabzündspule nach innen wegdrücken, nicht versuchen die Verriegelungslasche **1** anzuheben, und Stecker abziehen. Andernfalls kann die Verriegelungslasche abbrechen.
- Stabzündspule abziehen.

Zündkerzen-Hersteller und -Bezeichnung (Haupt- und Nebenzündkerze)
Bosch YR5LDE
NGK DCPR 8 EKC

Elektrodenabstand der Zündkerze
Neuzustand .... 0,7 – 0,9 mm
Verschleißgrenze .... max. 1,0 mm

Anzugsmomente
Hauptzündkerze an Zylinderkopf
Bosch YR5LDE, M12 x 1,25
Erst- und Wiederanzug .... 23 Nm
NGK DCPR8EKC, M12 x 1,25
Erst- und Wiederanzug .... 20 Nm

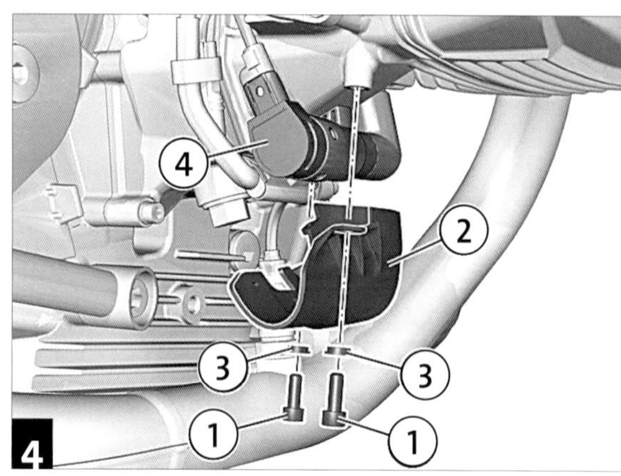

Nebenzündkerzen-Abdeckung
- Schrauben **1** ausdrehen. Abdeckung **2** mit Buchsen **3** abnehmen. Stecker **4** von Lasche wegdrücken und Stecker vorsichtig am Kabel abziehen.

1 **Anzugsmoment** M6 x 12 .... 8 Nm

Nebenzündkerzenspule
- Zündkerzenspulen nicht vertauschen, sondern gemäß Kennzeichnung verbauen (im Bild rechte Spule).

dohc-Typen

- Zündkerzen alle 20 000 Kilometer wechseln.
- ! Zündung ausschalten!
- Kerzenschacht vor Ausdrehen der Zündkerzen mit Druckluft ausblasen.

6

Zylinderkopfdeckel-Schutz (Sonderausstattung)
- Drei Schrauben ausdrehen und Zylinderkopfdeckel-Schutz abnehmen.

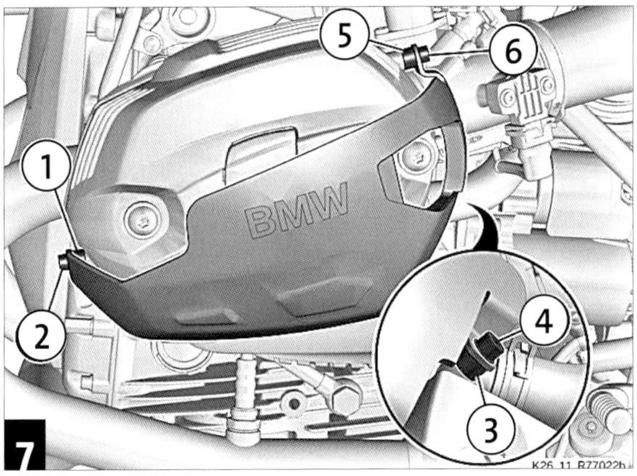

7

Zylinderkopfdeckel-Abdeckung (Adventure)
- Schrauben **1** ausdrehen.
- Abdeckung **2** mit Buchsen **3** abnehmen.
- Beim Einbau zuerst Schrauben locker eindrehen.

1 **Anzugsmoment** M6 x 25. 10 Nm

Zündkerzen-Hersteller und -Bezeichnung (Haupt- und Nebenzündkerze)
NGK MAR8B-JDS

Elektrodenabstand
neu . . . . 0,7...0,9 mm
Verschleißgrenze
. . . . . . max. 1,0 mm

Anzugsmoment
M10 x 1. . . . . . 12 Nm

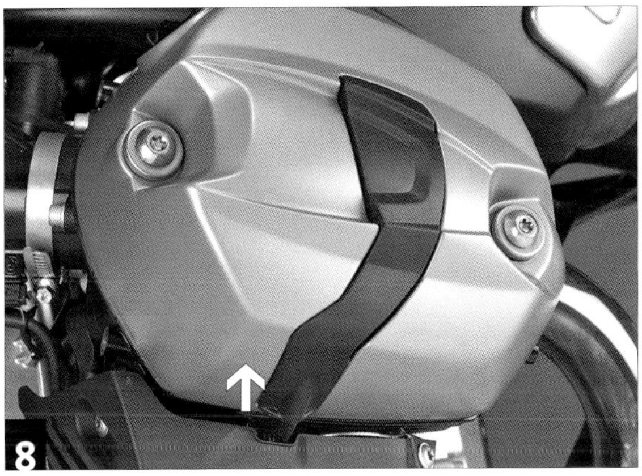

8

Abdeckung
- Abdeckung unten vorsichtig nach außen abziehen. Dabei auf Zündkabel achten.
- Beim Einbau oben ansetzen und unten eindrücken, bis Einrasten hörbar ist.

9

Stabzündspule der Hauptzündkerze
- Stecker trennen wie bei Bild 3 beschrieben (nicht Lasche 1 hochziehen).
- Stabzündspule abziehen.

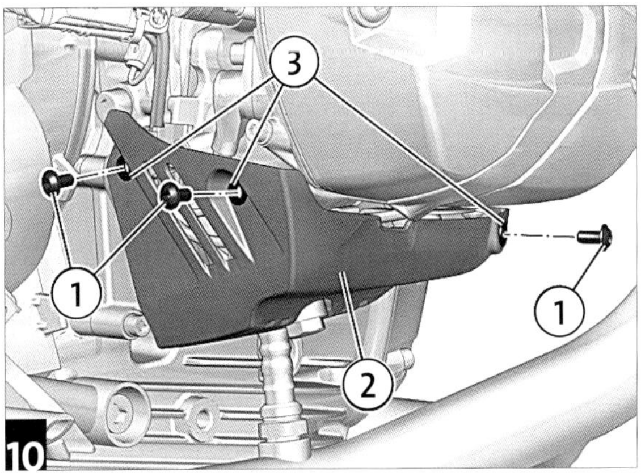

10

Zylinder-Abdeckung unten
- Schrauben **1** ausdrehen.
- Abdeckung **2** mit Buchsen **3** abnehmen.

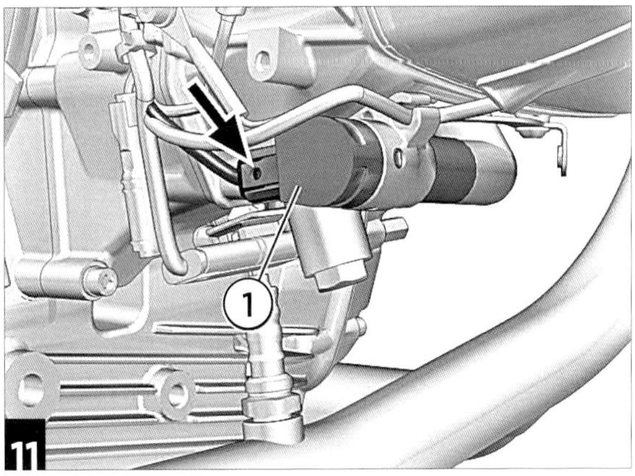

11

Nebenzündkerzenspule
- Stecker von Lasche (Pfeil) wegdrücken und Stecker vorsichtig am Kabel abziehen.
- Nebenzündkerzenspule **1** abziehen.

3 Wartung

3.8 Ventilspiel

Das Ventilspiel gleicht die Wärme-Ausdehnung des Motorgehäuses, Zylinders und Zylinderkopfs aus, damit die Ventile den Brennraum bei allen Betriebstemperaturen dicht abschließen.
Das Ventilspiel wird alle 10 000 Kilometer kontrolliert und ggf. eingestellt.

- Motorrad so aufbocken, dass das Hinterrad frei drehbar ist, um die Kurbelwelle zu drehen.
- ! Zündung ausschalten.
- Eine Zündkerze je Zylinder ausdrehen. Dies erleichtert das Durchdrehen des Motors, wenn der obere Totpunkt gesucht wird.
- ! Ventilspiel bei kaltem Motor (unter 35 °C/ handwarm) kontrollieren und einstellen!
- Beide Zylinderkopfdeckel abnehmen und am Hinterrad drehen, bis die Ventile des betreffenden Zylinders geschlossen sind (es ist Spiel spürbar) und die Ventile des gegenüberliegenden stehen auf Überschneidung (es ist kein Spiel spürbar).
  In dieser Stellung (oberer Totpunkt OT) Motor festlegen wie in Bild 1 bis 3 gezeigt. Dazu muss die Kupplung natürlich nicht freigelegt werden! Dies dient nur der Verdeutlichung des Vorgangs.

3.8.1 Ventilspiel bis 2009 (ohc)

Das Ventilspiel wird mittels Einstellschrauben an den Kipphebeln eingestellt.
Vor dem Kontrollieren des Ventilspiels muss das Kipphebel-Axialspiel kontrolliert werden, um aussagekräftige Messergebnisse zu erhalten.

- Kipphebel-Axialspiel auf **MINIMUM**-Wert einstellen: 0,05er Messblatt an beiden Kipphebeln einschieben (Bild 6).
  Lagerbock-Befestigungen etwas lösen (Bild 7) und Lagerbock gleichmäßig gegen die Kipphebel drücken.
  Schrauben und Mutter anziehen (Bild 7).

Kurbelwelle festlegen/ohc/dohc
- Beim Pfeil muss der Absteckdorn (Bild 1 Seite 14 oder passendes 8 mm-Rundmaterial) eingesteckt werden.

Kurbelwelle festlegen/ohc/dohc
- ...dann muss die Bohrung in der Kupplung gefunden werden...

Kurbelwelle festlegen/ohc/dohc
- ...und schließlich ihr Widerlager/Bohrung im Motorgehäuse.

Zylinderkopfdeckel aus- und einbauen
- Auffanggefäß für Lecköl bereithalten.
- Deckelschrauben über Kreuz lösen und anziehen.
- **Anzugsmoment** M6 x 72 .... 10 Nm

Dichtgummi der Zündkerzen
- Auf Verbleib der Dichtung im Deckel achten.

Axialspiel der Kipphebel prüfen
- Axialspiel an beiden Kipphebeln gleichzeitig/ gemeinsam mit Fühlerlehre messen.
  Axialspiel-Sollwert . . . . 0,05 – 0,40 mm

Anzugsmomente
1 M8 x 30 . . . . . 18 Nm
M8 x 40 . . . . . 18 Nm
2 Zugankermutter M10
Fügemoment . . . . 20 Nm
Voranzug . . . . 90°
Endanzug . . . . . . 90°

Axialspiel der Kipphebel einstellen
- Drei Schrauben **1** und Mutter **2** etwas lockern.
- Axialspiel auf Minimalwert einstellen.
- Schrauben **1** und Mutter **2** etwas festziehen.
- Axialspiel erneut messen und Schrauben und Muttern endgültig festziehen.

3 Wartung

3.8.1 Ventilspiel bis 2009 (ohc)

Fortsetzung

8

Ventilspiel prüfen

- Mit Fühlerlehre zwischen Ventil und Kipphebel Spiel erfühlen.
- Lehrenblatt muss sich mit leichtem Widerstand durchziehen lassen.

Ventilspiel-Sollwerte

(bei kaltem Motor, maximal 35 °C)

Einlass .... 0,15 mm
Auslass.................................... 0,35 mm

- Beide Ventile eines Kipphebels möglichst genau auf das selbe Spiel einstellen.
- Absteckdorn entfernen, Kurbelwelle mehrmals durchdrehen und erneut messen.
- Kurbelwelle um 360° drehen und gegenüberliegen Zylinder messen/einstellen.

3.8.2 Ventilspiel ab 2010 (dohc)

Das Ventilspiel wird mittels unterschiedlich dicker Halbkugeln in den Schlepphebeln eingestellt.

! Ventilspiel alle 10 000 Kilometer kontrollieren und gegebenenfalls einstellen.
! Ventilspiel bei kaltem Motor (unter 35 °C/ handwarm) kontrollieren und einstellen!

- Motor mittels freistehendem Hinterrad soweit durchdrehen, bis Nockenwellen die in Bild 2 gezeigte Stellung haben.
- Ventilspiel ggf. mittels dünnerer oder dickerer Halbkugeln in den Toleranzbereich bringen.

Ventilspiel-Sollwerte

(bei kaltem Motor, maximal 35 °C)

Einlass .... 0,13 – 0,23 mm
Auslass.............................. 0,30 – 0,40 mm

- Kurbelwelle um 360° drehen und gegenüberliegenden Zylinder messen/einstellen.

9

Ventilspiel einstellen

- Muttern **1** etwas lockern. Schrauben **2** dabei gegenhalten und je nach Erfordernis Schrauben **2** ein- oder ausdrehen. Muttern **1** wieder anlegen (10 Nm; Schrauben **2** gegenhalten) und nochmals messen.

10

Dichtgummi

- Dichtgummi passend zu den Fixierungen anbringen.
- Dichtgummi trocken (öl- und fettfrei) montieren.
- Kerzenschachtgummi: siehe Bild 5 Seite 41.

4

Abdeckung

- Zwei Schrauben ausdrehen.
- Deckel zuerst unten lösen und nach oben abnehmen.
- **Anzugsmoment** M6 .... 10 Nm

5

Nockenwellenstellung
- Markierungen weisen im Zünd-OT zueinander.
- Zur Messung des gegenüberliegenden Zylinders Kurbelwelle um 360° drehen.

6

Ventilspiel-Messung
- Mit Fühlerlehre Spiel zwischen Nocke und Schlepphebel »erfühlen« (Fühlerlehrenblatt muss satt und ohne Klemmen passen).

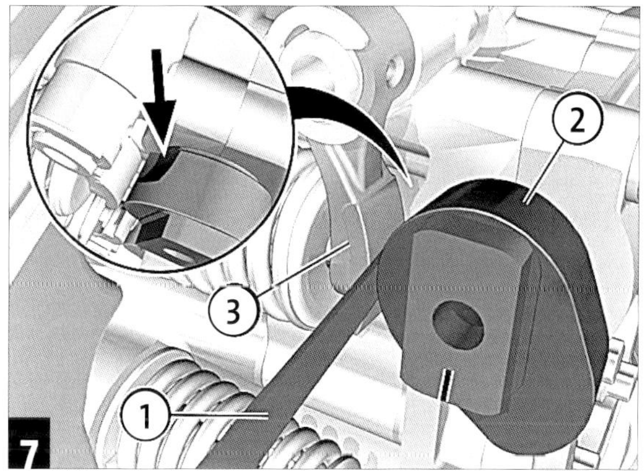

7

Ventilspiel-Messung
- Beim Messen mit der Fühlerlehre **1** zwischen Nocken **2** und Schlepphebeln **3** nicht an der Aussparung (Pfeil) der Nocken messen.

8

Halbkugeln ausbauen
- E-Ring (Pfeil) mit kleiner Zange abziehen und Schlepphebel von Welle abziehen.
- Auf Verbleib der Halbkugel achten.

9

! Es dürfen nur Halbkugeln mit der Kennzeichnung »X« verwendet werden. Halbkugeln ohne diese Kennzeichnung müssen verschrottet werden, sie sind zu weich.

3.9.2
Gasseilzug-Wechsel
Fortsetzung

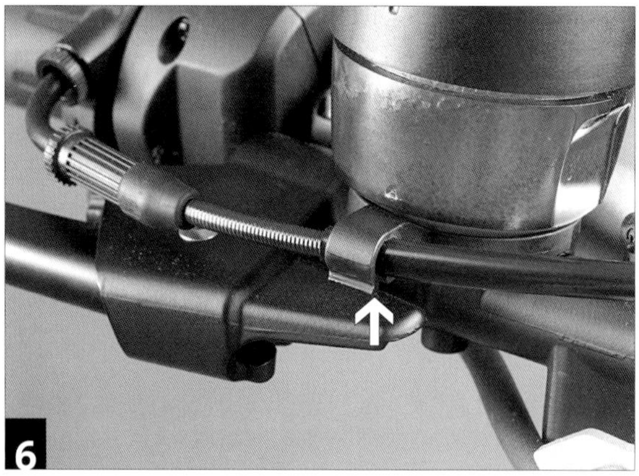

Seilzugverlegung 1
- Seilzug durch Haltebügel durchfädeln.

Seilzugverlegung 2
- Seilzug durch Drahtbügel durchfädeln.

Seilzugverlegung 3
- Seilzug an Rahmenklemme befestigen.

Seilzugverlegung 4
- Seilzug an Kabelbaumwanne verlegen.

Gaszug rechts Typ 307

- Tankverkleidung links und rechts (ab Seite 18) abbauen.
- Ansaugschnorchel ausbauen (Seite 34).
- Deckel vom Seilzugverteiler abnehmen. Einbaulage siehe Bild 1 Seite 45 bzw. Bild 11 gegenüberliegende Seite und Seite 28.

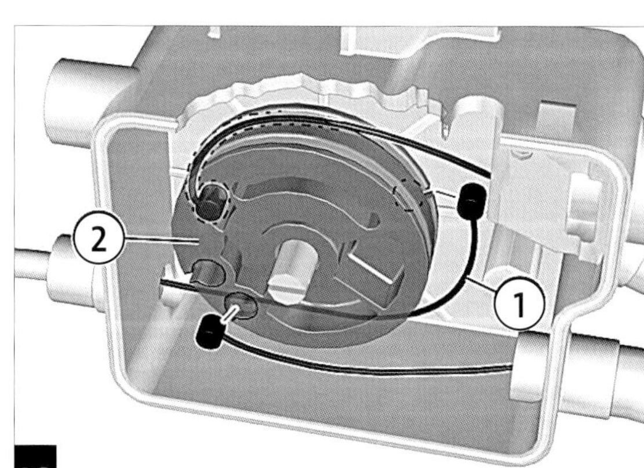

Nippel am Seilzugverteiler aushängen
- Gasseilzug **1** aushängen: Nippel aus Seilscheibe **2** herausnehmen.

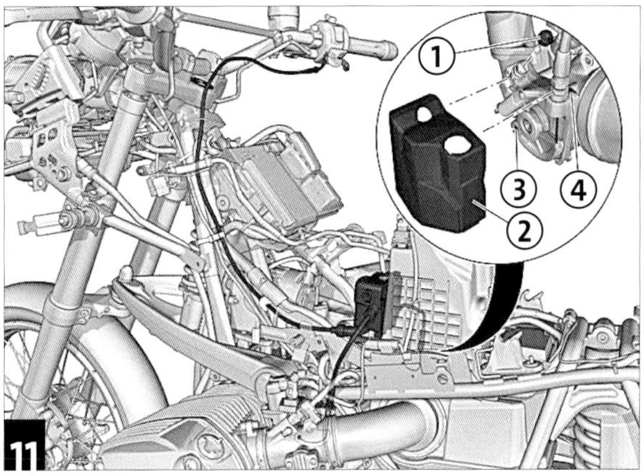

Seilzugverteiler - Seilzug rechts ein-/ausbauen Typ 307

- Gummikappe **1** abnehmen und Abdeckkappe **2** nach oben abziehen. Nippel **3** aushängen und Sicherungsblech **4** ausklipsen.
- Seilzug nach oben herausziehen.

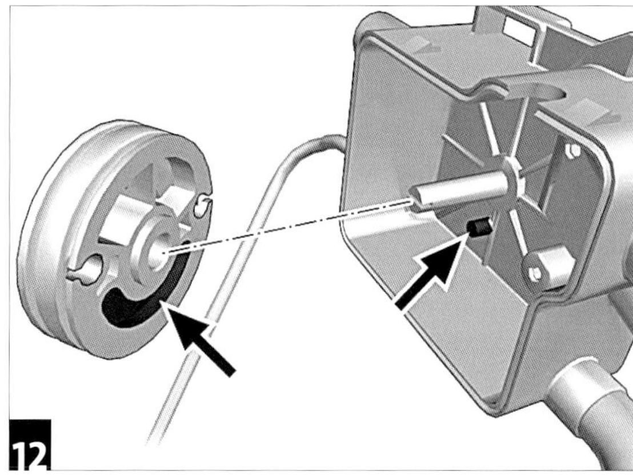

Seilzug rechts einbauen Typ 307

- Nippel in Seilscheibe einhängen (Bild 10) und Steilscheibe so in Verteiler einsetzen, dass Stift in Führung eingreift (Pfeile).
- Deckel des Seilzugverteilers anbringen.

- Übrige Arbeitsschritte in umgekehrter Ausbaureihenfolge.

Gaszug rechts ab 2008 Typ 303

- Tankverkleidung links und rechts (ab Seite 18) abbauen.
- Seitenblenden links und rechts (ab Seite 18) abbauen.
- Ansaugschnorchel ausbauen (Seite 34).

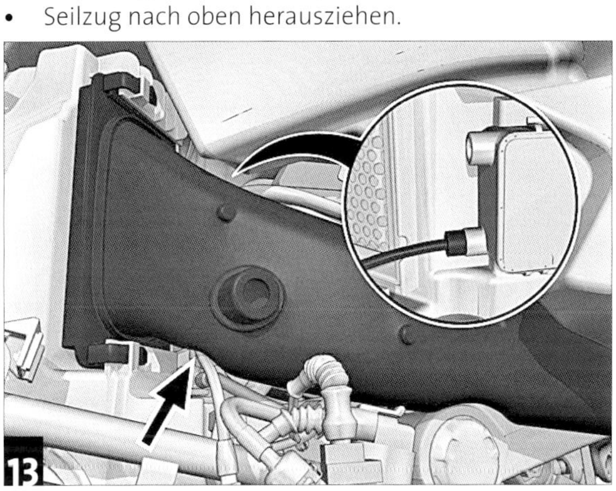

Seilzug rechts einbauen

- Darauf achten, dass linker Seilzug wieder in Aussparung (Pfeil) liegt, komplett in Aufnahme steckt und Drosselklappe am Anschlag anliegt.

Drosselklappenstecker

- Einspritzventilstecker **1** und Leerlaufsteller-Stecker **2** trennen.

Gummikappe

- Gummikappe (Pfeil) abziehen und Abdeckung nach oben ziehen.

1 Leerweg-Einsteller

3.9.2
Gasseilzug-Wechsel
Fortsetzung

Nippel aushängen
- Nippel **1** aus Aufnahme herausnehmen, Sicherungsblech **2** ausklipsen und Seilzug abziehen. Drosselklappe ist nur zu Fotozwecken ausgebaut.
- Seilzugnippel gefettet in Aufnahme einsetzen.

- Einbau erfolgt in umgekehrter Ausbaureihenfolge.
- Linken Seilzug wie rechten ersetzen.
- Abschließend Synchronisation prüfen.

3.9.3
Drosselklappen-Synchronisation

- Der Abgleich des Gleichlaufs der Drosselklappen muss mit dem BMW-Synchrotester durchgeführt werden.
- Mit unseren Hausmitteln (den guten alten Unterdruck-Uhren) kann nur eine provisorische Einstellung vorgenommen werden.
- Der Abgleich des Leerlaufs kann nicht vorgenommen werden, die Anschlagschrauben dürfen nicht verstellt werden (sind mit Sicherungslack versehen). Andernfalls müssen sie im Herstellerwerk (Bing) neu eingestellt werden.
- Kappen der Unterdruckanschlüsse an den Drosselklappen-Stutzen abziehen und Unterdruck-Uhren anschließen (Bild 19).
- Drosselklappen leicht aufziehen, damit sie nicht mehr am Anschlag anliegen, so dass die Motordrehzahl zwischen 1400 und 1800/min liegt.
- Mittels der Einsteller (Bild 15 Seite 47) Seilzüge so einstellen, dass Unterdruck-Differenz höchstens 15 mbar beträgt.

Verkleidungshalter links
- Schraube (Pfeil) ausdrehen und Halter abnehmen.
- **Anzugsmoment** M8 x 45 - 10.9 . . . . 19 Nm

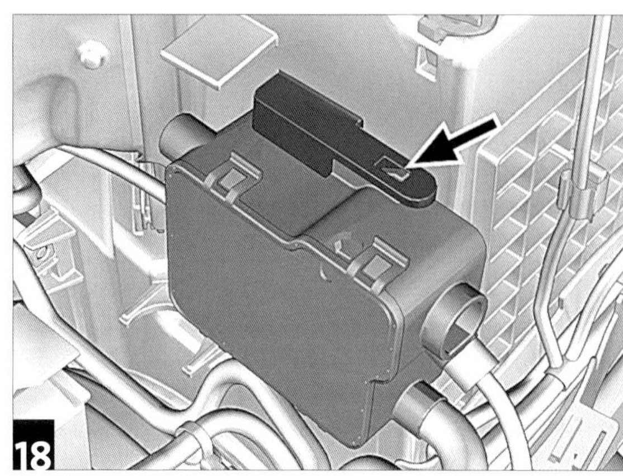

Seilzugverteiler
- Seilzugverteiler ausklipsen (Pfeil) und nach links herausnehmen.
- Deckel abnehmen, Seilscheibe abziehen und Nippel aushängen (entsprechend Bild 10 Seite 46).

Drosselklappen-Synchronisation
- Unterdruckuhren an den Anschlüssen an den Drosselklappen-Stutzen anschließen.
- 👁 Kappen dürfen nicht porös/undicht sein.

3.10 Bremsanlage

Auf die Bremsanlage der BMWs ist Verlass.

! Deshalb Wartungsarbeiten an der Bremshydraulik nur bei fundierten Vorkenntnissen vornehmen.

! Beim geringsten Zweifel am eigenen Können ist die Fachwerkstatt die bessere Wahl.

3.10.1 Dicke der Bremsscheiben

! Eine unterschiedlich dicke Bremsscheibe verursacht Bremsrubbeln (➔ schlechte Dosierbarkeit).

! Eine zu dünne Bremsscheibe kann die Wärme nicht mehr ausreichend abführen und sich dadurch verziehen oder gar brechen.

Verschleißgrenze vorn/hinten .... 4,5 mm

Bremsscheiben wechseln
hinten .... Seite 139
vorn.......... Seite 142
Verzug .... Seite 142

Bremsscheibendicke prüfen
- Dicke der Bremsscheibe an mehreren Stellen kontrollieren (etwa alle 90°).
- 👁 Messschieber-Genauigkeit genügt zwar, aber meist vermiesen Grate und Riefen dessen Einsatz.

3.10.2 Belagkontrolle

Auch die beste Bremse funktioniert nur mit ordentlichen Belägen. Deshalb regelmäßig die Belagstärken kontrollieren.

- Bremspedal/-hebel betätigen, damit Beläge an Bremsscheibe anliegen.

! Im Zweifelsfall Beläge lieber zu früh als zu spät mit zerschrappter Bremsscheibe wechseln!

! Bremsbeläge nur im Satz auswechseln, auch wenn nur ein Belag (je Sattel) die Verschleißgrenze erreicht hat.

Belagdicke/vorn sichtprüfen
- 👁 Beläge spätestens wechseln, wenn Beläge bis zum Grund der Verschleiß-Anzeigenuten (Pfeil) aufgebraucht sind. (Im Bild bei abgenommenem Sattel.)

Verschleißgrenze .... 1 mm

Belagdicke/hinten sichtprüfen
- 👁 Beläge wechseln, wenn durch die Bohrung die Bremsscheibe sichtbar ist.

Verschleißgrenze .... 1 mm

Belagdicke/hinten sichtprüfen
- 👁 Beläge wechseln, wenn Beläge bis zur letzten Rille (Pfeil) des Belagstifts aufgebraucht sind.

Verschleißgrenze .... 1 mm

3 Wartung

3.10.3
Belagwechsel

Belagwechsel vorn

! Bei ausgebautem Bremssattel/-belägen Pedal oder Hebel nicht betätigen, damit Kolben nicht herausfahren.

- Bremssattel von Hand gegen Bremsscheibe hin und herdrücken, um Platz zu machen für neue dicke Beläge. (Siehe auch Bild 1 Seite 51).
  Im Zubehörhandel sind dafür auch spezielle Kolbenrücksetz-Vorrichtungen erhältlich.

Belagwechsel vorn
- Sicherungssplint (Pfeil) mit Zängchen oder kleinem Schraubendreher herausziehen.

Belagwechsel vorn
- Belagstift herausdrehen.

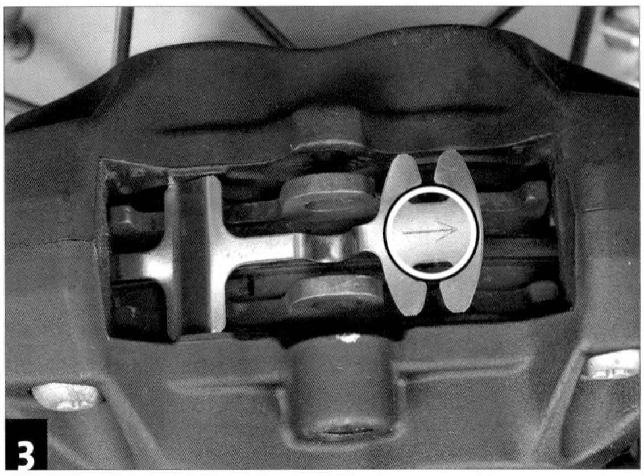

Belagfeder
👁 Pfeil auf der Belagfeder weist in Drehrichtung.

! Nach Einbau der neuen Beläge am Hebel pumpen, bis die Beläge an der Bremsscheibe anliegen und der Druckpunkt klar spürbar ist. Erst dann ist das System betriebsbereit!

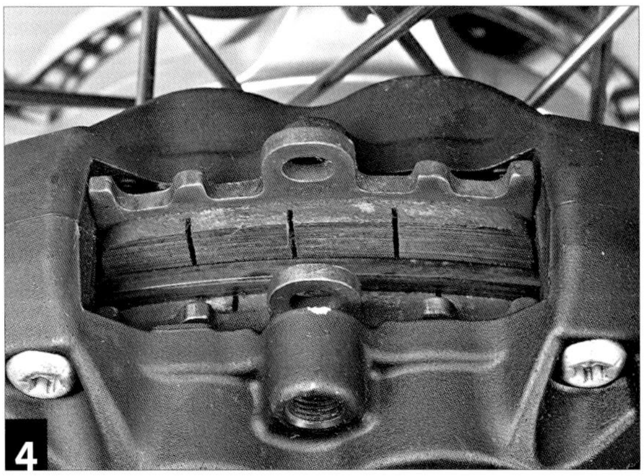

Beläge wechseln
- Beläge nach oben aus Bremssattel entnehmen.

Belagwechsel hinten

Kolben eindrücken vorn und hinten
- Bremssattel mit der Kolbenseite von Hand gegen Bremsscheibe drücken, um Platz zu machen für neue dicke Beläge (im Bild F 650 CS).

Sicherungssplint
- Sicherungssplint abziehen .

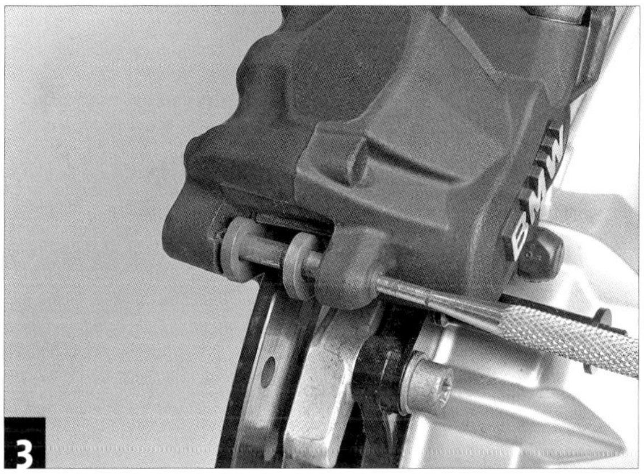

Bremssattel hinten
- Belagstift mit passendem Dorn und Hämmerchen von außen nach innen herausschlagen.
- Beläge nach hinten aus Bremssattel herausnehmen.

Pflegetipp Bremssattelkolben
- Bei gelegentlich ausgebautem Bremssattel diesen innen mit Bremsenreiniger säubern (Bremsenreiniger), insbesondere die Laufflächen der Bremssattelkolben.

Pflegetipp Bremssattel-Lagerung hinten
- Bei gelegentlich ausgebautem Bremssattel Beweglichkeit des Sattels auf seiner Achse prüfen.
- Ggf. reinigen und frisch fetten (Silikonfett).

- Belagträgerplatte auf der Rückseite und an stirnseitiger Belagführung **dünn** mit Bremsklotzpaste schmieren (Never Seeze Compound).
- Neue Beläge von hinten einschieben. Dabei darauf achten, dass sie richtig in ihre Aufnahme eingreifen.
- Belagstift eintreiben und mit Splint sichern.

! Nach Einbau der neuen Beläge am Hebel pumpen, bis die Beläge an der Bremsscheibe anliegen und der Druckpunkt klar spürbar ist.
Erst dann ist das System betriebsbereit!

3.10.4
Bremsflüssigkeit

- Bremshebel betätigen, bis Druckpunkt deutlich spürbar ist (Druck aufbauen).

! Falls dazu mehr als der halbe Hebelweg oder gar »Nachpumpen« notwendig ist, ist Entlüften des Hydrauliksystems dringend angeraten.

- Lenker so einschlagen bzw. Fahrzeug so aufbocken (Hinterradbremse), dass Bremsflüssigkeits-Behälter waagrecht steht.

👁 Pegelstand kontrollieren (Bild 1 und 2).

! Falls sich Pegel unterer MIN-Markierung nähert, zuerst Belagstärke der Bremsklötze kontrollieren (Bremsbelagverschleiß wird mit nachfließender Hydraulikflüssigkeit ausgeglichen).

! Das Volumen der Bremsflüssigkeit im Ausgleichsbehälter reicht aus, um die Beläge von »neu« bis zur Verschleißgrenze unter Druck zu setzen.

- Falls Bremsbeläge nicht abgenutzt sind und wenn Flüssigkeitsstand rasch absinkt, komplettes System unter Druck setzen und nach Undichtigkeiten – hier vor allem die Schlauchanschlüsse – absuchen.

! Leckagen sofort beseitigen (neue Dichtringe einsetzen und entlüften)!

! Bremsflüssigkeit der Qualität **DOT 4** verwenden!

- Lumpen für vertrielte Bremsflüssigkeit bereithalten.
- Beim Öffnen des Deckels muss Behälter waagrecht stehen, damit keine Bremsflüssigkeit überschwappt, die sich sehr aggressiv verhält und Lack angreift.

! Vertrielte Bremsflüssigkeit sofort abwischen!

! Es dürfen keine Fremdkörper in das System oder den Ausgleichsbehälter gelangen!

- Da sich Bremsflüssigkeit hygroskopisch verhält, (Wasser anzieht), muss Behälter immer gut verschlossen sein (der Siedepunkt sinkt und führt so zu Dampfblasenbildung ➔ Luft im System).
- Zum Nachfüllen Deckel abnehmen (Bilder 1 und 2).
- Deckel mit Führungsstück, Verriegelung und Gummimembran abnehmen.
- Pegelstand bis zur MAX-Markierung auffüllen.
- Deckel mit einwandfreier Membran montieren.

Bremsflüssigkeitsbehälter vorn
- Sicherungen (Pfeil) vorn und hinten eindrücken und Deckel ausdrehen.

Bremsflüssigkeitsbehälter vorn
1 Verriegelung
2 Gummimembran

Bremsflüssigkeitsbehälter vorn

! Das Volumen der Bremsflüssigkeit im Ausgleichsbehälter reicht aus, um die Beläge von »neu« bis zur Verschleißgrenze unter Druck zu setzen.

Bremsflüssigkeitsbehälter vorn
- Der »Schwamm« im Ausgleichsbehälter soll jährlich gewechselt werden. Ab Ende 2012 wird dieser nicht mehr verbaut.

Bremsflüssigkeit wechseln und entlüften

- ! Das Entlüften einer ABS-Bremsanlage ist beim geringsten Zweifel an den eigenen Fähigkeiten der BMW-Werkstatt vorbehalten! Andernfalls besteht die Gefahr, dass Restluft im Regelkreis des ABS-Systems verbleibt!
- ! Das Entlüften »von Hand« am Hebel oder Pedal dauert mit ABS wesentlich länger als bei einem normalen Bremsystem.
- ! Einmal im Jahr Bremsflüssigkeit erneuern und System entlüften.
- Fahrzeug sicher aufbocken.
- Deckel des Bremsflüssigkeitsbehälters samt Membran abnehmen.
- Kolbenseite des Bremssattels von Hand gegen Bremsscheibe drücken, damit der Raum für die alte Bremsflüssigkeit möglichst klein wird. Dabei erhöht sich zwangsläufig der Pegel im Vorratsbehälter. Vor Überlaufen der Flüssigkeit wie folgt beschrieben absaugen!
- Alte Bremsflüssigkeit mit Einwegspritze o.Ä. absaugen, damit nicht die komplette alte Flüssigkeit durch die Leitung durchgepumpt werden muss. Dabei darauf achten, dass Nachlaufbohrung am Boden des Vorratsbehälters nicht »trocken läuft« und immer mit Bremsflüssigkeit bedeckt bleibt.
- 8 mm-Ringsschlüssel und passenden, durchsichtigen Schlauch über das Entlüftungsventil am Bremssattel (hinten wie vorn) stülpen.
  Schlauch im Auffanggefäß enden lassen.
- Bei geöffnetem Entlüftungsventil kann es vorkommen, dass Bremsflüssigkeit am Gewinde des Entlüftungsventils austritt.
  Deshalb Putzlappen zum sofortigen Abwischen der Bremsflüssigkeit bereithalten, die keinesfalls auf Bremsbeläge oder -Scheibe gelangen darf (ähnliche Wirkung wie Öl auf Bremsbelägen!)
- Behälter mit frischer Flüssigkeit auffüllen.
- Bremshebel anziehen (bei Luft in der Leitung gegebenenfalls mehrmals pumpen, bis Druck im System aufgebaut ist) und Entlüftungsventil mit $^1/_4$ bis $^1/_3$ Umdrehung gegen Uhrzeigersinn öffnen. Am Ende des Pumpvorgangs Hebel gezogen halten und Entlüftungsventil schließen.
- **Anzugsmoment** .... 7 Nm
- Pumpbewegungen am Bremshebel fördern so Flüssigkeit zum Auffanggefäß.
- Schön langsam pumpen. Hebel zwischendurch immer einige Sekunden in Ruhestellung belassen, um zu gewährleisten, dass sich System luftfrei füllt.
- Hebel wieder anziehen und sobald Druckpunkt spürbar, Ventil wieder öffnen und schließen wie beschrieben.

Bremsflüssigkeitsbehälter hinten
Pegel muss sich zwischen MIN und MAX befinden.

- Währenddessen in Behälter Bremsflüssigkeit nachgießen, damit keine Luftbläschen ins System gelangen können (sobald Nachlaufbohrung frei ist, gelangt Luft in Leitung). So wird mit neuer Bremsflüssigkeit die alte weggespült.
- Tritt am Entlüftungsventil keine Luft bzw. trübe alte Bremsflüssigkeit mehr aus, wie beschrieben Bremshebel/-pedal noch einmal langsam anziehen und gleichzeitig Entlüftungsventil schließen.
- Mit **neuen** Belägen Bremsflüssigkeit bis MAX auffüllen und Behälter mit Deckel schließen.

TIPP

Eine Erleichterung kann darin bestehen, den Lenker so einzuschlagen, dass die Nachlaufbohrung der Pumpe am höchsten Punkt steht und der Pumpenzylinder außen nach oben steht.
Dann kann mit leichtem Hebeldruck (Hebel nicht ganz anziehen) »nach oben« entlüftet werden (Luftbläschen treten durch Nachlaufbohrung im Ausgleichsbehälter nach oben aus).

In hartnäckigen Fällen auf den Verlauf der Schläuche achten und auf eventuelle Luftpolster kontrollieren.

Bremsflüssigkeit wechseln und entlüften
Fortsetzung

Entlüfter vorn
- Entlüfter vorn mit Gummikappe.

Bremse entlüften
- Entlüftungsventil mit $^1/_4$ bis $^1/_3$ Umdrehung gegen Uhrzeigersinn öffnen.
- **Anzugsmoment** .... 7 Nm

Entlüfter hinten
- Entlüfter hinten ohne Gummikappe. (Verlorene Gummikappen alsbald wieder beschaffen.)

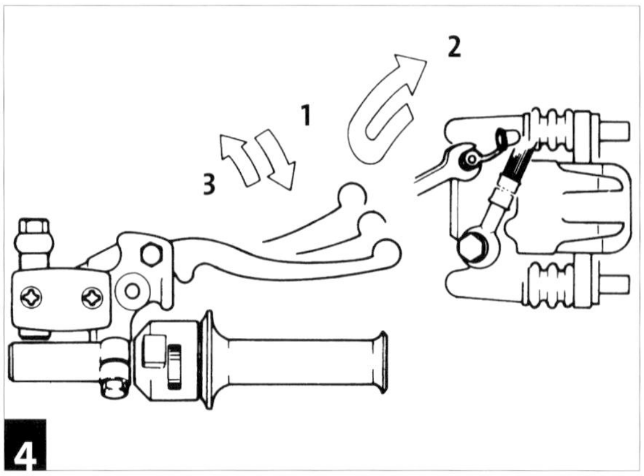

Hydrauliksystem entlüften
1 Hebel/Pedal anziehen.
2 Ventil öffnen ($^1/_4$ bis $^1/_3$ Umdrehung) und umgehend wieder schließen.
3 Hebel/Pedal herauslassen.

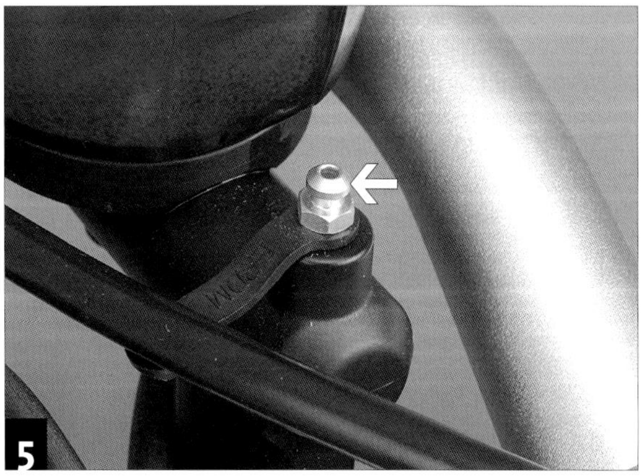

Entlüfter an der Handpumpe
- Hier wird zuerst entlüftet, da sich die Luft am höchsten Punkt sammelt. Lenker entsprechend einschwenken.

3.10.5
Handbremshebel

Die Lage des Handbremshebels kann der Ergonomie und/oder den Vorlieben des Fahrers angepasst werden.

- Defekte, angeschliffene Handbremshebel erneuern (Seite 150).

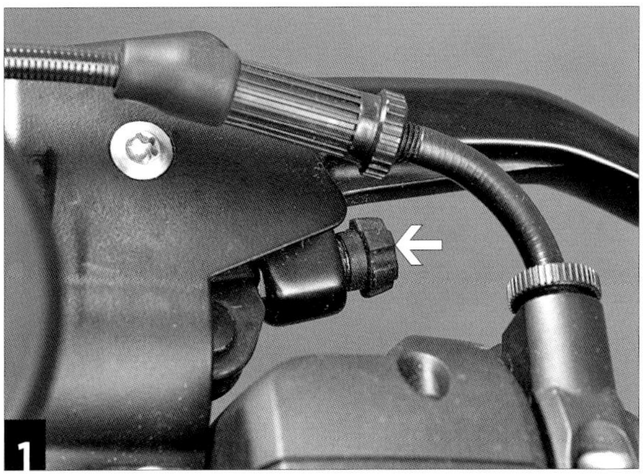

Handbremshebel

- Hebel nach vorn ziehen und am Einstellrad (Pfeil) gewünschte Position einstellen.

3.10.6
Bremslichtschalter

Das Ansprechverhalten des vorderen Bremslichtschalters kann nicht eingestellt werden. Es wird lediglich die Funktion geprüft.

- Leuchtmittel auf Funktion prüfen.
- Der Leerweg des Schalters an der Spitze des Handhebels gemessen soll 5 bis 9 mm betragen.
- Beim Ziehen des Hebels muss das Klicken des Schalters hörbar sein!
- Zur Prüfung des **Schalters vorn 2** (Bild 1) Stecker am Schalter trennen und Durchgang an den Anschlusskontakten prüfen.
- Ggf. neuen Schalter so einbauen, dass Zapfen **1** in Bohrung eingreift.
- Zur Prüfung des **Schalters hinten** Sitzbank abnehmen.
- Stecker (Bild 2) trennen und Durchgang an den Steckerkontakten prüfen.

! In Ruhestellung des Hebels/Pedals darf kein Durchgang bestehen.

! Bei Betätigung muss Durchgang bestehen.

- Defekte Schalter erneuern.
- Bei Erneuerung des hinteren Bremslichtschalters anschließend Schnüffelspiel (Leerweg) kontrollieren/einstellen (Seite 141).

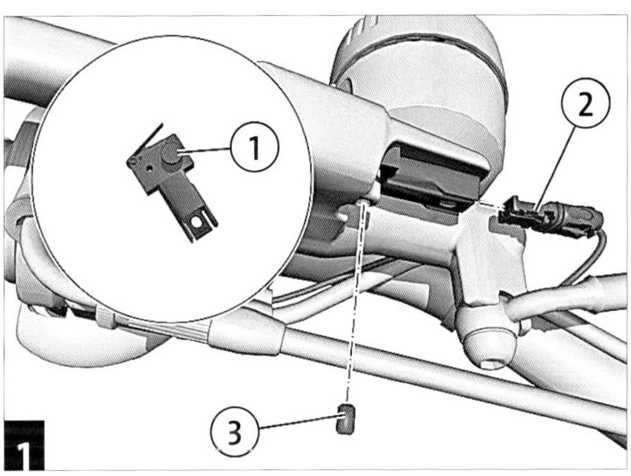

Bremslichtschalter vorn

- Einbaulage unten am Handbremshebel.
- Bei Betätigung muss Klicken hörbar sein.

3 **Anzugsmoment** (mikroverkapselt) .... 0,3 Nm

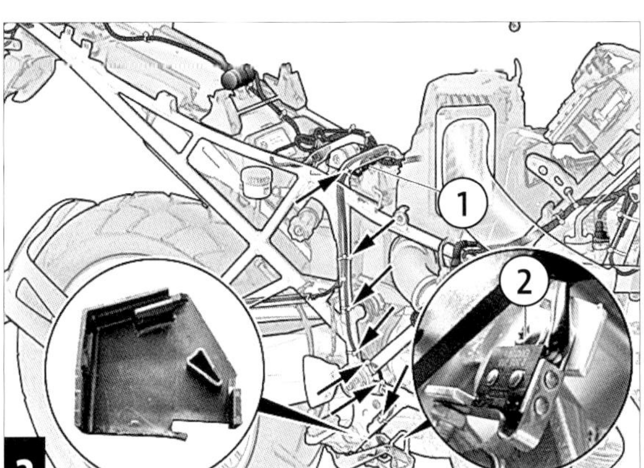

Bremslichtschalter und -Kabel hinten

- Kabel aus Halterungen (Pfeile) nehmen und freilegen.

1 Stecker

3 Wartung

3.11 Seitenständer

- Bei der Montage des Seitenständers im Werk wird die Drehbuchse gefettet eingesetzt und mit mikroverkapselter Zapfenschraube montiert. D. h., es wird bei Erneuerung der Fettpackung eine neue Schraube verwendet oder die alte mit mittelfester Schraubensicherung befestigt.
- Seitenständer auf leichtes Zurückschwingen prüfen (Ständer muss zügig einklappen).
- Ständer einklappen und Federn mit Federhaken ausbauen.

- **Bilder 3 und 4**
  Schrauben **6/4**
  Anzugsmoment
  mit Schraubensicherung
  M10 x 1. . . . . 42 Nm

1

Seitenständer
- Seitenständer bei Pflegedienst und Inspektion am Drehpunkt mit Sprayöl einnebeln.
- Überschüssiges Öl abwischen.

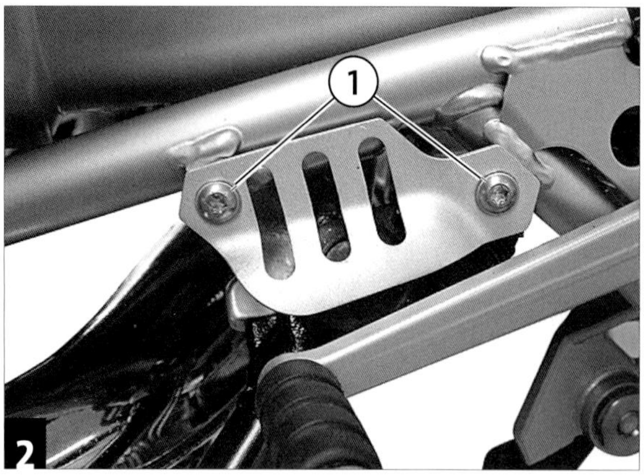

Seitenständer-Schutzblech/Typ 307
- Zwei Schrauben ausdrehen und Schutzblech abnehmen.

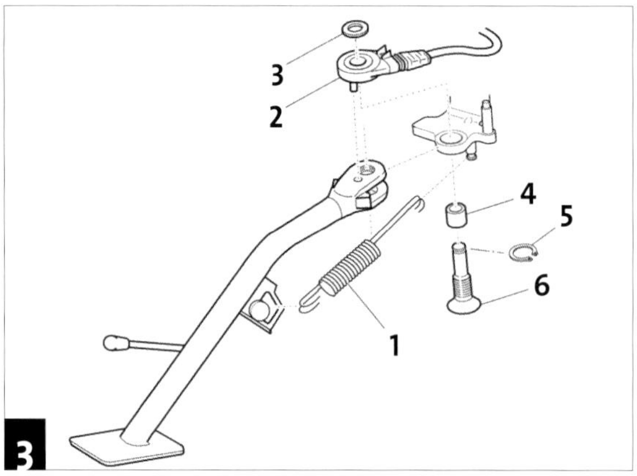

3

Seitenständer/Typ 307
- Feder **1** mit Federhaken aushängen. Seegerring **5** mit Seegerringzange ausfedern. Scheibe **3** und Schalter **2** abnehmen. Schraube **6** ausdrehen und Buchse **4** abnehmen.

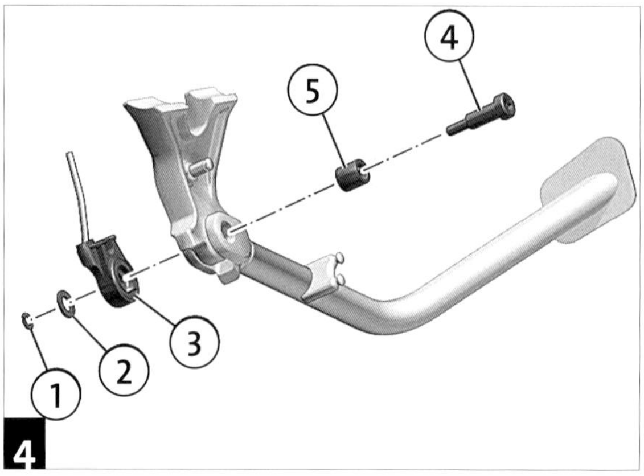

4

Seitenständer ab Dezember 2005
- Ring **1** ausbauen. Scheibe **2** und Schalter **3** abnehmen.

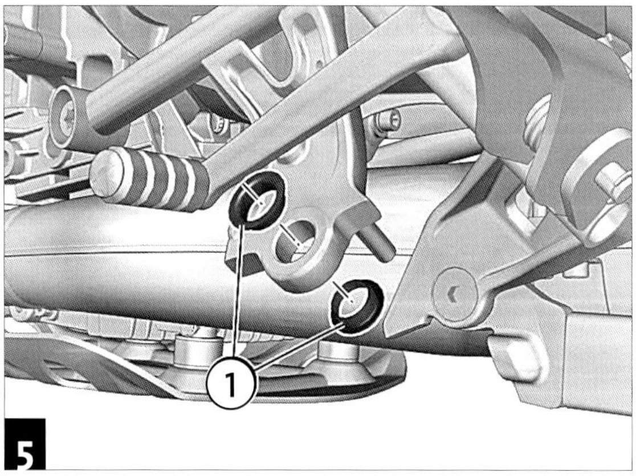

5

Seitenständer ab Dezember 2005
- Bundbuchsen **1** reinigen, auf Verschleiß prüfen und gefettet einsetzen.

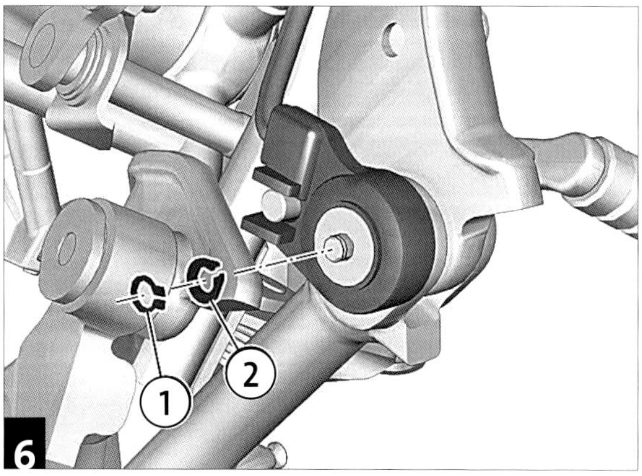

6

Seitenständer/Typ 450
- Sicherungsringe **1** und **2** ausfedern und Schalter abnehmen.

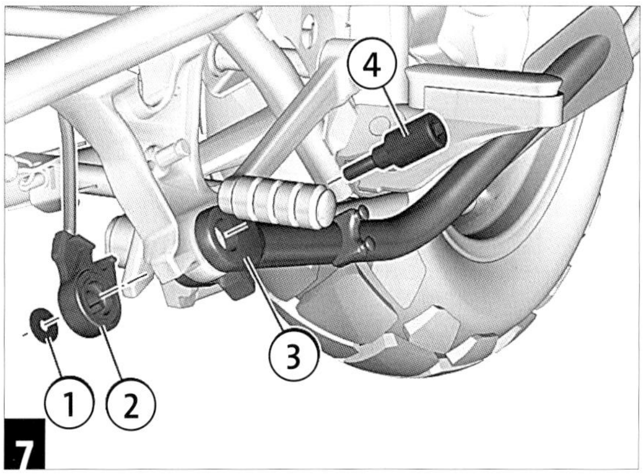

7

Seitenständer/Typ 450

- Bolzen **4** ausdrehen und Scheibe **1** abnehmen.
- Schalter **2** und Seitenständer **3** abnehmen.
- Bolzen **4** mit Schraubensicherung montieren.
  Anzugsmoment M10 x 1 40 Nm

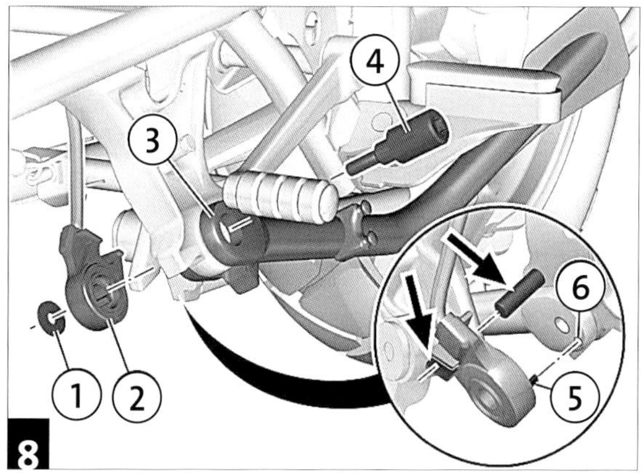

8

Seitenständer einbauen/Typ 450

- Schalter **2** so aufsetzen, dass Zapfen **5** in Bohrung **6** sitzt und Nut in Zapfen eingreift (Pfeile).
- Scheibe **4** anbringen und Schalter mit neuen Sicherungsringen befestigen.

3.11.1 Seitenständer-Schalter

Ein versehentlich ausgeklappter Seitenständer kann im Fahrbetrieb die fatalsten Stürze verursachen.
Aber auch das schlichte Verweigern des Startvorgangs kann auf mangelnde Funktion des Schalters zurückzuführen sein.
Deshalb und wegen der exponierten Lage des Schalters ist seine regelmäßige Funktionsprüfung so wichtig.

- Funktionsprüfung gemäß der »Funktionsprüfung Motorstart-Unterdrückung« durchführen (Seite 34).
- Bei entsprechender Anzeige des Diagnose-Programms (MoDiTec oder GS911) Schalter auswechseln.
- In diesem Zusammenhang auch den Kupplungs-Schalter nicht aus dem Blickfeld verlieren (siehe nächster Abschnitt).

1

Seitenständer-Schalter/Stecker-Einbaulage

- Stecker befindet sich links am Heckrahmen auf Höhe des Luftfiltergehäuses.

3.12 Kupplungsschalter

Um sicher zu gehen, dass nicht ein defekter Kupplungsschalter (am Handhebel) die »Funktionsprüfung Motorstart-Unterdrückung« (Seite 34) verfälscht hat, Stecker des Schalters trennen und am Schalter Stromdurchgang prüfen:

- Kupplungshebel gezogen: Stromdurchgang.
- Kupplungshebel in Ruhestellung: kein Stromdurchgang.

! Defekten Schalter umgehend erneuern!

👁 Beim Ziehen des Hebels muss das Klicken des Schalters hörbar sein!

👁 Funktionsprüfung der Motorstart-Unterdrückung durchführen (Seite 34).

1

Kupplungsschalter

- Stecker trennen und Befestigungsschraube (Pfeil) ausdrehen.
- **Anzugsmoment** M2 x 12 (mikroverkapselt) . . 0,3 Nm

3 Wartung

3.13
Hauptständer

- Ständer auf leichtes Zurückschwingen prüfen.
- Ständerfedern auf Beschädigung und Spannungsverlust untersuchen (Ständer muss zügig einklappen).
- Bei der Montage des Ständers Drehbuchse gefettet einsetzen.
- Ständer bei Pflegedienst und Inspektion am Drehpunkt mit Sprayöl einnebeln.
- Überschüssiges Öl abwischen.

Hauptständer am Rahmen
- **Anzugsmoment** M10 x 30 . . . . 40 Nm

- Hauptständer ausbauen:
- Ständer leicht nach unten klappen und Schraube Bild 2 locker drehen, aber nicht ganz ausdrehen.
- Federn sind jetzt locker und können ausgehängt werden.
- Schrauben Bild 1 links und rechts herausdrehen und Ständer abnehmen.

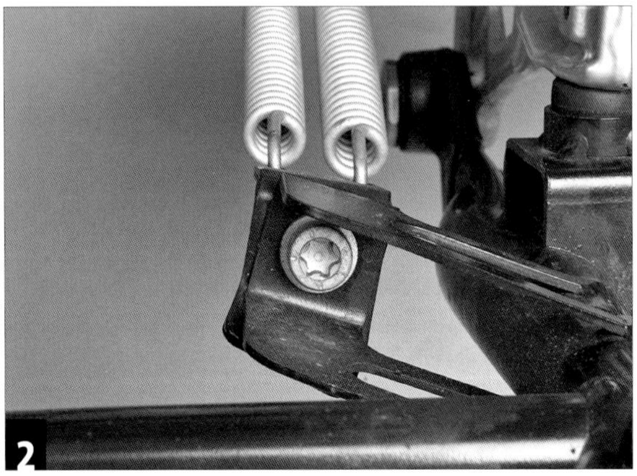

Hauptständer Federeinhängblech
- Ständer einklappen und Federn mit Federhaken ausbauen.
- **Anzugsmoment** M8 x 30 . . . . 20 Nm

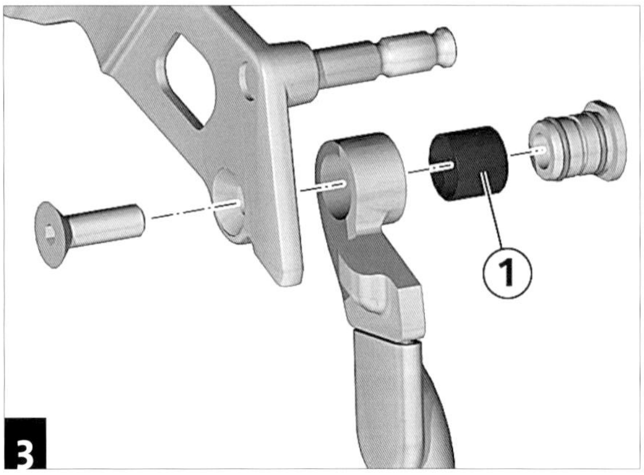

Hauptständer-Lagerung
- Hülse **1** reinigen und frisch fetten.

3.14
Vorderradführung prüfen

Wenn es beim kurzen Antippen der Vorderradbremse verdächtig im Lenker knackt, dann hat die Lagerung des Längslenkers Spiel oder ist locker.

! Sämtliche Bauteile auf Festsitz prüfen.

! Defekte Teile umgehend auswechseln.

- Lenkung prüfen:
- Maschine so aufbocken, dass Vorderrad freikommt.
- Lenker von Anschlag zu Anschlag schwenken und auf ungleichmäßige Bewegung oder Rastung achten. Darauf achten, dass Seilzüge oder Kabelstränge Lenkereinschlag nicht behindern.
- Falls es beim Vor- und Zurückdrücken der Gabelholme knackt (Vertikalspiel bei freiem Vorderrad prüfen), Lager des Längslenkers auf Spiel prüfen.

! Eventuelles Knacken der Tauchrohre kann natürlich auch von ausgeschlagenen Gleitbuchsen der Gabel herrühren, tritt aber erst bei extrem hoher Laufleistung auf und ist sehr selten.

Vorderradführung prüfen
- Vor- und Zurückdrücken der Tauchrohre. (Im Bild F 650 GS).

3.15 Federbein

- Maschine am Heck mehrmals kräftig einfedern und die Federbewegung in Hinsicht auf Dämpferwirkung beobachten (Einfedern geht schneller als Ausfedern).
- 👁 Falls Heck unkontrolliert nachfedert (Gummiball-Effekt), ist Federbeindämpfer verschlissen oder nicht richtig eingestellt.
- 👁 Federbein auf Ölverlust kontrollieren.

Einstellung

Die 1200er GS-Modelle bieten die Möglichkeit, die Federvorspannung und die Zugstufendämpfung der Zuladung, den Straßenverhältnissen und den Fahrervorlieben anzupassen.

- ! Erhöhte Zuladung mit mehr Federvorspannung anpassen.
- ! Erhöhte Federvorspannung mit erhöhter Dämpfung anpassen.

Federvorspannung einstellen

- Grundstellung (Fahrzeug vollgetankt mit 85 kg Fahrer):
  Einsteller gegen Uhrzeigersinn bis Anschlag drehen (Richtung »LOW«), dann 10 Klicks herausdrehen.

Dämpfung einstellen unten am Federbein

- Grundstellung: (vollgetankt mit 85 kg Fahrer): Einsteller im Uhrzeigersinn (Richtung »H«) bis Anschlag drehen, dann 1 $^1/_2$ Umdrehungen zurückdrehen (Richtung »S«).

3.16 Kupplungsystem

- Das Kupplungsystem ist mit einer speziellen Hydraulikflüssigkeit befüllt, die nicht gewechselt werden muss. Diese darf nicht mit anderen Flüssigkeiten vermengt werden, wie etwa Bremsflüssigkeit.
- 👁 System auf austretende Flüssigkeit sichtprüfen.
- Hydraulikflüssigkeit: Vitamol V10

👁 Mit zunehmendem Belagverschleiß steigt der Pegel an!

! Der Pegel darf mit neuer Belagscheibe die Markierung keinesfalls überschreiten! **Anders als bei der Bremshydraulik, wo der Pegel mit dem Belagverschleiß sinkt, steigt hier der Pegel bei zunehmendem Verschleiß**: je dünner die Belagscheibe wird, desto weiter wird die Druckstange Richtung Nehmerzylinder gedrückt.

Hydraulikbehälter Kupplung

- Bei Neubefüllung im Reparaturfall und mit neuem Kupplungsbelag bis zum Pfeil befüllen.

Kupplungshydraulik-Entlüfter an Getrieberückseite

- Das Befüllen und Entlüften erfolgt gemäß dem Bremshydrauliksystem am Entlüfter des Nehmerzylinders.

3 Wartung

3.17
Getriebeöl

Alle 40 000 Kilometer oder einmal im Jahr wird der Schmierstoff im Getriebe erneuert.

- Getriebeöl in betriebswarmem Zustand wechseln.

! Vorsicht beim Ausdrehen der Ablassschraube: Nicht an der heißen Auspuffanlage verbrennen.

- Getriebeöl mit Spritze und passendem Schlauch auffüllen.

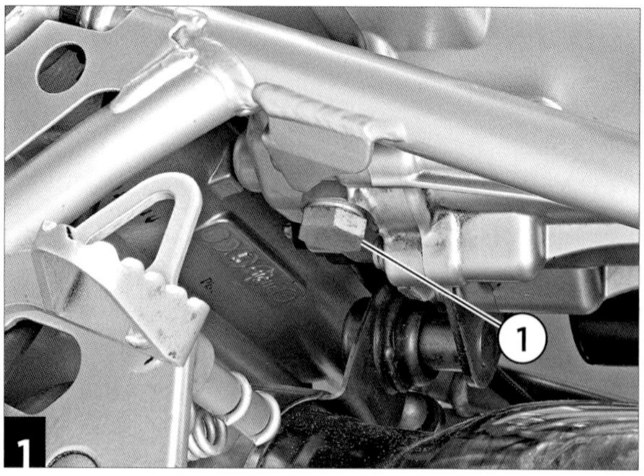

Ablassschraube

- Auffanggefäß unterstellen und Schraube **1** ausdrehen.

1 **Anzugsmoment**
mit neuem Dichtring M18 x 1,5. . . . . 30 Nm

Einfüllschraube

- **Anzugsmoment**
mit neuem Dichtring M14 x 1,5. . . . . 30 Nm

Getriebeöl:
Castrol SAF-XO

Füllmenge:
bis Unterkante
Einfüllöffnung . . . . .800 ml
ab Oktober 2004:
(mit höher liegender Einfüllschraube) . . . . 900 ml
Typ 303 ab 2008 und folgende. . . . . .700 ml

3

3.18 Endantrieb

Alle 20 000 Kilometer oder einmal im Jahr werden die 180 Kubikzentimeter Öl im Endantriebsgehäuse erneuert.

- Endantriebsöl in betriebswarmem Zustand wechseln.

Typ 307 mit hoch angebrachter Ablassschraube:

- Hinterrad-Spritzschutz ausbauen (Seite 27).
- Hinterrad ausbauen (Seite 158).
- Bremssattel hinten abnehmen (Seite 138).
- Raddrehzahlsensor ausbauen (Bild 1).
- Paraleverstrebe hinten lösen: Hinterrad-Antrieb mit Spannband gegen abkippen sichern, Strebe hinten lösen und vorn Befestigung lockern (ab Seite 159).
- Bremssattel und Paraleverstrebe mit Kabelbinder am Heckrahmen sichen.
- Übrige Arbeitsschritte entsprechend der folgenden GS-Typen durchführen.
- Montage des Bremssattels und der Paraleverstrebe siehe Seiten 138 und 159.

Endantriebsöl: Castrol SAF-XO
Füllmenge: 180 ml

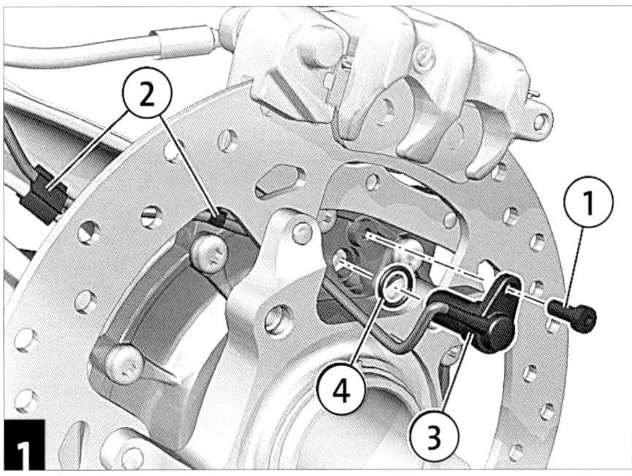

Typ 307 ab 2004: Raddrehzahlsensor

- Schraube **1** ausdrehen, Sensorkabel aus Halter **2** lösen und Drehzahlsensor **3** mit O-Ring **4** abnehmen.

1 **Anzugsmoment** M5 x 10 . . . . 4 Nm

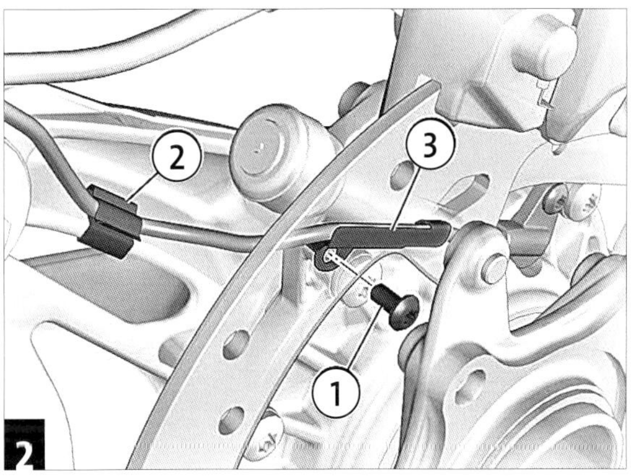

Typ 307: Raddrehzahlsensor/geänderte Kabelführung

- Schraube **1** ausdrehen und Kabel aus Klemme **2** und Führung **3** lösen. Übrige Arbeitsschritte wie Bild 1.

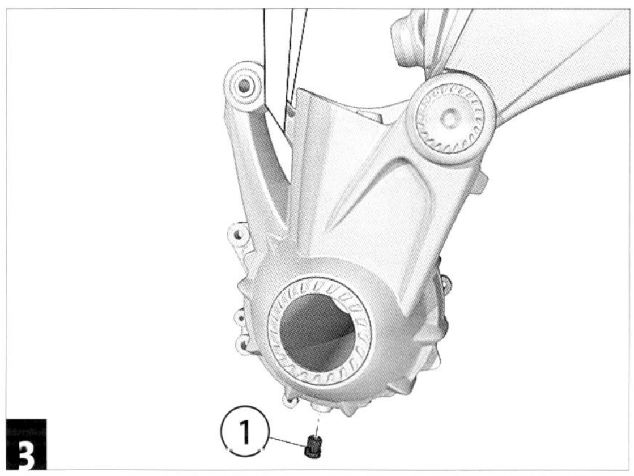

Typ 307 ab 2004: Öl ablassen

- Spannband lockern und Endantriebsgehäuse absenken. Auffanggefäß unterstellen.
- Schraube **1** ausdrehen und Öl auslaufen lassen.
- Ablassschraube **1** montieren. **Anzugsmoment** 20 Nm

Typ 307 ab September 2007 und übrige Typen:

- Hinterrad ausbauen (Seite 158).
- Fahrzeug so positionieren, dass Ablassöffnung möglichst senkrecht nach unten weist.

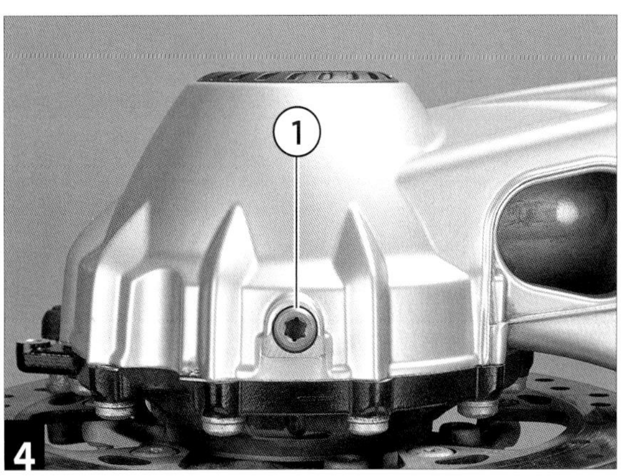

Ablassschraube des Endantriebsöls

- Schraube **1** ausdrehen und Öl in Auffanggefäß austropfen lassen.

1 **Anzugsmoment** mit O-Ring M12 x 1. . . . . 20 Nm

Einfüllschraube des Endantriebsöls

- Schraube **1** ausdrehen und Öl mit Schlauch und Einwegspritze einfüllen.

1 **Anzugsmoment** mit Dichtring M12 x 1,5. . . . . . 20 Nm

3 Wartung

3.19 Räder und Reifen

- ! Beim harten Aufprall auf einen Randstein können die Laufräder Schaden nehmen.
- 👁 Felgenhörner und Felgen auf Beschädigungen und Haarrisse untersuchen.
- Eine behelfsmäßige Ermittlung des Felgenschlags folgendermaßen durchführen:
- Maschine so aufbocken, dass Rad frei dreht.
- Stift oder Schraubendreher so positionieren, dass er einen festen Abstand (etwa 2 bis 3 mm) zur Felge hat. (Am Hinterrad bietet sich Schwinge als Auflage an, vorn muss improvisiert werden.)
- Rad langsam drehen und gleichbleibenden Abstand zwischen Felge und Stift kontrollieren.
  Falls sich bei dieser Methode schon Auffälligkeiten zeigen, Rad ausbauen und »Werkstatt-mäßig« prüfen wie ab Seite 145 beschrieben.
- 👁 Reifen auf Risse, Beschädigung und eingearbeitete Fremdteile absuchen.
- Reifenluftdruck in »kaltem« Zustand messen (Reifentemperatur gleich Umgebungstemperatur).

Luftdruckwerte

vorn
Solo............ 2,2 bar
mit Sozius und/
oder Beladung . 2,4 bar

hinten
Solo............ 2,4 bar
mit Sozius und/
oder Beladung . 2,8 bar

Profiltiefe

- ! Reifen erneuern, wenn Profiltiefe in der Mitte gemessen vorn nur noch 2 mm und hinten 3 mm beträgt. (Der Gesetzgeber in Deutschland toleriert als Minimum 1,6 mm.)
- 👁 Darauf achten, dass die Felgenlinie auf dem Reifen parallel zur Felge verläuft.

Höhenschlag prüfen

Seitenschlag prüfen

Reifenmontage

- Farbmarkierung befindet sich auf Höhe des Ventils.

3.20 Fußrasten

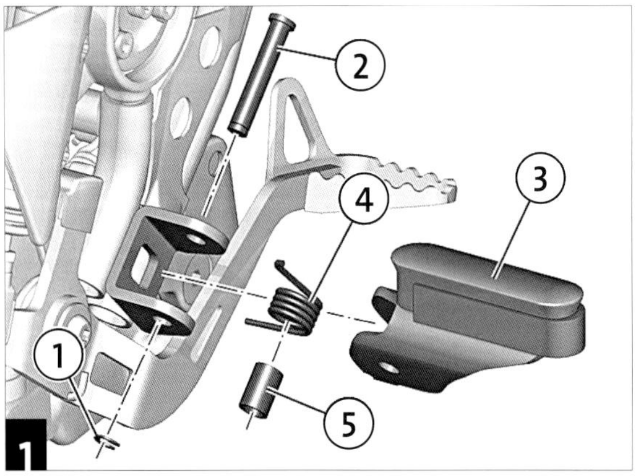

Fußraste vorn

- Clip **1** abziehen, Welle **2** ausziehen und Raste **3** mit Feder **4** und **5** Hülse vorsichtig abnehmen. Zum Einbau vormontieren, ansetzen und Welle **2** gefettet einschieben.

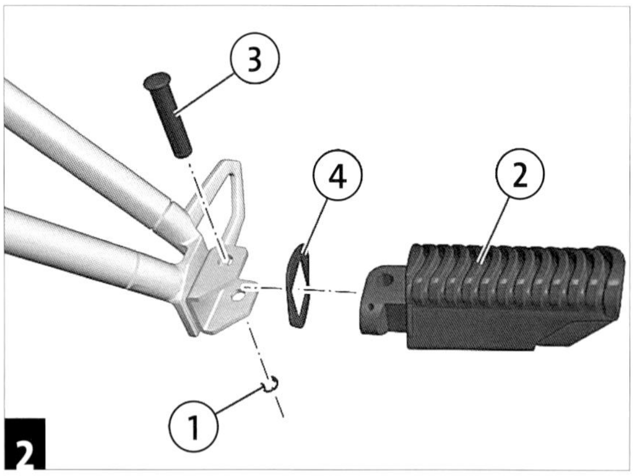

Fusraste hinten

- Clip **1** abziehen, Raste **2** eindrücken und Welle **3** ausziehen. Mit Distanzstück **4** in umgekehrter Reihenfolge einbauen.

3.21 Scheinwerfereinstellung

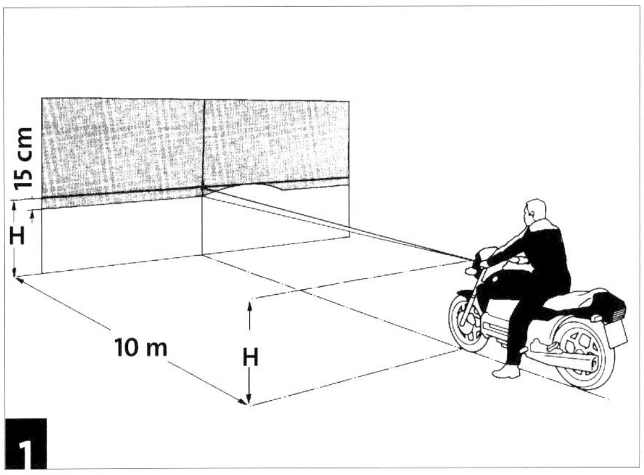

Scheinwerfer-Einstellung

! Auf korrekten Reifenluftdruck, Fahrzeugbelastung (85 kg) und Fahrwerkseinstellung (solo) achten.

H Scheinwerfermitte

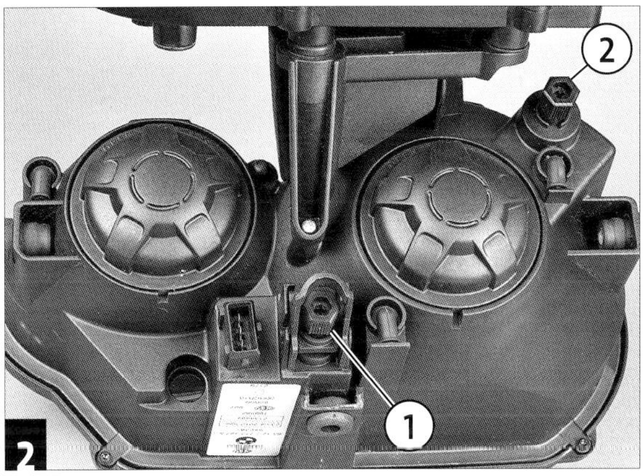

Scheinwerfer einstellen

- **Höheneinstellung**: Einsteller **1** drehen.
- **Seiteneinstellung:** Einsteller **2** drehen.

Die Kontrolle der Beleuchtungs- und Signalanlage gehört zu den unbedingt sicherheitsrelevanten Tätigkeiten am Motorrad.
Ein Beleuchtungs- und Blinkercheck ist schnell gemacht – Aufwand und Nutzen stehen für den Fahrer in äußerst günstiger Relation und bringt ein unverzichtbares Sicherheitspolster – freilich ohne Gewähr!

! Wesentlicher Sicherheitsfaktor bei Nachtfahrten ist ein korrekt eingestellter Scheinwerfer.

1 Motorrad mit korrektem Reifenluftdruck und Federbeineinstellung auf Solobetrieb auf Rädern stehend und mit Fahrer belastet im Abstand von 10 Metern (ab Vorderradmitte) vor heller Wand auf ebenen Boden aufstellen.

- Abstand Boden/Scheinwerfermitte auf Wand übertragen und mit Kreuz markieren.
- Fünfzehn Zentimeter unter diesem Kreuz ein zweites Kreuz zeichnen.
- Abblendlicht einschalten.
- Der Schwenkhebel steht waagrecht in Stellung »NEUTRAL« (Bild 3).

Höheneinstellung

- Die Hell-Dunkel-Grenze (Ausleuchtung) soll bis zur Mitte des unteren Kreuzes reichen, ab Fahrzeugmitte bis zur Höhe des oberen Kreuzes nach rechts ansteigen und dann wieder abfallen (Bild 1).

Seiteneinstellung

- Lenker genau geradeaus richten, bis Scheinwerfer genau geradeaus zeigt.

→ Hinweise zum **Wechsel der Leuchtmittel** erhalten Sie ab Seite 64.

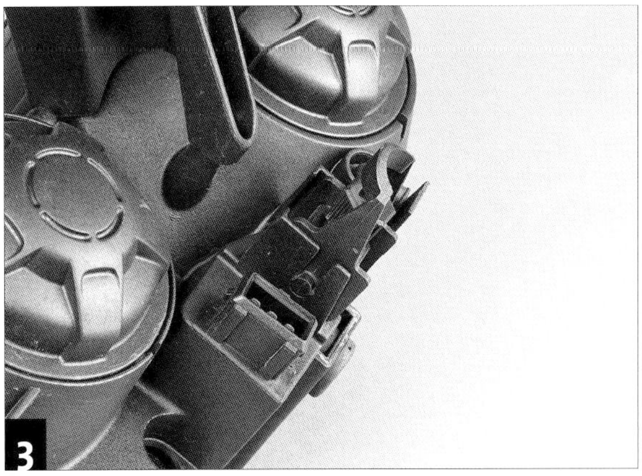

Schwenkhebel

- Schwenkhebel steht waagrecht in Stellung »NEUTRAL«.

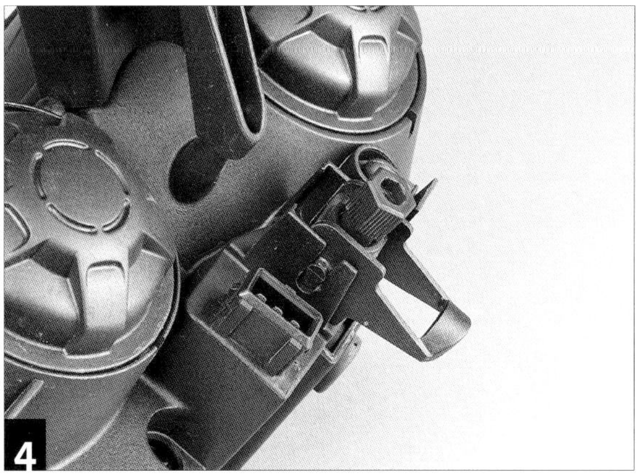

Schwenkhebel

- Schwenkhebel ist abgeklappt für hohe Zuladung.

4 Licht & Kombiinstrument

4
Licht & Kombiinstrument

! Beim Einsetzen neuer Leuchtmittel (besser bekannt als Birnchen und Lämpchen) diese grundsätzlich nicht mit der bloßen Hand einsetzen.
Ggf. Fettabdrücke mit Aceton oder Bremsenreiniger entfernen.

! Zündung ausschalten!

- Die Leuchtmittel des Scheinwerfers können bei eingebautem Scheinwerfer gewechselt werden.

4.1
Stand-, Fahr- und Fernlicht

Leuchtmittel

Fahr-/Abblendlicht .... H7 12 V 55 W
Fernlicht .... H7 12 V 55 W
Standlicht ....W5W 12 V 5 W

- In umgekehrter Ausbaureihenfolge einbauen.

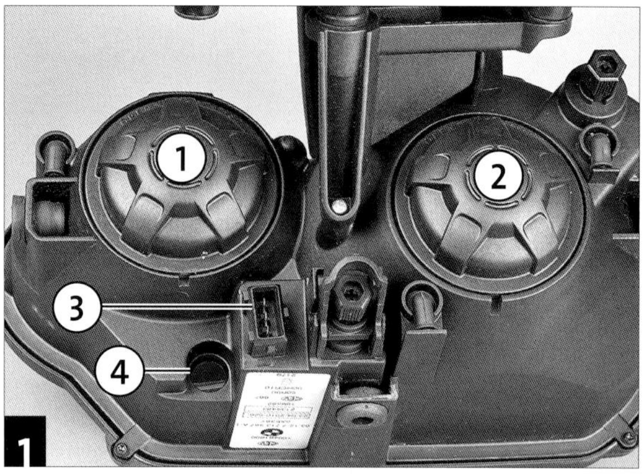

Scheinwerfer-Gehäuse

1 Fahr-/Abblendlicht
2 Fernlicht
3 Anschluss für Stecker **2** Bild 5 Seite 65
4 Standlicht (Einbauöffnung)

Gehäuse-Abdeckung

- Abdeckung gegen Uhrzeigersinn drehen und abnehmen, im Uhrzeigersinn verriegeln (CLOSE).

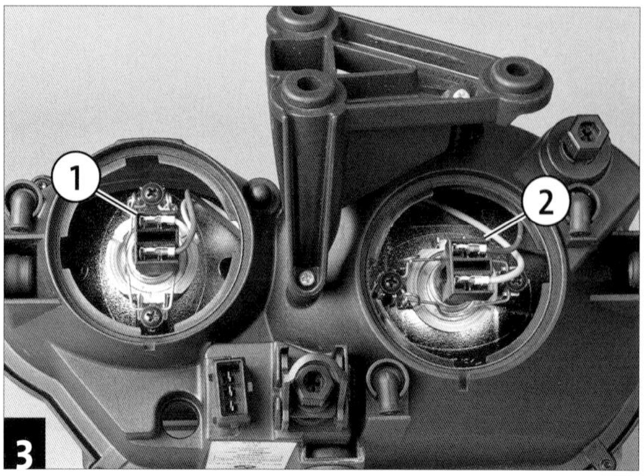

Stecker abziehen

1 Fahr-/Abblendlicht
2 Fernlicht

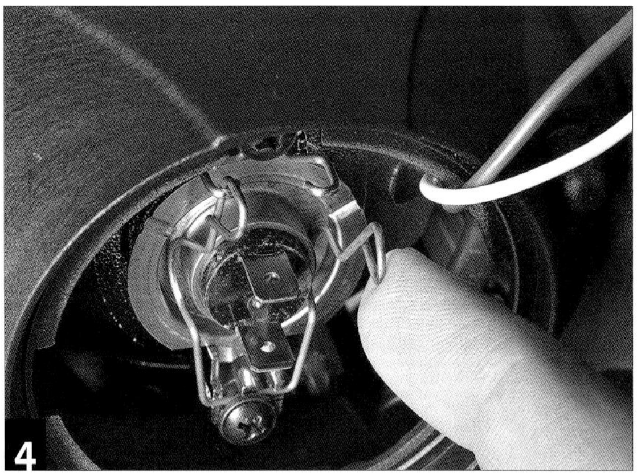

- Federbügel zusammendrücken, aus Arretierung lösen und herunterklappen.

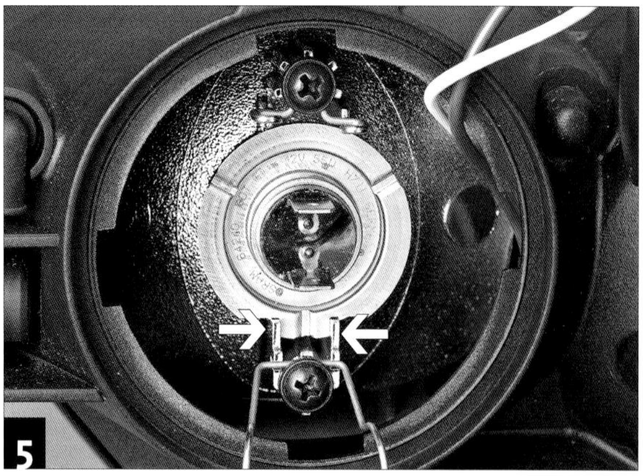

- Leuchtmittel entnehmen.
- Bei Montage passt Leuchtmittel nur wie gezeigt.

4

4.2 Scheinwerfer

- Scheinwerfer zusammen mit Kombiinstrument aus- und einbauen.
- Stecker **3** Bild 1 Seite 64 trennen.
- Standlicht **4** Bild 1 Seite 64 mit Halterung aus Gehäuse herausziehen. (Siehe auch **3** Bild 5 diese Seite.)

Stecker Kombiinstrument
- Stecker Kombiinstrument trennen.

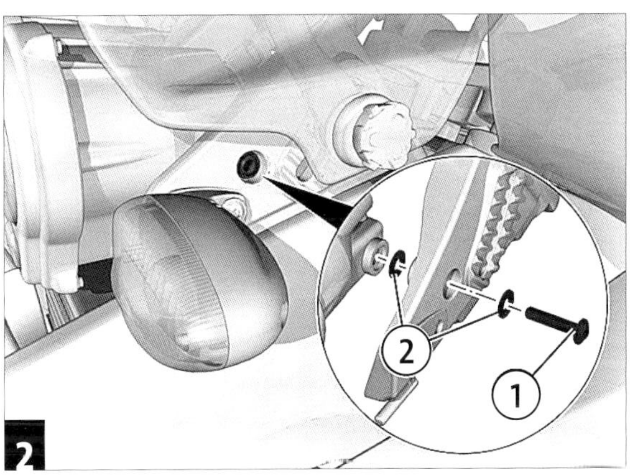

Scheinwerfer-Befestigung
- Schraube **1** links und rechts ausdrehen. Auf Verbleib der Scheiben **2** achten. Scheinwerfer mit Kombiinstrument nach vorn abnehmen.

1 **Anzugsmoment** M6 x 30 .... 5 Nm

Scheinwerfer-Einbau
- Scheinwerfer mit Tülle auf Zapfen (Pfeil) aufsetzen.

Scheinwerfer-Einbau
- Scheinwerfer-Tülle (Pfeil) auf Zapfen (Bild 3) aufsetzen.

Scheinwerfer-Stecker

1 Kombiinstrument
2 Scheinwerfer
3 Standlicht

4 Licht & Kombiinstrument

4.3 Blinklicht

Leuchtmittel
RY10W 12 V 10 W
mit Sonderausstattung »LED-Blinker«
LED 12 V

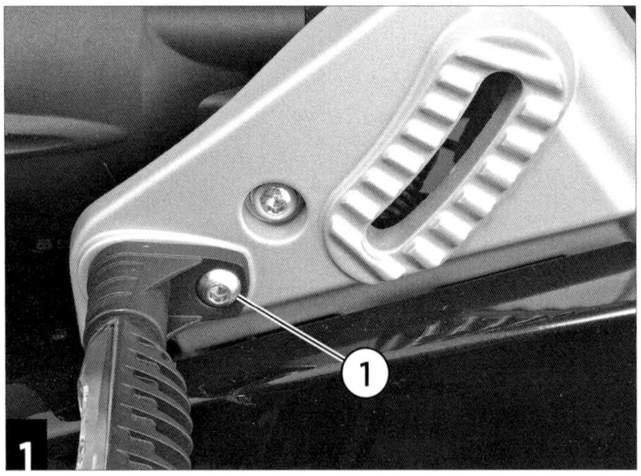

Blinker-Gehäuse
1 Blinker-Schraube

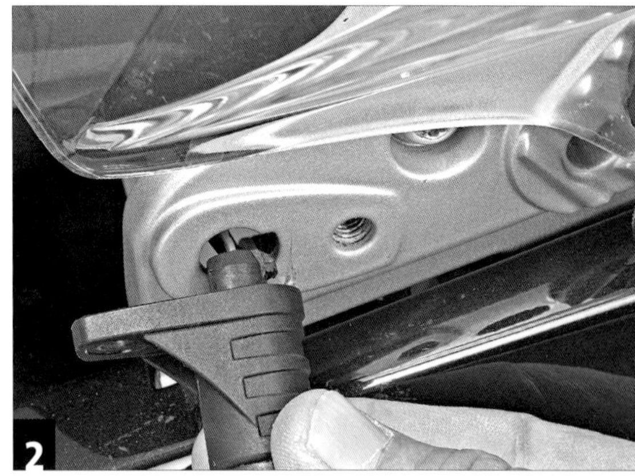

Blinker-Gehäuse
- Gehäuse um 180° drehen und abnehmen.

Blinker-Stecker vorn links
- Kabelbinder trennen und Stecker (Pfeil) trennen.

Blinker-Stecker vorn rechts
- Kabelbinder trennen und Stecker **1** trennen.

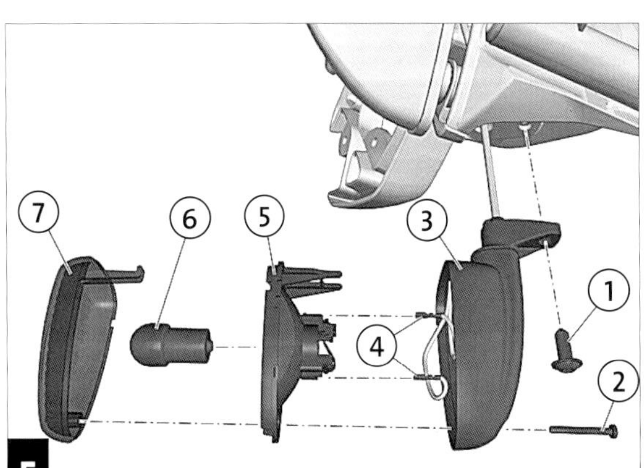

Blinker hinten
- Schraube **2** ausdrehen und Blinkerglas **7** abnehmen. Glühlampe **6** und Reflektor **5** entnehmen. Stecker **4** am Reflektor trennen und Schraube **1** ausdrehen.

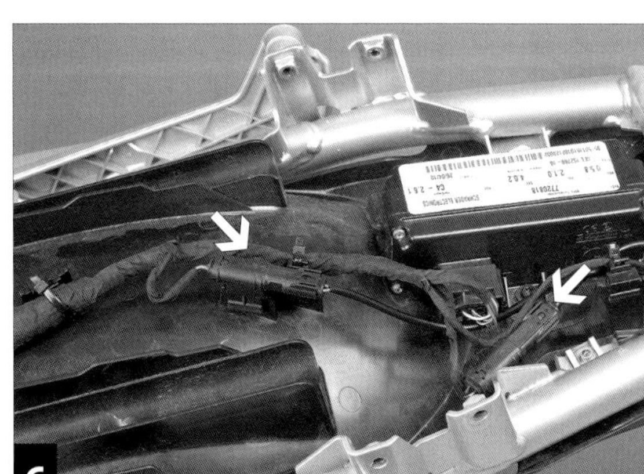

Blinklicht-Stecker hinten
- Kabelbinder lösen und Stecker trennen.

4

4.4 Rück- und Bremslicht

Leuchtmittel
P21/5W 12 V/21 W

Leuchtmittel ab 2008
LED 12 V

- Maximale Anzahl defekter LEDs: 1

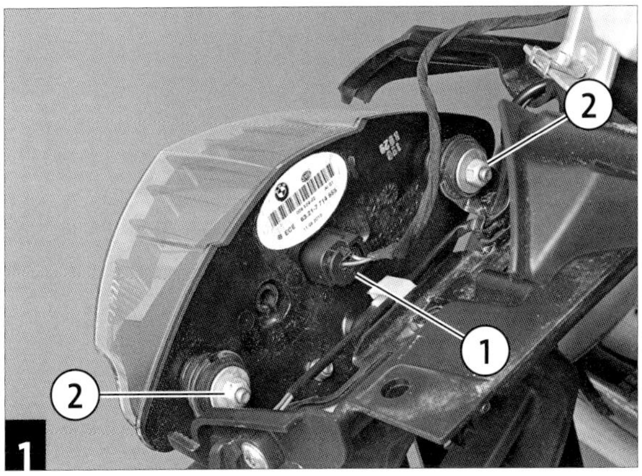

Rücklicht-Befestigung oben

- Stecker **1** abziehen und zwei Muttern **2** ausdrehen.

Rücklicht-Befestigung unten

- Mutter (Pfeil) ausdrehen.

4.5 Kombiinstrument

- Scheinwerfer ausbauen.

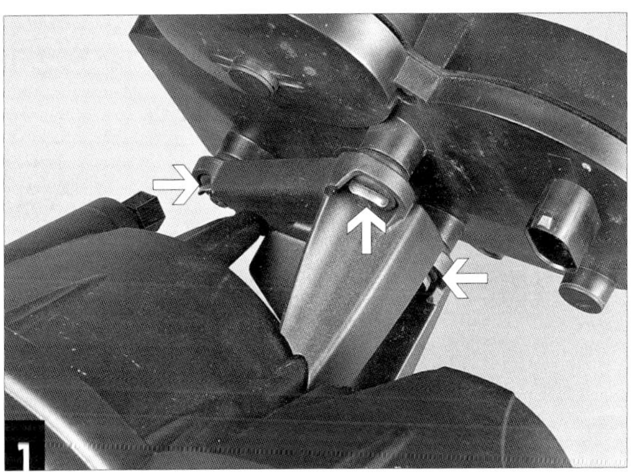

Kombiinstrument-Befestigung

- Halteklipse abziehen und Kombiinstrument von Halter abnehmen.

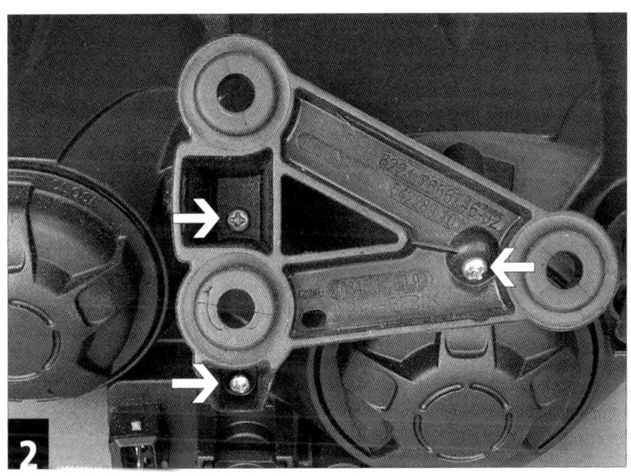

Halter Kombiinstrument

- Drei Schrauben ausdrehen und Halter von Scheinwerfer abnehmen.

5 Einspritzsystem & Tank

5.1 Aus- und Einbau

Das, was früher unter der Rubrik »Vergaser« abgehandelt wurde, ist heute ein komplexes System, das nicht nur die Gemischaufbereitung, sondern auch die Auslösung des Zündfunkens steuert.
Zeitgemäß wird dies durch die BMS (**B**MW-**M**otor-**S**teuerung) besorgt.
Im Folgenden wird der Aus- und Einbau seiner Komponenten behandelt.
Die **Prüfung** des Systems wird alle 10 000 Kilometer sowie einmal im Jahr in der BMW-Werkstatt mit dem MODiTeC (Diagnosegerät) durchgeführt.

! Vorsicht beim Umgang mit Benzin (leicht entzündlich).

! Einschlägige Sicherheitsvorkehrungen beachten (Rauchen, offenes Feuer und Funkenflug vermeiden, geschlossene Räume ausgiebig belüften).

- Seitenblende und Seitenteil links und rechts ausbauen, siehe ab Seite 18.
- Typ 307: Radabdeckung oben abbauen.

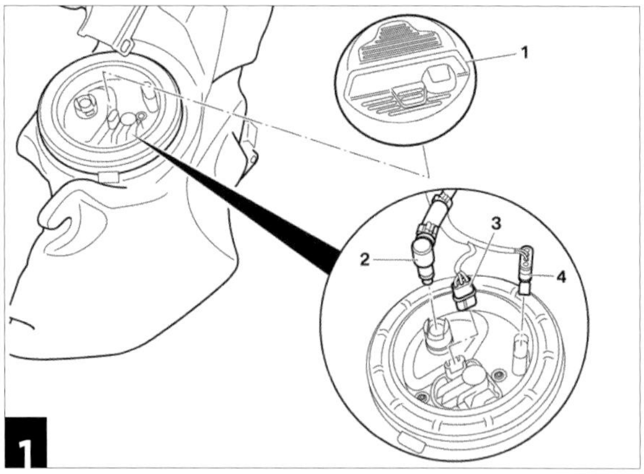

Tank Typ 307
- Pumpenabdeckung **1** abnehmen und Benzindruckleitung **2** trennen.
- Stecker von Benzinpumpe **3** und Füllstandanzeige **4** trennen.

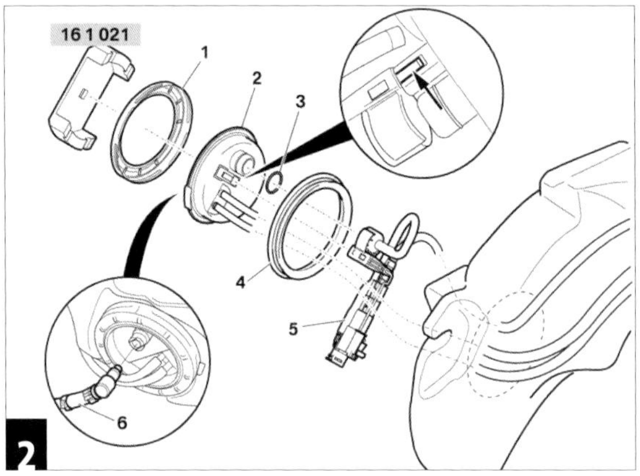

Saugstrahlpumpe Typ 307
- Kraftstoffrückleitung **6** trennen.
- Überwurfmutter **1** mit Zapfenschlüssel 16 1 021 oder wie in Bild 12 gezeigt ausbauen.
- Flansch **2** abziehen und Saugstrahlpumpe ausklipsen (Pfeil).
- Saugstrahlpumpe mit Schlauch aus Tank herausziehen, nicht mit Schraubendreher o.ä. heraushebeln! Dadurch kann die Dichtlippe beschädigt werden.

Einbau
- Aufgeqollenen Dichtring ersetzen.
- Schlauch mit Saugstrahlpumpe in Tank einfädeln. Dabei mit der Hand von der Öffnung der Kraftstoffpumpe her fassen und Schlauchende durchziehen.

👁 Darauf achten, das der Schlauch nicht in die Öffnung der Pumpeneinheit ragt, sondern an der Außenwand des Tanks liegt.

👁 Das Schlauchende der Saugstrahlpumpe muss so verlegt sein, dass der Schwimmer der Füllstandanzeige nicht behindert wird.

- Überwurfmutter: Bild 17.

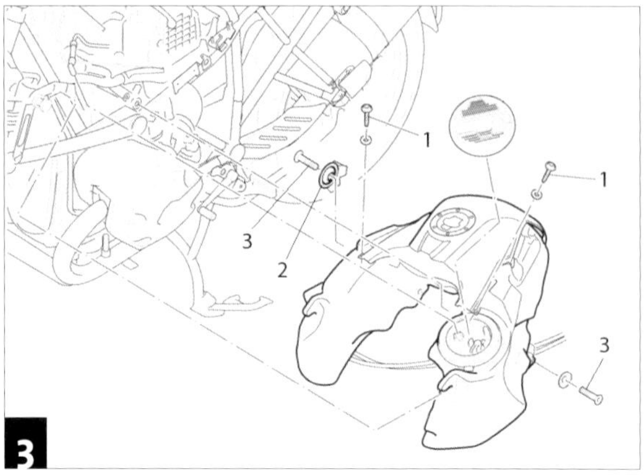

Tank Typ 307
- Verkleidungsschrauben **1** mit Halter **2** ausbauen.
- Schrauben **3** ausdrehen und Tank nach hinten abziehen.

3 **Anzugsmoment** M8 x 40 .... 19 Nm

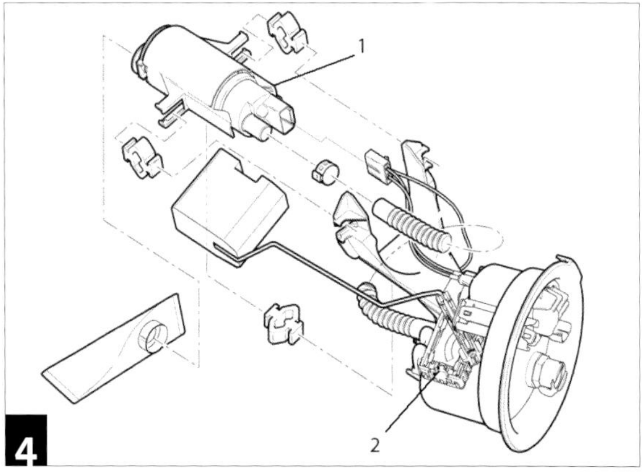

Benzinpumpe Typ 307
- Pumpeneinheit **1** und Füllstandgeber **2** sind kombiniert.

Schnellkupplungen:
- Die Kupplungsbuchse kann durch leichte Berührung verriegeln. Wenn die Schnellkupplung in diesem Zustand zusammen gedrückt wird, können die O-Ringe beschädigt und undicht werden.
- Schnellkupplungen nur bei offener bzw. gedrückter Verriegelung zusammenstecken.

Einbau
- Tank von hinten aufschieben. Dabei auf Zugänglichkeit der Schläuche und Leitungen achten. Gasseilzug und Kupplungsleitung nicht einklemmen.
- O-Ringe der Schnellkupplungen kontrollieren. Als Montage-Erleichterung O-Ringe dünn fetten.
- Benzinschlauch-Kupplungen müssen hörbar einrasten.

Zusätzliche Vorarbeiten ab Typ 303:

- Tank-Verkleidung abbauen, siehe ab Seite 19.
- Ansaugschnorchel abbauen, siehe Seite 34.

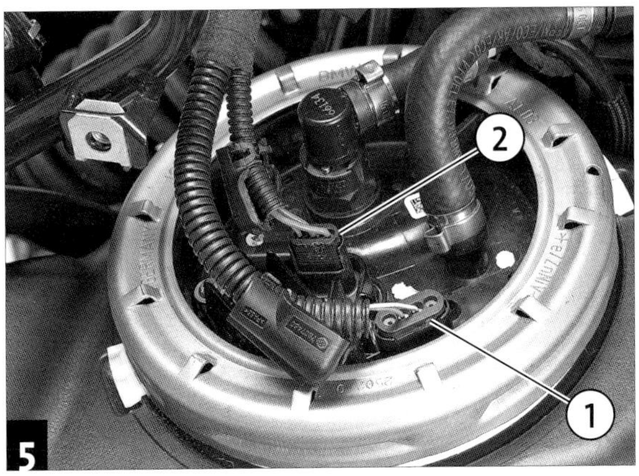

Tank ab Typ 303 (Bj. 2008)

- Stecker von Benzinpumpe **1** und Füllstandanzeige **2** trennen.

Tank ab Typ 303 (Bj. 2008)

- Benzindruckleitungen trennen: Verriegelungen (Pfeile) eindrücken und Schläuche abziehen.

Tank ab Typ 303 (Bj. 2008): Halter links

- Schraube ausdrehen und mit Halter abnehmen.
- 👁 Einbaulage Lasche (Pfeil) beachten.
- **Anzugsmoment** M8 x 45 - 10.9 .... 19 Nm

Tank ab Typ 303 (Bj. 2008): Halter rechts

- Schraube ausdrehen und mit Halter abnehmen.
- 👁 Einbaulage Lasche (Pfeil) beachten.
- **Anzugsmoment** M8 x 45 - 10.9 .... 19 Nm

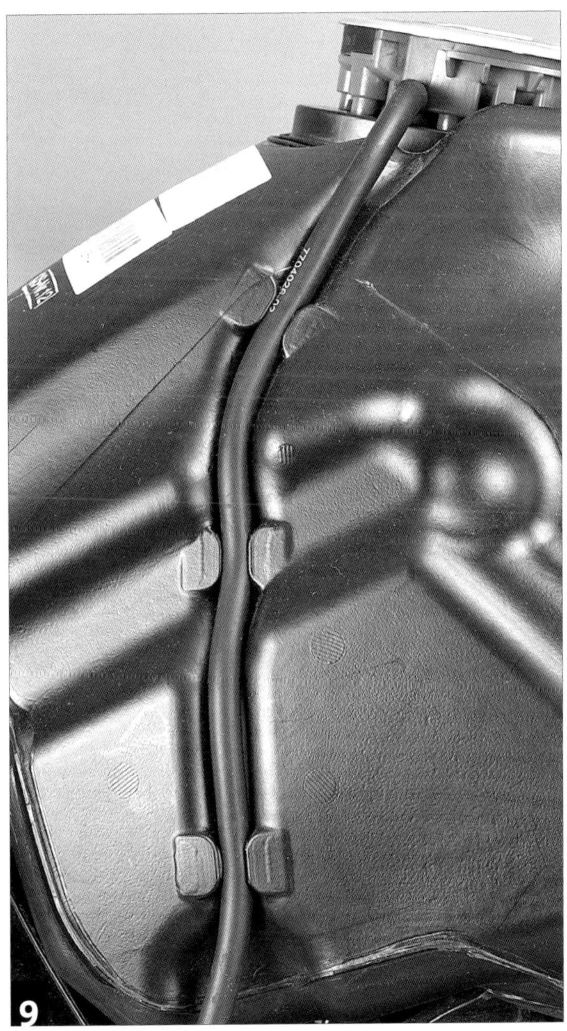

Tank ab Typ 303 (Bj. 2008): Entlüftungsschlauch

- Entlüftungsschlauch abziehen oder an Kupplung trennen.

5 Einspritzsystem & Tank

5.1 Aus- und Einbau

Fortsetzung

- Einbau erfolgt in umgekehrter Ausbaureihenfolge.

! Gefahrenhinweise für den Umgang mit Kraftstoff beachten.

Tank ab Typ 303 (Bj. 2008): Überlaufschlauch

- Überlaufschlauch an Kupplung trennen (Einbaulage links neben Batterie).
- Tank nach hinten oben abnehmen.

Tankaufnahme ab 2008

- Tank von hinten oben auf vordere Aufnahmen links und rechts aufschieben.

Kraftstoffpumpe

- Tank mit Handpumpe o.ä. entleeren.

Überwurfmutter der Kraftstoffpumpe

- Überwurfmutter ausdrehen. Dazu gibt es von BMW natürlich feines Spezialwerkzeug (Nr. 16 1 021), mit etwas Geschick kann man sie aber auch wie gezeigt ausbauen.

! Pumpenkörper senkrecht nach oben herausziehen und mit Dichtung entnehmen. Pumpenkörper nicht mit Schraubendreher o.ä. aushebeln! Andernfalls droht Undichtheit bei Wiederverwendung!

Elektronikbaustein

- Zwei Schrauben ausdrehen, Elektronikbaustein anheben und Stecker **2** Bild 15 trennen.

👁 Bei Korrosionsspuren der Kontakte Elektronikbaustein ersetzen.

Kraftstoffpumpe

- Kraftstoffpumpe ohne evtl. Hebelwerkzeuge (!) gerade aus Tank herausziehen (Dichtung nicht beschädigen). Stecker/Füllstandanzeige abziehen und mit Schnur sichern (ab 2008).

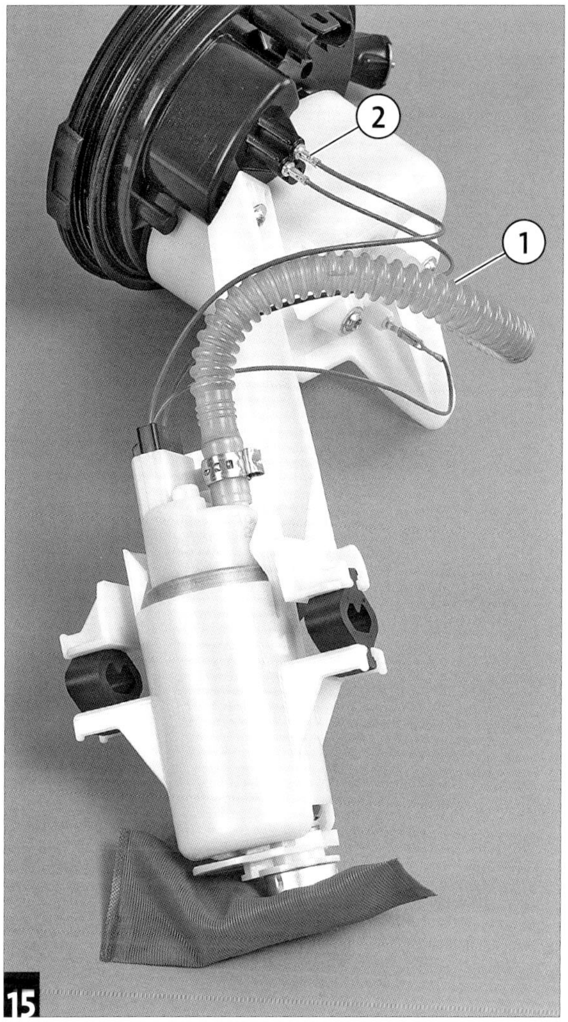

15

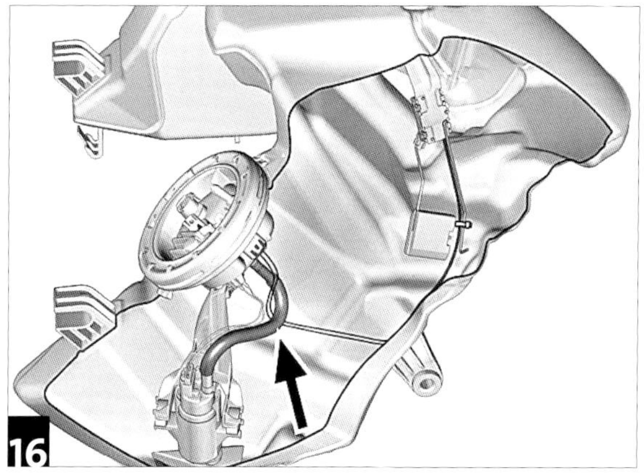

16

Tank ab Typ 303 (ab 2008)

- Kabel des Füllstandgebers hinter dem Wellrohr (Pfeil) verlegen.

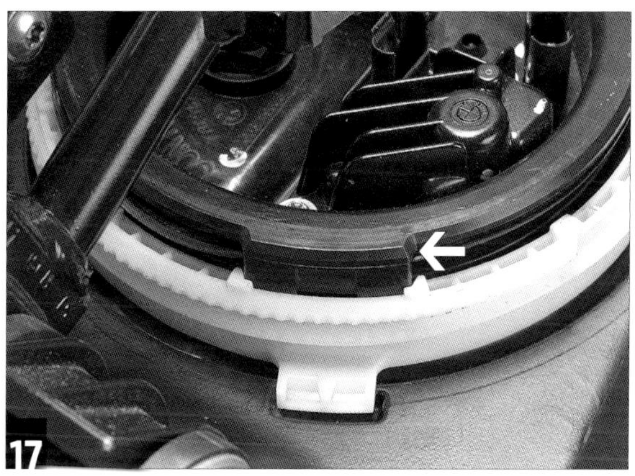

17

Kraftstoffpumpe

- Dichtring in Tank einsetzen und Berührungsfläche zur Pumpe mit Reifenmontierpaste schmieren.

1 Wellrohr
2 Stecker Elektronikbaustein

Kraftstoffpumpe

- Pumpe so einsetzen, dass Nase in Aussparung eingreift.
- **Anzugsmoment** Überwurfmutter .... 35 Nm

18

19

Füllstandgeber

- Tank mit Handpumpe o.ä. entleeren.
- Tankdeckel ausbauen (Seiten 19 und 21).
- Stecker an der Pumpeneinheit trennen (Bild 13).

Befestigungsschrauben des Einfüllstutzens

- Drei Schrauben ausdrehen und Einfüllstutzen mit Füllstandgeber vorsichtig herausführen.
- **Anzugsmoment** M5 x 20 .... 2,4 Nm

Füllstandgeber ab Typ 303

- Füllstandgeber vorsichtig herausführen.

5 Einspritzsystem & Tank

5.1 Aus- und Einbau

Fortsetzung

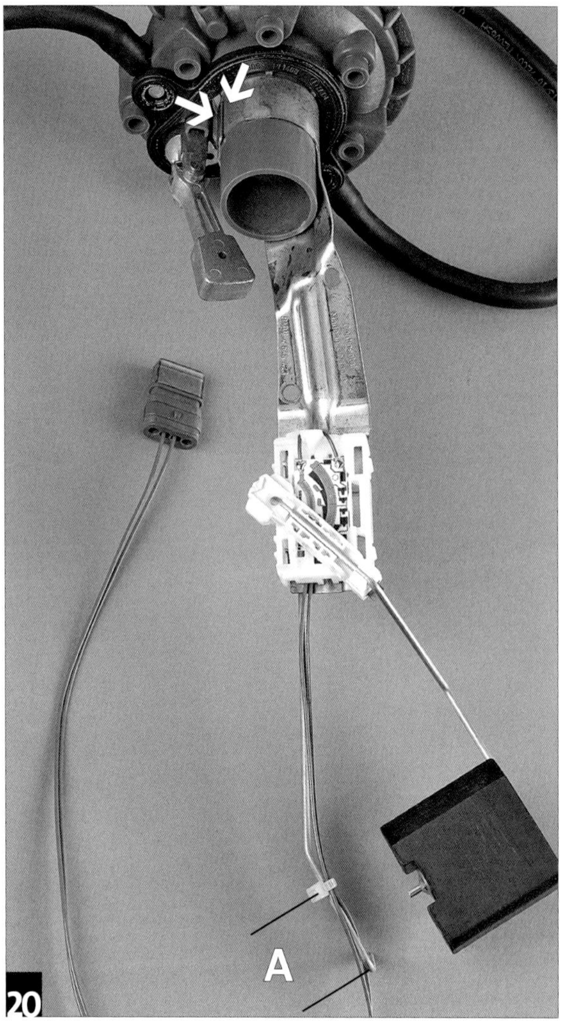

20

Füllstandgeber

- Haltebügel (Pfeile) vorsichtig aufbiegen und Geber vom Einfüllstutzen abnehmen.
- Beim Einbau Geber soweit aufschieben, dass die Absätze der Bügel in umlaufende Nut am Einfüllstutzen eingreifen.
- 👁 Geber muss spielfrei am Einfüllstutzen sitzen.
- 👁 Der Abstand **A** des Kabelbinders vom Ende des Drahtbügels darf maximal 26 mm betragen.

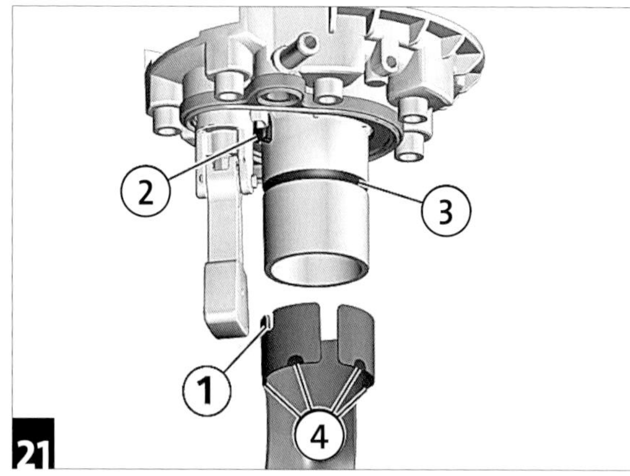

21

Füllstandgeber an Einfüllstutzen

- Steg **2** greift in Nut **1** ein.
- Rastnasen **4** greifen in Nut **3** ein.
- Bei beschädigter Nut **3** Einfüllstutzen ersetzen.

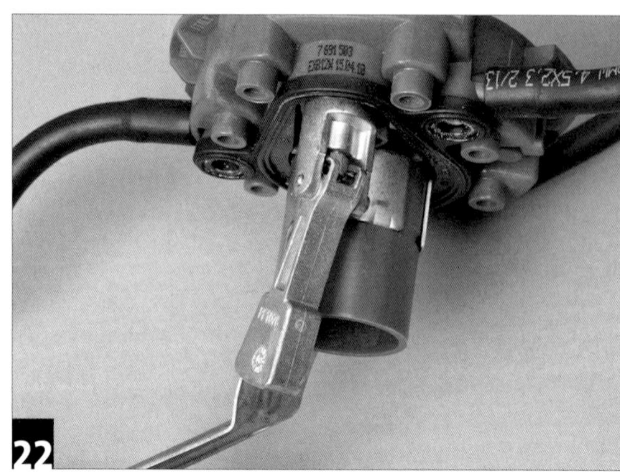

22

Roll-over-Ventil

Beweglichkeit des Ventils prüfen.

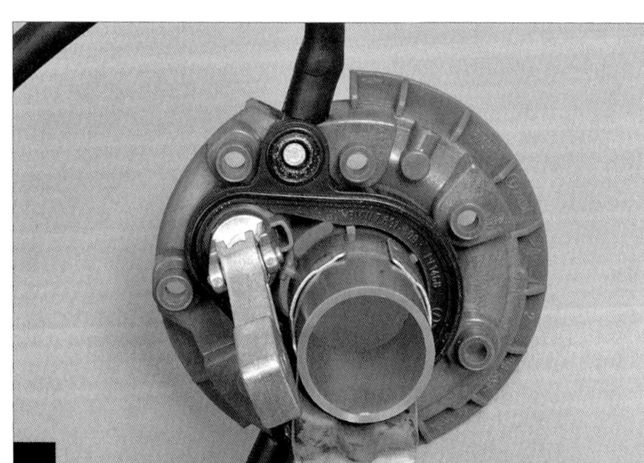

23

Einfüllstutzen

- Stutzen mit einwandfreier Dichtung montieren (Bild 18).
- 👁 Freigängigkeit des Hebelarms prüfen.

Drosselklappen-Gehäuse

- Seilzüge ausbauen siehe Seite 45.

24

Drosselklappen-Sensor

- Verriegelungsstück aushebeln.

25

Drosselklappen-Sensor

- Drahtbügel eindrücken und Stecker abziehen.

26

Drosselklappen-Sensor

- Zwei Schrauben ausdrehen und Sensor abnehmen.
- Umgekehrt ohne Kalibrierung einbauen (sebstlernendes Sytem).
- **Anzugsmoment** mit Loctite 243. . . . . 4 Nm

27

Leelaufdrehzahl-Anhebungsventil

- Verriegelung (Pfeil) nur leicht anheben und Stecker abziehen.
- Zwei Schrauben (Pfeile) ausdrehen und Ventil abziehen.

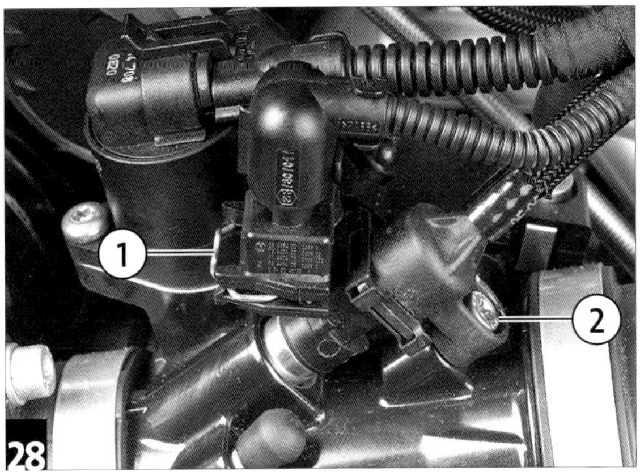

28

Einspritzventil

- Drahtbügel **1** eindrücken und Stecker abziehen
- Schraube **2** ausdrehen.

2 **Anzugsmoment** M5 x 16. . . . . 5 Nm

29

Einspritzventil

- Einspritzventil herausziehen.
- Auf Verbleib von O-Ring **1** achten.

5 Einspritzsystem & Tank

5.1 Aus- und Einbau
Fortsetzung

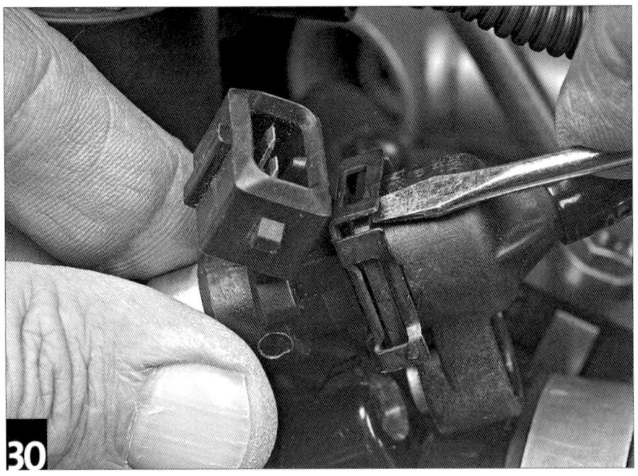

Einspritzventil
- Sicherungsfederblech abziehen und Benzinleitung abziehen.

Drosselklappen-Gehäuse
- Schellen mit Spezialzange lösen (siehe Seite 14 Bilder 4 bis 6; im Bild nachgerüstete Schraubschellen) und Drosselklappen-Gehäuse abnehmen. (Genauer gesagt: 'Rauswursteln.)

Kraftstoffverteiler und Druckregler
- Tank ausbauen.
- Einspritzventile ausbauen.

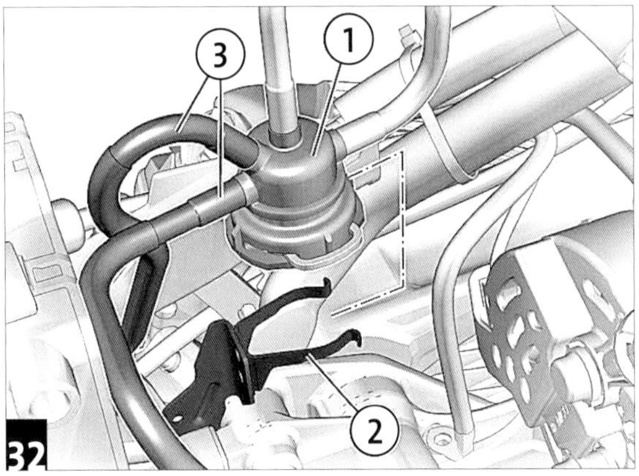

Kraftstoffverteiler
- Kraftstoffverteiler **1** aus Halterung **2** ausfedern.
- Benzinleitungen **3** freilegen und Kraftstoffverteiler **1** nach oben abnehmen.

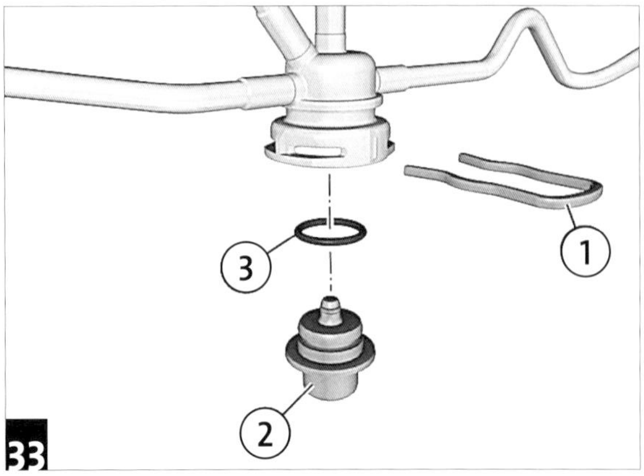

Druckregler
- Klemmfeder **1** abziehen.
- Druckregler **2** mit O-Ring **3** entnehmen.
- Druckregler mit neuem O-Ring einbauen.

Benzinschlauch-Verlegung
- Benzinschlauch wie gezeigt unter Bremsleitungen (ABS-Ausführung) durchführen.

5

5.2
Prüfen und Vermessen

Förderdruck

- Der Förderdruck wird bei laufendem Motor (Leerlauf) geprüft. MoDiTec-Stecker mit GS 911 an IBM-kompatiblen Computer anschließen (die BMW-Werkstatt verwendet ihr MoDiTec-Gerät).
- **Sollwert** .... 3,5 bar

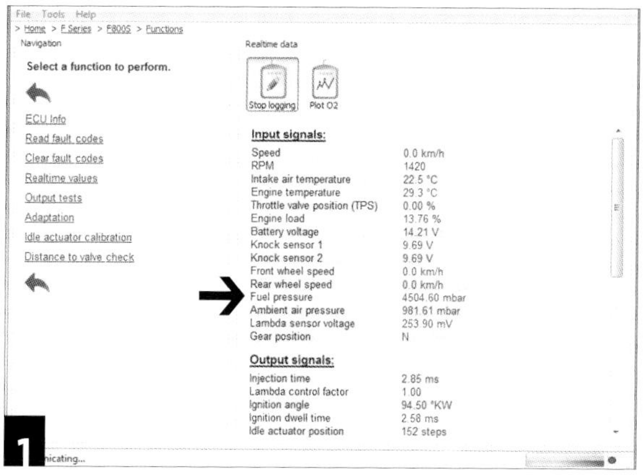

1

Förderdruck

- Der Förderdruck (Fuel pressure) wird mit dem GS 911-Diagnoseprogramm bei laufendem Motor unter »Functions« angezeigt.

2

Einspritzventil

- Einspritzdüse mit so gut wie neuen O-Ringen montieren (leicht fetten).

3

Unterdruckanschlüsse

- Kappen dürfen nicht porös/undicht sein.

6 Generator

6.1 Aus- und Einbau

- Für sicheren Stand der Maschine sorgen.
- ! Batterie abklemmen (Seite 35).
- Beide Seitenblenden abnehmen (ab Seite 18).
- Seitenteile links und rechts abnehmen (ab Seite 18).
- Tank ausbauen (Seite 68).
- Federbein vorn ausbauen (Seite 154).
- ! Beim Riemenausbau Finger nicht zwischen Riemen und Riemenrad einquetschen. Nur mit geeignetem Werkzeug arbeiten!

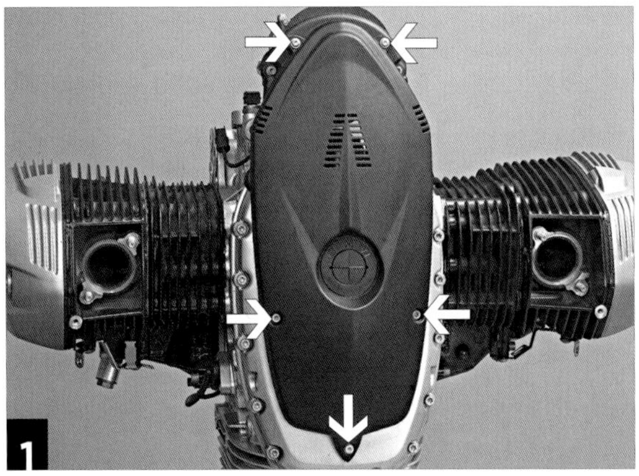

Riemendeckel

- Fünf Befestigungsschrauben ausdrehen und Deckel abnehmen.
- **Anzugsmoment** .... 4 Nm

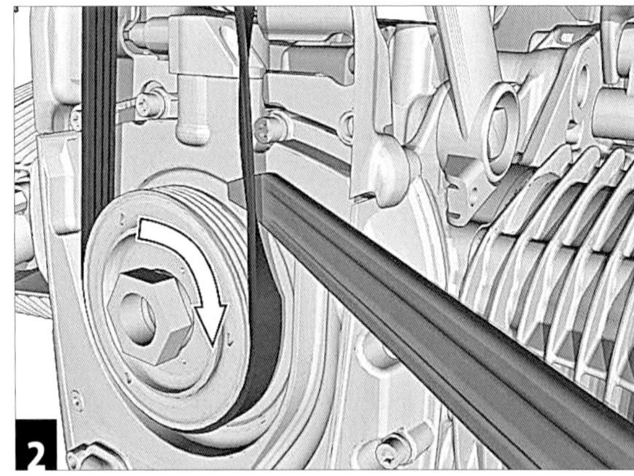

Antriebsriemen ausbauen

- Getriebe in NEUTRAL schalten und Motor an der Riemenscheibe der Kurbelwelle in Motordrehrichtung (Pfeil) drehen. Dabei Riemen mit stumpfem Werkzeug vorsichtig abdrücken.

Riemenabdeckung hinten

- Vier Schrauben ausdrehen und hintere Riemenabdeckung abnehmen.

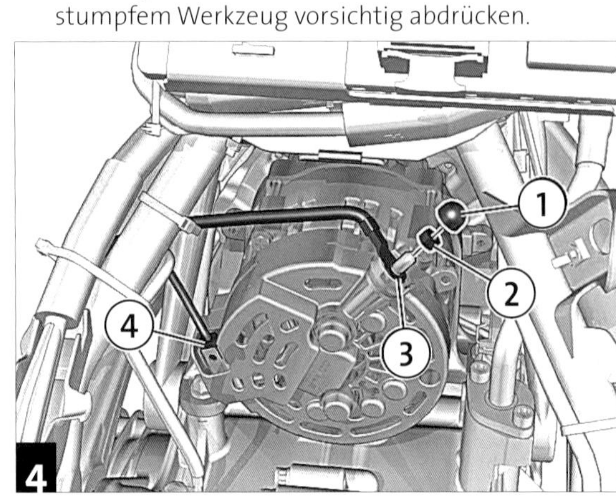

Kabelanschlüsse Bosch Generator

- Kappe **1** und Mutter **2** ausbauen.
- Kabel »Generator Plus« **3** und Stecker **4** abnehmen.
- Kabel **3** mit neuer Mutter montieren.

2 **Anzugsmoment** .... 6 Nm

Zu Bild 6:
Kurbelwellensensor nur dann ausbauen, wenn der Ausbau bei eingebautem Motor durchgeführt wird. Der Generator muss dann nach vorn herausgeführt werden.

Kabelanschlüsse Denso Generator

- Stecker **1** und Kabel »Generator Plus« **2** abnehmen.
- Kabel **2** mit neuer selbstsichernder Mutter montieren.

2 **Anzugsmoment** .... 6 Nm

Generator-Befestigung

- Kurbelwellensensor **1** lösen und nach vorn ablegen.
- Schrauben **2** ausdrehen und Generator abnehmen.
- **Anzugsmoment 1** 4 Nm; **Anzugsmoment 2** 18 Nm

7

Antriebsriemen

- Auf korrekte Einbaulage des Riemens achten. Bei falscher Einbaulage wird der Riemen innerhalb kürzester Zeit zerstört.

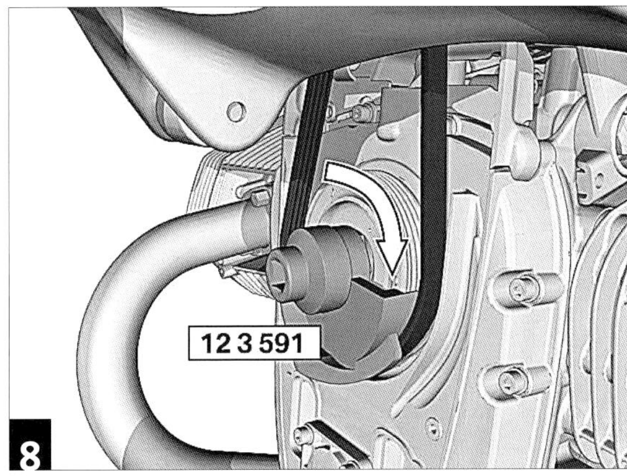

8

Antriebsriemen einbauen

- Antriebsriemen formschlüssig an Generator-Riemenscheibe auflegen.
- Aufziehwerkzeug (BMW-Nr. 12 3 591) am Riemenrad der Kurbelwelle aufsetzen und Riemen einfädeln.
- Aufziehwerkzeug fest an Riemenrad drücken.
- Mit Aufziehwerkzeug Motor am Riemenrad in Pfeilrichtung drehen, bis Riemenrad komplett auf der Riemenscheibe aufliegt.
- Falls Aufziehwerkzeug nicht zur Verfügung steht, kann auch mit Handkraft improvisiert werden. Dies hat aber hohes Verletzungspotenzial! Finger nicht zwischen Riemen und Riemenrad einquetschen.

6.2 Prüfen und Vermessen

Regelspannung

! Zur Messung der Regelspannung muss die Batterie in gutem Zustand (Batteriespannung mindestens 12,5 V) und Motor auf Betriebstemperatur sein.
- Zündung ausschalten und Voltmeter an Batterie anschließen (positive Messspitze an Pluspol; negative an Minuspol).
- Motor starten und Drehzahl allmählich erhöhen.

! Spannung muss sich mit eingeschaltetem Fernlicht bei etwa 5000/min auf etwa 14 Volt einregeln.

Kabelbaum/Kriechstrom (Ruhestrom)

Bei häufig entladener Batterie nach kürzerer Standzeit, Kabelbaum auf Kriech- oder Verluststrom prüfen.

- Zündung ausschalten und negatives Kabel (Massekabel) von Batterie abnehmen.

! Messgerät zuerst auf hohen Messbereich einstellen, um Sicherung des Messgeräts nicht zu beschädigen, dann auf kleinere Messbereiche umschalten.
- Bei ausgeschalteter Zündung Ampèremeter zwischen Batterie und Massekabel anschließen.

! Ampèremeter darf maximal 1 mA anzeigen.
- Falls höherer Strom messbar ist, systematisch Kabelbaum-Stecker nacheinander trennen, bis »Leckbereich« im Kabelbaum lokalisiert ist und dieses Teilstück des Kabelbaums erneuern bzw. reparieren.

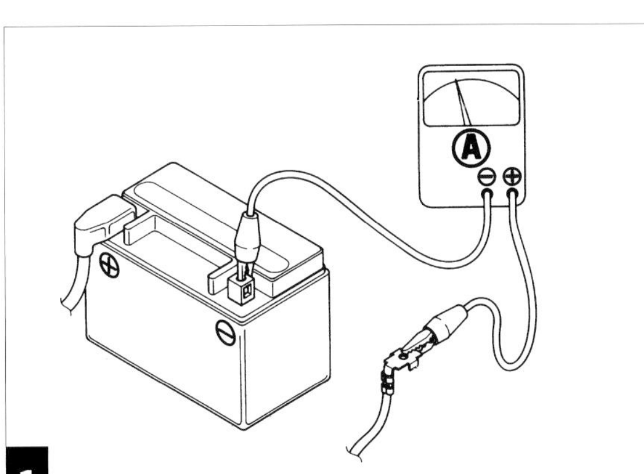
1

Kabelbaum mit Ampère-Meter auf Kriechstrom prüfen

! Zündung ausschalten.
- Zuerst großen Messbereich wählen, dann Messbereich schrittweise verkleinern (Geräteschutz).

7 Starter

7.1 Aus- und Einbau

- ! Bei ausgeschalteter Zündung zuerst Massekabel von der Batterie abnehmen.
- Ab Typ 303 (Bj. 2008): Zuerst Starter ausbauen, dann Kabel vom Starter abnehmen.
- Der **Einbau** erfolgt in umgekehrter Reihenfolge.

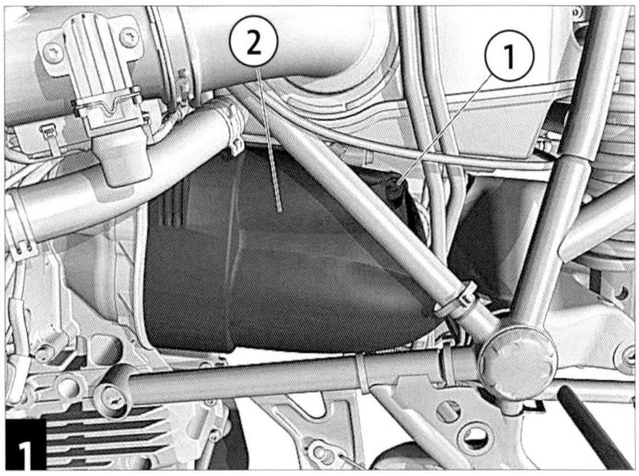

Starter-Abdeckung Aus- und Einbau/Typ 307

- Schraube **1** ausdrehen und Abdeckung **2** herausfädeln.
- Zum Einbau Fixierstifte in Gummimuffen einsetzen und Starter-Abdeckung einbauen.

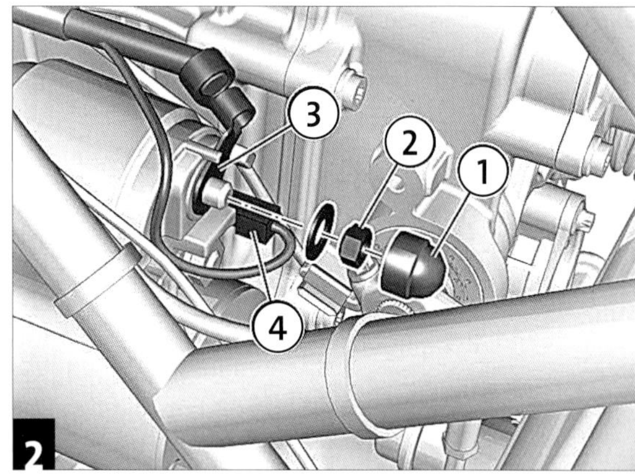

Starter-Kabel

- Kappe **1** abnehmen und Mutter **2** ausdrehen.
- Starter-Pluskabel **3** abnehmen.
- Signalstecker **4** abnehmen.

2 **Anzugsmoment** Mutter M8 .... 10 Nm

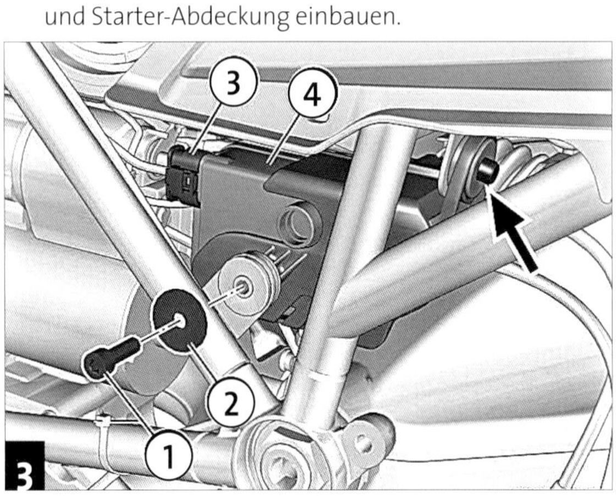

Stellmotor der Auspuffklappe/Typ 450

- Schraube **1** ausdrehen und mit Scheibe **2** abnehmen.
- Stecker **3** trennen und Stellmotor **4** nach hinten von Nase (Pfeil) abziehen.

1 **Anzugsmoment** M6 x 20 .... 8 Nm

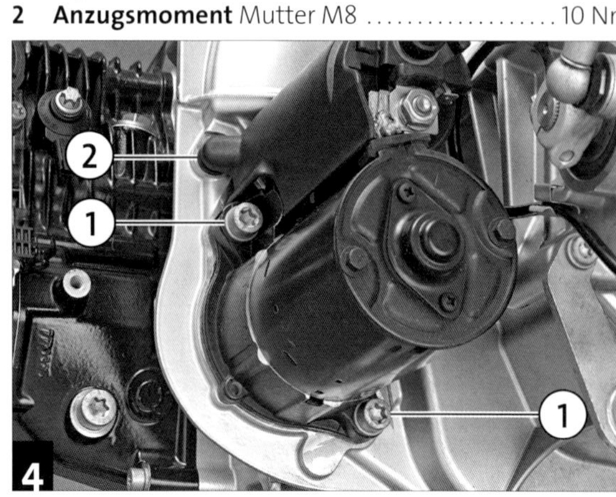

Starter-Befestigung

- Schrauben **1** ausdrehen und aus Verdrehsicherung **2** abnehmen.

1 **Anzugsmoment** M8 x 60 .... 19 Nm

7

7.2 Starterrelais

Starterrelais ab Typ 303 (ab Baujahr 2008)

- Tankverkleidung (Seite 19), Ansaugschnorchel (Seite 34) und Tank abbauen (Seite 68).
- Steuergeräte ausbauen (Seite 162).
- Der **Einbau** erfolgt in umgekehrter Reihenfolge.

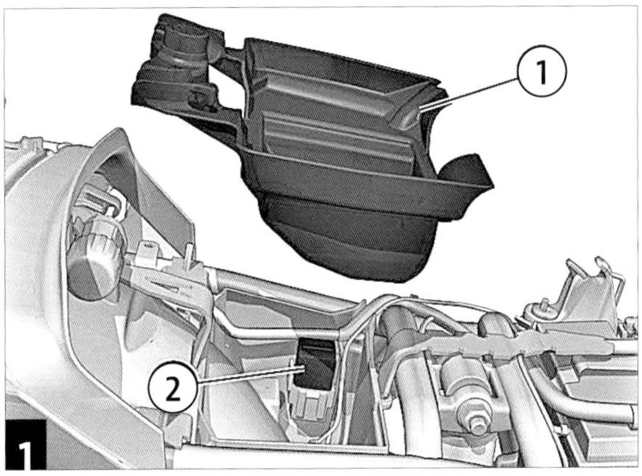

Starterrelais Aus- und Einbau/Typ 307 (bis 2007)
- Sitzbank und Werkzeugschale **1** abnehmen.
- Starterrelais **2** abziehen/einsetzen.

Starterrelais Aus- und Einbau/ab Typ 303 (ab Bj. 2008):
- Kabelbinder **1** trennen.
- Relaisträger unten und oben ausklinken (Pfeile) und nach oben herausführen.

Starterrelais Aus- und Einbau/ab Typ 303 (ab Bj. 2008):
- Starterrelais ausklinken (Pfeil) und aus Relaisträger entnehmen.

Starterrelais Aus- und Einbau/ab Typ 303 (ab Bj. 2008):
- Starterrelais abziehen/einsetzen.

8 Auspuffanlage

8.1 Aus- und Einbau

- Maschine sicher aufbocken.
- Motorschutz ausbauen (Seite 27).

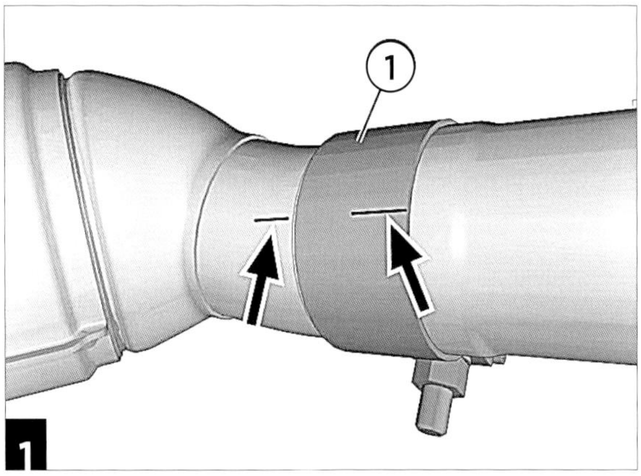

Dämpfer-Schelle markieren/Typ 307 und 303
- Stellung der Schelle **1** markieren (Pfeile).

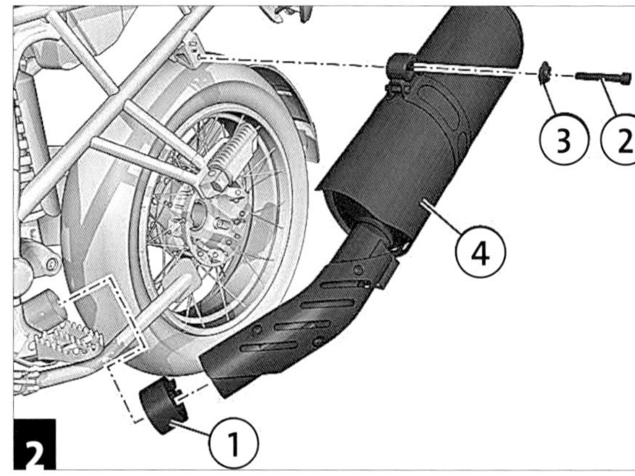

Dämpfer ausbauen/Typ 307 und 303
- Schelle **1** lockern.
- Dämpfer festhalten und Schraube **2** ausdrehen, mit Scheibe **3** abnehmen.
- Dämpfer **4** nach hinten abnehmen.

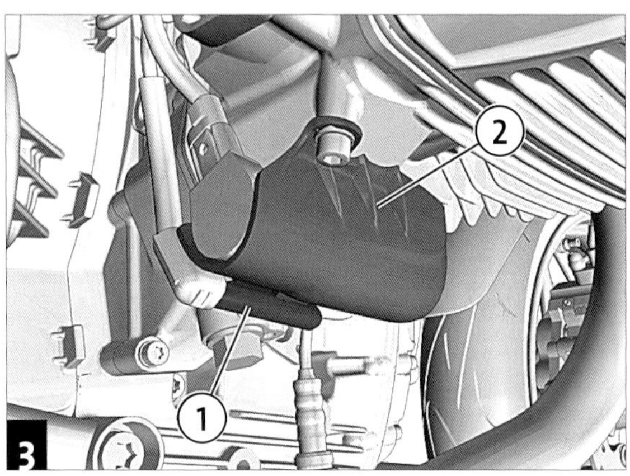

Lambdasondenstecker/Typ 307
- Stecker **1** trennen und Verbinder von Zündspulenabdeckung **2** abnehmen.

Schelle lösen
- Schrauben **1** lockern und Schelle nach hinten vom Zapfen **2** abnehmen.

Krümmer-Befestigung am Zylinderkopf
- Zwei Muttern (Pfeile) je Krümmer ausdrehen.
- Krümmer abnehmen und alte Dichtung entsorgen.
- **Anzugsmoment** mit neuer Dichtung......... 14 Nm

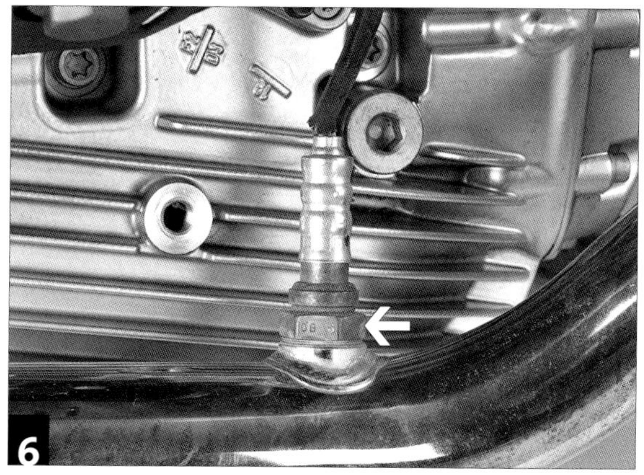

Lambdasonde
- Lambdasonden am Sechskant (Pfeil) ausdrehen.
- **Anzugsmoment**
  Gewinde schmieren (Einbauhilfe, Optimoly TA)
  M18 x 1,5 .... 45 Nm

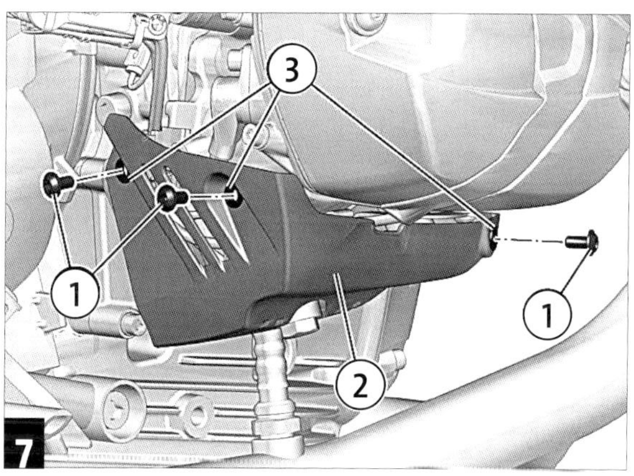

Untere Zylinderabdeckung
- Schrauben **1** ausdrehen.
- Abdeckung **2** abnehmen und dabei auf den Verbleib der Buchsen **3** achten.

Lambdasonde und Krümmer-Befestigung
- Stecker **1** trennen und Verbinder von Zündspulenabdeckung abnehmen.
- Lambdasonden **2** links und rechts am Sechskant ausdrehen.

Schelle Krümmer/Dämpfer
- Vordere Schelle lösen.

Krümmer-Befestigung am Zylinderkopf
- Krümmer mit neuer Dichtung montieren.

Auspuffkrümmer ab Bj. 2010 /Typ 450

- Maschine sicher aufbocken.
- Motorschutz ausbauen (Seite 27).

- Schelle lösen, siehe Bild 4 Seite 80.

Bild 5 und 10: Krümmer-Befestigung am Zylinderkopf
- Zwei Muttern (Pfeile) je Krümmer ausdrehen.
- Krümmer nach vorn abnehmen und alte Dichtung entsorgen.
- **Anzugsmoment** mit neuer Dichtung ....14 Nm

8 Auspuffanlage

8.1 Aus- und Einbau

Fortsetzung

Schalldämpfer aus- und einbauen

- Schraube (Pfeil) ausdrehen und mit Scheibe abnehmen. Dämpfer dabei festhalten.
- **Anzugsmoment** .... 19 Nm

Schelle Krümmer/Dämpfer

- Hintere Schelle lösen und Dämpfer abnehmen.

Abgasklappe ab Bj. 2010 /Typ 450

Abdeckung der Abgasklappe

- Zwei Schrauben (Pfeile) ausdrehen und Abdeckung abnehmen.

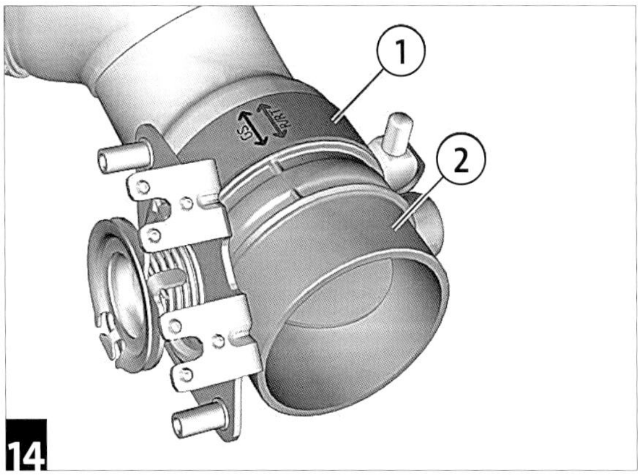

Abgasklappe ausbauen

- Schelle **1** lockern und Abgasklappe **2** abnehmen.

Abgasklappe

- Gegenmuttern **1** lösen, Bowdenzüge vom Halter abnehmen und Nippel **2** aushangen.
- Seilzug-Spieleinstellung: Tüllen **3** nach oben abziehen.

Stellmotor der Abgasklappe ab Bj. 2010 /Typ 450

15

Stellmotor der Abgasklappe

- Stecker (Pfeil) trennen.

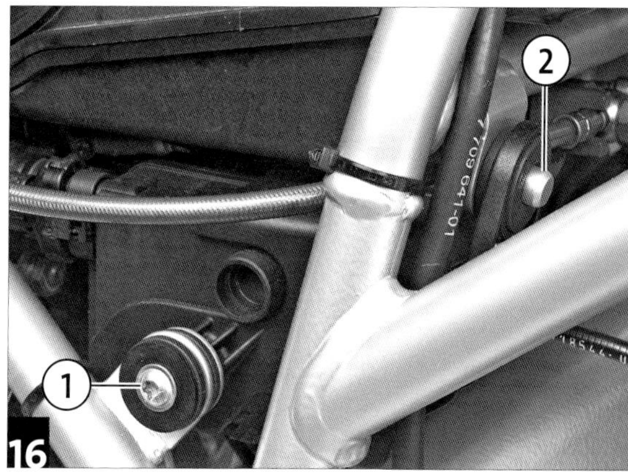

16

Stellmotor der Abgasklappe

- Schraube **1** ausdrehen und mit Scheibe abnehmen.
- Stellmotor vom Zapfen **2** nach hinten abziehen.

1 **Anzugsmoment** M6 x 20 .... 8Nm

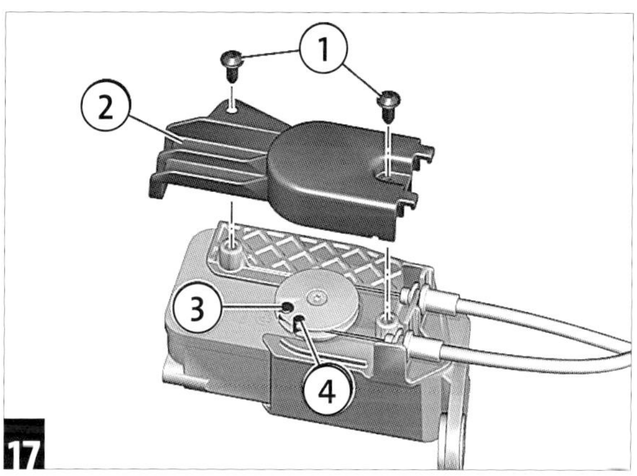

17

Bowdenzüge des Stellmotors ersetzen

- Schrauben **1** ausdrehen und Abdeckung **2** abnehmen.
- Rückstellzug **3** und Betätigungszug **4** ersetzen.
- Abdeckung anbringen und Stellmotor in umgekehrter Reihenfolge einbauen und einstellen.

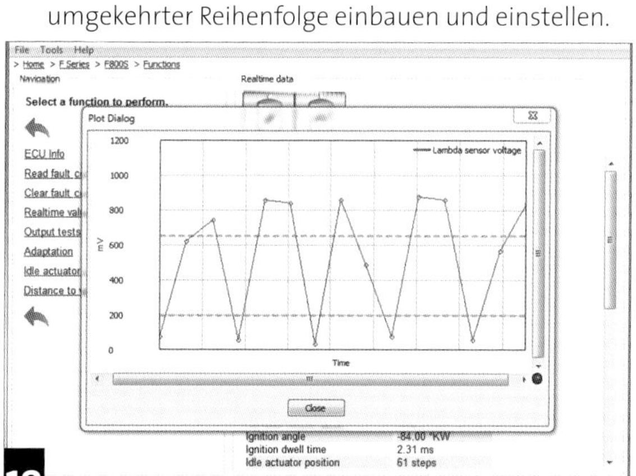

18

Test der Lambdasonde (GS 911)

- Bei betriebswarmem laufendem Motor (Leerlauf) und einwandfreier Funktion wechselt die Spannung zwischen über 800 mV und unter 200 mV.

Bowdenzüge der Abgasklappe einstellen

- Zündung einschalten (▸ Stellmotor fährt auf Stellung »Klappe offen«).
- Zündung ausschalten.
- Tüllen **3** Bild 13 nach oben abziehen.
- Gegenmuttern **1** Bild 13 lockern.
- Einstellschraube **4** Bild 13 herausdrehen, bis kein Spiel im Bowdenzug mehr spürbar ist. Anschließend Einsteller 2 – 3 Umdrehungen eindrehen, um den Zug zu entlasten.
- Einsteller **4** mit Gegenmutter festlegen.
- Einstellschraube **5** Bild 13 herausdrehen, bis kein Spiel im Bowdenzug mehr spürbar ist. Anschließend Einsteller 2 – 3 Umdrehungen eindrehen, um den Zug zu entlasten.
- Einsteller **5** mit Gegenmutter festlegen.
- 👁 Beide Seilzüge müssen sich innerhalb der Einsteller **4** und **5** ohne spürbare Federkraft der Abgasklappenfeder abheben lassen. Das Seilzugspiel an beiden Zügen muss 0,8 – 1,2 mm betragen.

Einbau

- Alle Teile zuerst lose befestigen und ausrichten, dann Befestigungen der Teile von vorn nach hinten anziehen, d.h. zuerst Krümmer am Zylinderkopf richtig anziehen und dann Dämpfer.
- Neue Dichtung am Krümmer befestigen und Krümmer zuerst locker befestigen.
- Kontaktfläche des Schalldämpfers mit Hochtemperatur-Montagepaste (Optimoly TA oder Kupferpaste) bestreichen.
- Schalldämpfer auf Krümmer aufschieben.
- 👁 Dämpfer so ausrichten, dass ausreichend Abstand zum Hinterrad eingehalten wird.
- Dämpfer am Heck befestigen (Bild 10).

9 Heckrahmen

9.1 Aus- und Einbau

- Batterie abklemmen (Seite 35).
- Schalldämpfer ausbauen (Seite 80).
- Tank ausbauen (Seite 68).
- Drosselklappen zum Luftfilter-Gehäuse hin lösen.
- Ansaugschnorchel ausbauen (Seite 34).
- Motor-Entlüftungsschlauch ausbauen.
- Motorschutz ausbauen (Seite 27) und Motorständer (Seite 15 oder selbst gebastelt) einbauen.
- Vorderrad sicher fixieren.
- Schaltgestänge lösen.
- Hintere Anschlüsse des ABS-Bremsmodulators lösen (Seite 143).
- Stecker der Steckdose trennen.
- Seitenständerschalter trennen (Seite 57).

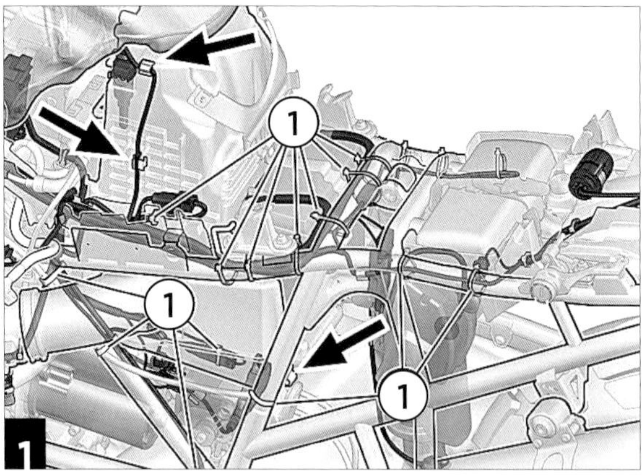

Kabelbinder trennen
- Kabelbinder **1** mit Seitenschneider trennen.
- Leitungen aus Klemmen (Pfeile) lösen.

Thermosensor am Luftfiltergehäuse links
- Stecker trennen und Leitung aus Klemme lösen.

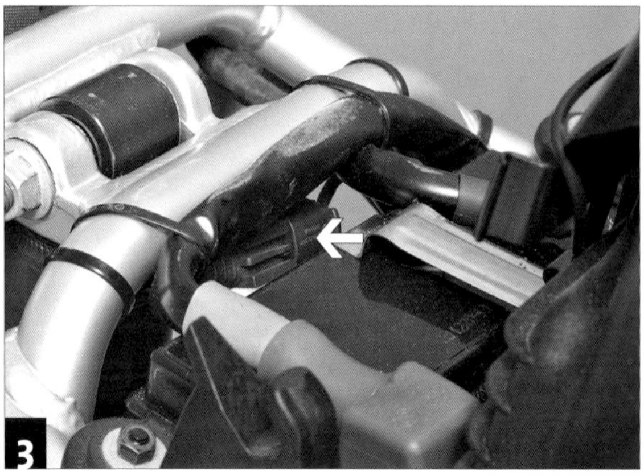

Stecker ABS-Sensor hinten
- Stecker trennen.

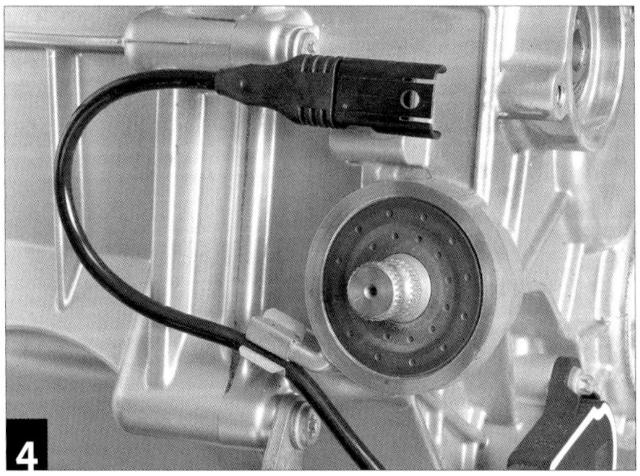

Stecker Getriebepotenziometer
- Stecker trennen.
- Einbaulage links am Getriebe.

Kabelbaumträger
- Drei Schrauben ausdrehen und Kabelbaum vom Heckrahmen lösen und nach vorn ablegen.

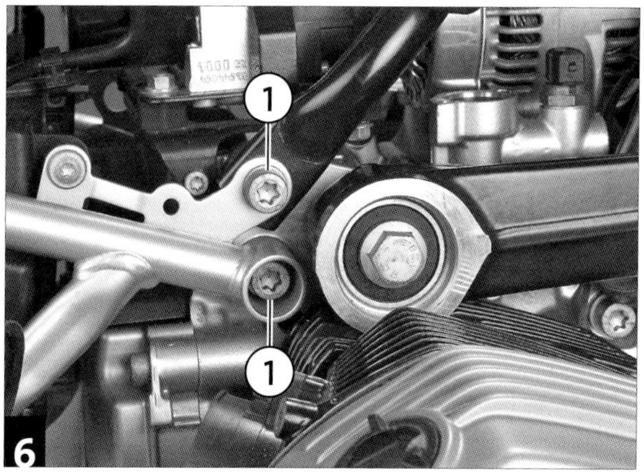

Verschraubung Heckrahmen

- Schrauben **1** links und rechts ausdrehen.

1 **Anzugsmoment** M10 x 40, neue Schraube verwenden (mikroverkapselt) . . . . 38 Nm

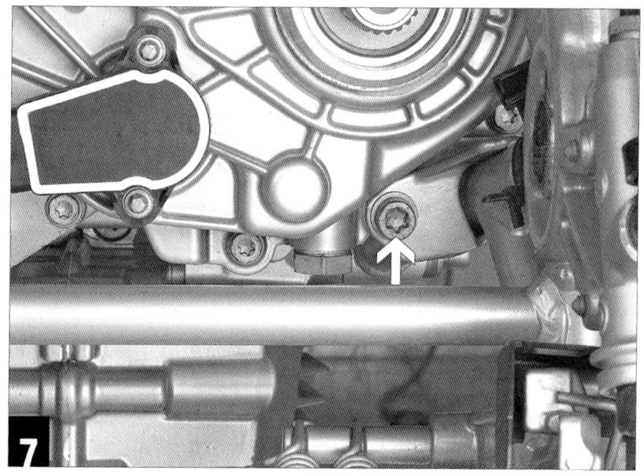

Verschraubung Heckrahmen/Getriebe

- Schraube (Pfeil) zunächst nur lockern.
  Anzugsmoment M8 x 55 - 10.9, neue Schraube verwenden . . . . 28 Nm

- Nach Lösen des Rahmen bei **1** Bild 6 Schraube wieder provisorisch eindrehen – aus Stabilitätsgründen.

Verschraubung Heckrahmen/Motorgehäuse unten

- Schraube (Pfeil) links und rechts ausdrehen.
  Anzugsmoment M12 x 50
  neue Schraube verwenden . . . . 55 Nm

Gelenkwelle abdrücken

- Kabelbinder mit Seitenschneider trennen.
- Faltenbalg vom Getriebegehäuse abziehen.

! Wenn die Gelenkwelle zu weit aus dem Kardantunnel gezogen wird, rutscht sie von der Verzahnung zum Hinterrad-Antrieb. Die Welle kann dann nur durch Demonzage des Hinterrad-Antriebs wieder montiert werden!

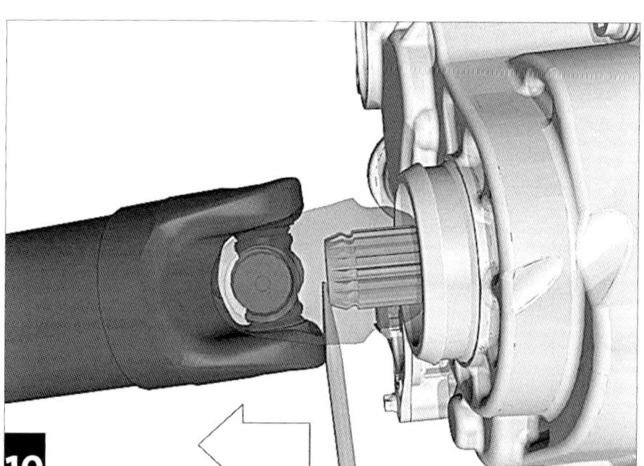

- Gelenkwelle drehen, bis guter Zugriff möglich ist und Stellung durch Gang einlegen fixieren.
- Mit passendem Hebel Welle von Verzahnung abdrücken. Dabei Lackschäden vorbeugen!

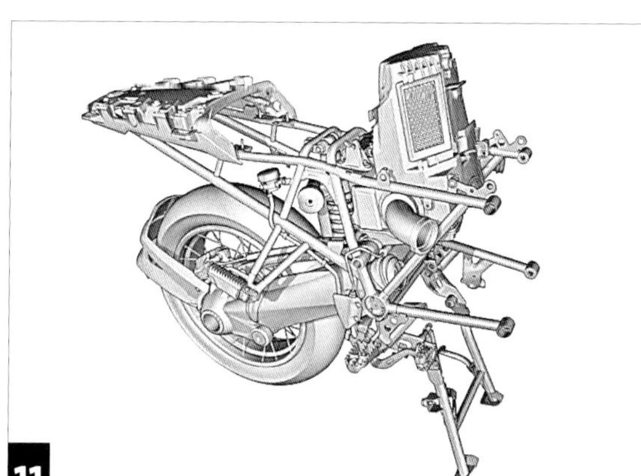

Fahzeughinterteil abstellen

- Schraube Bild 7 ausdrehen und Heck nach hinten abziehen.

- In umgekehrter Reihenfolge Heckrahmen anbauen.
  Beim Einbau zuerst alle Schrauben locker ansetzen. Schraube Bild 7 zuerst anziehen, dann übrige.
- Einbau Gelenkwelle siehe ab Seite 160.

10 Getriebe

10.1 Aus- und Einbau

- Motorschutz ausbauen (Seite 27) und Motorständer (Seite 15) einbauen.
- Vorderrad sicher fixieren.
- Schaltgestänge lösen (Bilder 1 und 2).
- Stecker Getriebe-Potenziometer trennen.
- Starter ausbauen (Seite 78).
- Heckrahmen ausbauen (Seite 84).

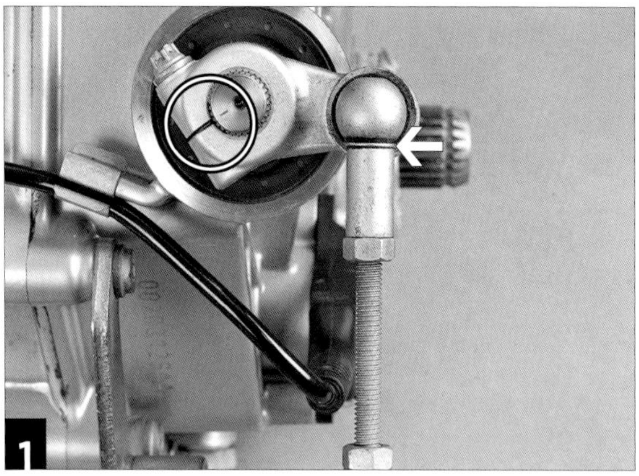

Schalthebel trennen
- Federbügel (Pfeil) ausklappen und nach unten abziehen. Schaltstange von Kugelkopf abziehen.
- Kreis: Klemmspalt des Schaltwellen-Hebels fluchtet mit Markierung auf Schaltwelle.

Kupplungsnehmer
- Zwei Schrauben gleichmäßig ohne Verkanten ausdrehen (Zylinder steht unter Druck) und Kupplungsnehmer abnehmen.
- **Anzugsmoment** M6 x 18 .... 8 Nm

Kupplungsdruckstange
- Kupplungsdruckstange abnehmen.

Potenziometer
- Zwei Schrauben ausdrehen und Potenziometer der Ganganzeige abnehmen.

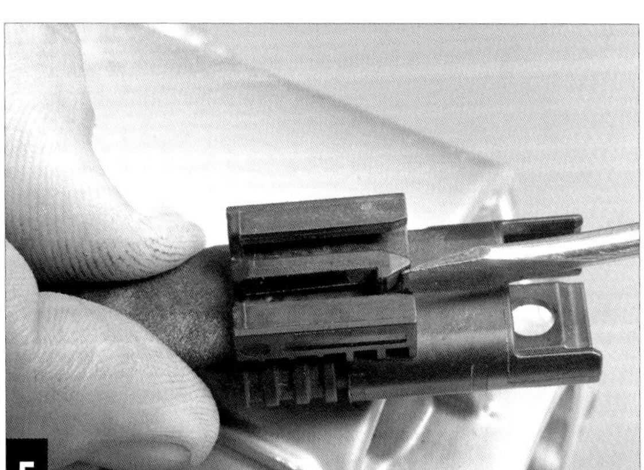

Stecker Potenziometer
- Haken mit kleinem Schraubendreher wegdrücken und Stecker vom Gehäuse abnehmen.

Kupplungsabdeckung
- Schraube (Pfeil) ausdrehen.

7

Befestigungsschrauben Getriebe

- Drei Schrauben ausdrehen und Getriebegehäuse abnehmen.

Anzugsmoment . . . .19 Nm

Einbau

- Verzahnung der Welle säubern und frisch schmieren (BMW empfiehlt MP 3).
- Gang einlegen und Getriebeabtriebswelle drehen, damit die Verzahnungen leichter ineinander greifen.

8

9

Entlüfterdom

- Hier kann auf dem Transport zur Fachwerkstatt bei ungünstiger Stellung Öl austreten.

Schaltwelle Wellendichtring

- Wellendichtring wie auf Seite 16 beschrieben ausbauen. Sitzfläche säubern und mit Bremsen-reiniger entfetten. Beim Einschlagen des neuen trockenen Gleichtrings Schlupfhülse benutzen.

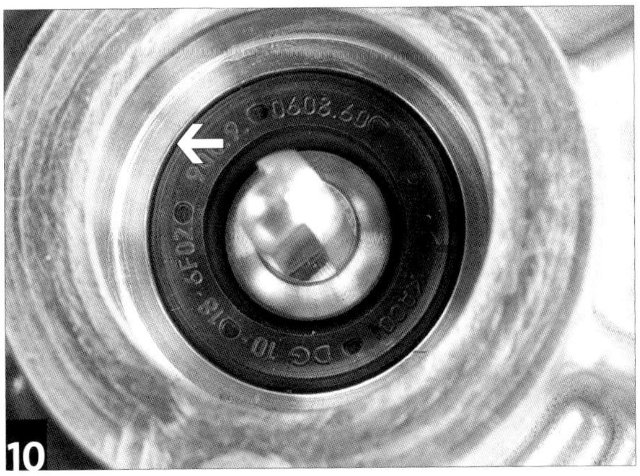
10

11

Potenziometer Wellendichtring

- Wellendichtring wie auf Seite 16 beschrieben ausbauen. Neuen WDR nicht bis zum Sitzgrund einschlagen, sondern nur bis zum Absatz (Pfeil).

Potenziometer

- Potenziometer mit einwandfreiem O-Ring anbringen. Passt nur in einer Stellung.

11 Kupplung

11.1 Aus- und Einbau

- Heckrahmen ausbauen (Seite 78).
- Getriebe ausbauen (Seite 86).
- Zum Zentrieren der Kupplung wird beim Einbau ein Zentrierdorn verwendet (BMW-Nr. 21 2 673). Das Zentrieren kann aber auch mithilfe des Getriebes improvisiert durchgeführt werden.

Deckelschrauben

- Kupplung mittels Absteckdorn oder 8 mm-Rundmaterial blockieren (siehe Bild 2 Seite 40).
- Schrauben schrittweise über Kreuz ausdrehen.
- **Anzugsmoment** M6 x 20 -10.9 .... 12 Nm

👁 Dicke der Kupplungsscheibe **2** Bild 2: Kupplungsscheibe auf Höhe der Nieten von Hand zusammendrücken und Dicke mit Messschieber messen.
Verschleißgrenze .... 4,5 mm

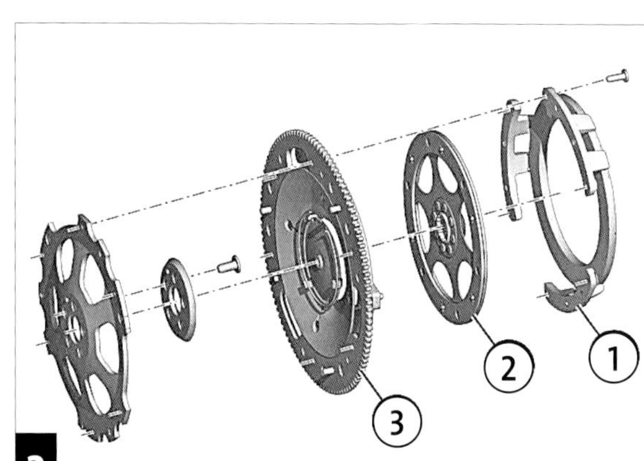

Kupplung

- Gehäusedeckel **1** von Kupplungsscheibe **2** und Druckplatte **3** abnehmen.

11

Kupplungsgehäuse

- Falls der Verdacht besteht, dass der Wellendichtring undicht ist (verölte Kupplungsscheibe), fünf Schrauben ausdrehen und Gehäuse abnehmen.

- Zum Gegenhalten Absteckdorn oder 8 mm-Rundmaterial (Pfeil) in Gehäusebohrung anbringen. **Anzugsmoment** M11 x 1,5 -12.9, neue Schrauben, geölt Voranzug............40 Nm
  Endanzug.............. 40°

Wellendichtring Kurbelwelle

- Dichtring (Pfeil) mit passendem Schraubendreher aushebeln oder wie auf Seite 68 Bild 3 gezeigt ausbauen. Maximaler Bohrer-Ø: 3 mm.

1 Bohrung für Nase/Stift Bild 6

- Zu Bild 5: Bereich des Dichtrings in Kurbelgehäuse und Kurbelwelle mit Bremsenreiniger säubern.
- Neuen Dichtring nicht von Hand vorformen, sondern mit passender Schlupfhülse trocken montieren.

Einbau

- Die Kupplungsteile sind jeweils feingewuchtet. Es ist keine bestimmte Stellung zueinander erforderlich.
- Einzelteile Bild 2 in Gehäuse anbringen und Schrauben Bild 1 locker eindrehen.
- Mit Zentrierdorn BMW-Nr. 21 2 673 Kupplungsscheibe ausrichten und Schrauben festziehen.
- Falls Dorn nicht zur Verfügung steht, kann die Kupplungsscheibe auch mit dem provisorisch montierten Getriebe zentriert werden (nur auf Passhülsen ansetzen, keine Schrauben eindrehen)
- Getriebe vorsichtig zentrisch wieder abziehen.
- Schrauben Bild 1 festdrehen.

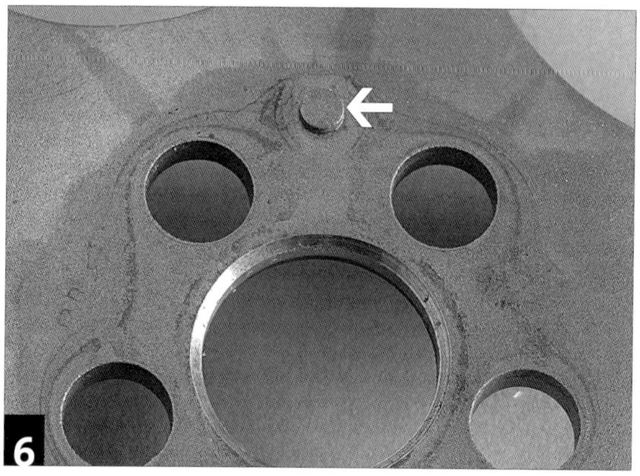

Kupplungsgehäuse

- Gehäuse so aufsetzen, dass Nase (Pfeil) in Bohrung **1** Bild 5 der Kurbelwelle eingreift.

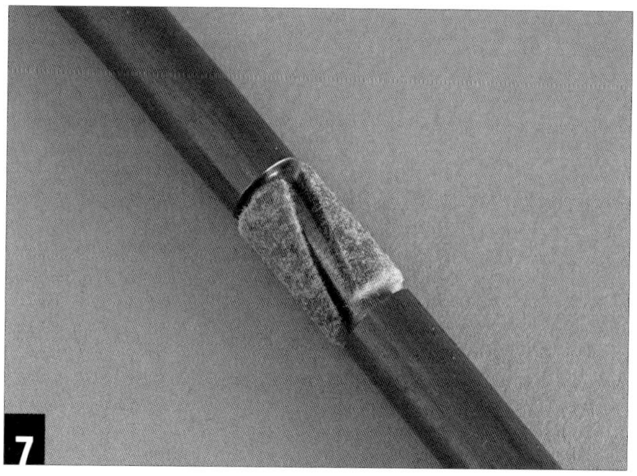

Druckstange

- Druckstange mit leicht geöltem Filz montieren (nach Getriebe-Montage).

12 Fahrzeug-Vorderteil

12.1 Aus- und Einbau

- Motorschutz ausbauen (Seite 27) und Motorhalter (Seite 15) einbauen. Ggf. improvisieren.
- Vorderrad sicher fixieren.
- Ansaugschnorchel ausbauen (Seite 34).
- Tank ausbauen (ab Seite 68).
- Radabdeckung oben abbauen (ab Seite 18).
- Scheinwerfer-/Instrumente-Kombination ausbauen (Seite 65).
- Battrie abklemmen (Seite 35) und Generator-Anschlüsse abnehmen (Seite 76).
- Massekabel und Klopfsensor-Stecker am Zylinderkopf trennen (Seite 102).
- Haupt- und Nebenzündspulen ausbauen (Seite 38 und 39).
- Getriebe-Potenziometer lösen (Seite 86).
- Ölkühler abbauen (Seite 151).
- Steuergeräte abbauen (Seite 162).

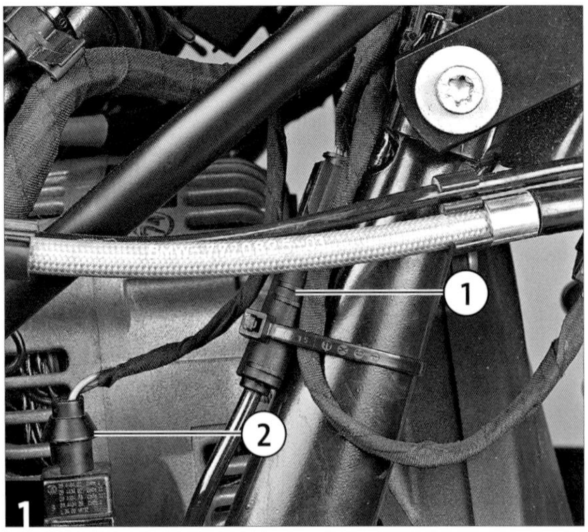

Motorsensoren
- Stecker Kurbelwellensensor **1** trennen und Stecker Öltemperatur-Fühler **2** abziehen.

Motormasse
- Motormasse am Motor lösen.

Ölkühlerleitung
- Ölkühlerleitung links und rechts vom Vorderbau lösen.

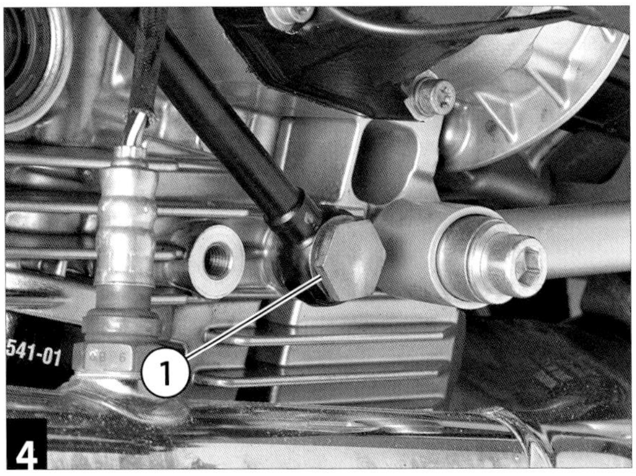

Ölkühlerleitung Rücklauf am Motor
- Auffanggefäß für Lecköl bereithalten und Hohlschraube **1** ausdrehen.

Ölkühlerleitung Vorlauf am Motor/Ölthermostat
- Zwei Schrauben ausdrehen (schon ausgedreht) und Flansch vom Ölthermostat abnehmen.
- Auf O-Ring **1** achten. Nur wie neu wiederverwenden!

2 Öltemperatur-Fühler

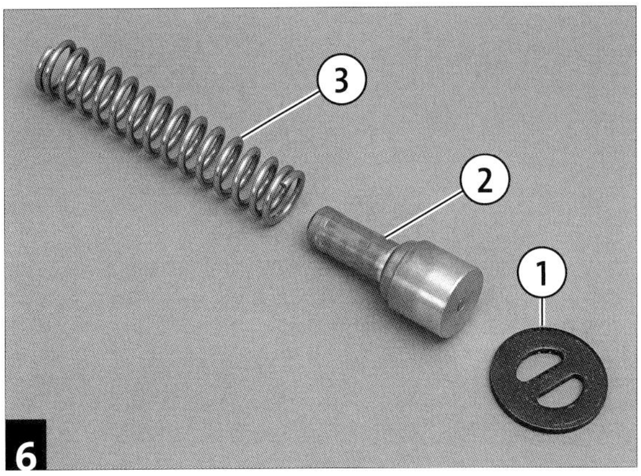

Ölthermostat
- Scheibe **1,** Ventilkolben **2** und Feder **3** ausbauen.

Längslenker am Motor
- Abdeckkappen abnehmen. Kühlrippen im Bereich des Längslenkers abkleben (Lackschutz)
- Schraube **1** ausdrehen und Achse nach links herausziehen.
- Schraube **2** links und rechts ausdrehen.

Längslenker Einbau
- Achse gefettet von links einschieben.

1 **Anzugsmoment** M12 x 20
Voranzug.................................... 45 Nm
Endanzug................................... 73 Nm

2 **Anzugsmoment** M10 x 40
neue Schraube (mikroverkapselt)............ 38 Nm

Federbein unten lösen
- Schraube **1** der unteren Federbeinaufnahme vorn mit Heißluftfön erwärmen (80 °C).
Schraube ausdrehen.

1 **Anzugsmoment** M10 x 50 x 1,25
neue Schraube (mikroverkapselt)
Kopf schmieren (Optimoly TA)................. 34 Nm

12 Fahrzeug-Vorderteil

12.1 Aus- und Einbau
Fortsetzung

Frontrahmen-Befestigung

- Mutter ausdrehen und Bolzen (Pfeil) herausziehen.
- Beim Einbau Bolzen gefettet einsetzen.
- **Anzugsmoment** Mutter M12 x 210
  mit Schraubensicherung mittelfest......... 110 Nm

Hupenstecker trennen (Pfeil)

Verkleidungshalter

- Ggf. Hupe mit Halter **1** abnehmen.
- Ggf. Bremsleitungshalter **2** abnehmen.
- Ggf. Schrauben **3** ausdrehen und Halter nach vorn abnehmen.

Scheinwerferhalter

- Ggf. zwei Schrauben links und rechts ausdrehen und Halter abnehmen. Mit Schraubensicherung montieren.

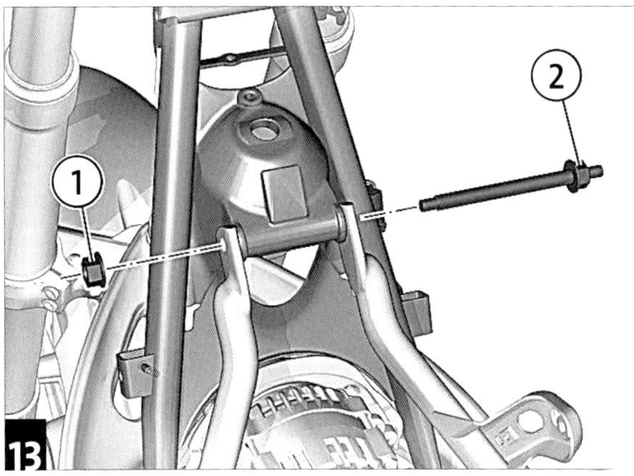

Einbau Rahmenstrebe Vorderrahmen

- Ggf. neuen Bolzen **2** (mikroverkapselt) leicht fetten und einschieben. An Mutter **1** anziehen.

2 **Anzugsmoment** M10 x 106 x 1 - 10.9 . . . . 110 Nm

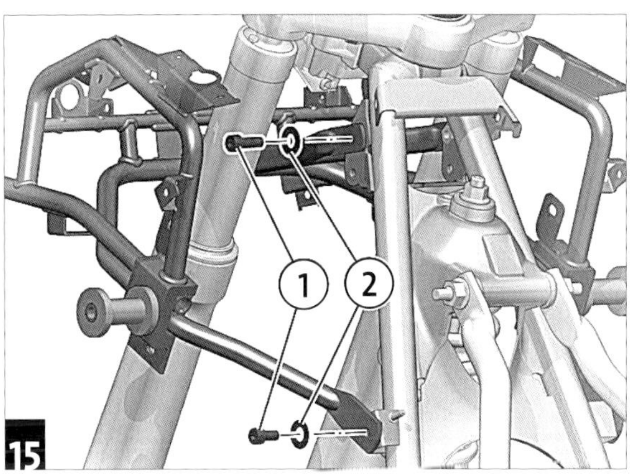

Einbau Verkleidungshalter

- Gewinde reinigen und Halter ansetzen.
- Schrauben **1** mit Scheiben **2** links/rechts eindrehen.

1 **Anzugsmoment** unten: M6 x 16; oben: M6 x 25
neue Schrauben (mikroverkapselt) . . . . 11 Nm

Bremsleitungshalter

- Beim Anziehen der Hohlschraube (neue Dichtringe verwenden) Halter am Sechskant gegenhalten.
Anzugsmoment M10 x 1
mit neuen Dichtscheiben . . . . 24 Nm

Einbau

- Vorderteil und Verkleidungshalter in umgekehrter Ausbau-Reihenfolge einbauen.

13 Ausgleichswelle Typ 307

13.1 Aus- und Einbau

- Diese Ausführung fand bis Oktober 2007 Verwendung. Die geänderte Ausführug ist im folgenden Kapitel beschrieben.
- Getriebe und Riemenrad-Abdeckung ausbauen (Seiten 76/86).

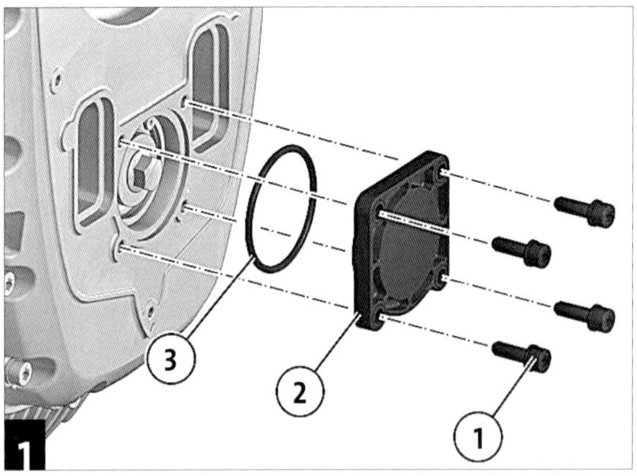

Abdeckung der Ausgleichswelle/Typ 307
- Vier Schrauben **1** ausdrehen und Deckel **2** mit O-Ring **3** abnehmen.

1 **Anzugsmoment** M6 x 20 .... 8 Nm

Riemenradmutter
- Zum Blockieren der Welle Riemenradmutter gegenhalten.

Ausgleichsgewicht
- Schraube (Pfeil) ausdrehen und Augleichsgewicht abnehmen.
  Anzugsmoment neue Dehnschraube M8x 70
  Voranzug 10 Nm   Endanzug 90°

Ausgleichsgewicht-Wellendichtring
- Kurbelgehäuse mit Holzstück schützen und Wellendichtring aushebeln.
- Bohrung des Wellendichtrings mit Bremsenreiniger säubern (öl- und fettfrei).

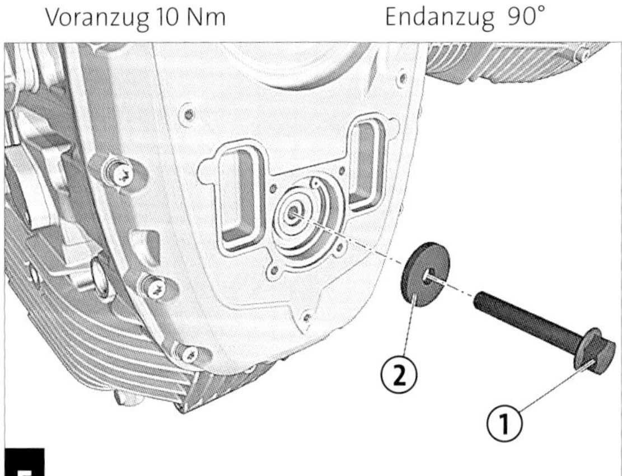

Ausgleichswelle vorn
- Schraube **1** ausdrehen und mit Scheibe **2** entnehmen.

1 **Anzugsmoment** M8 x 50 .... 19 Nm

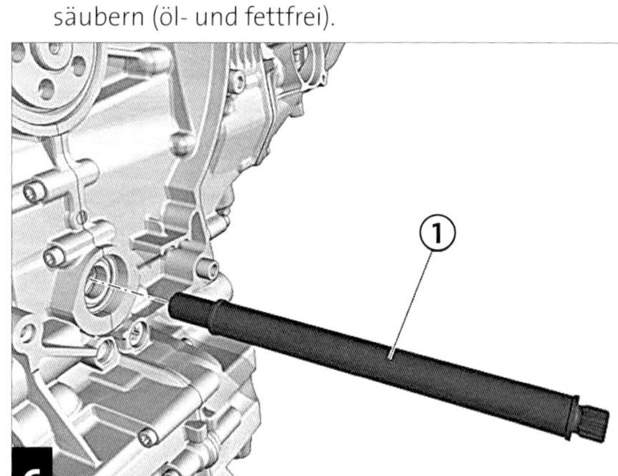

Ausgleichswelle
- Ausgleichswelle **1** nach hinten entnehmen.

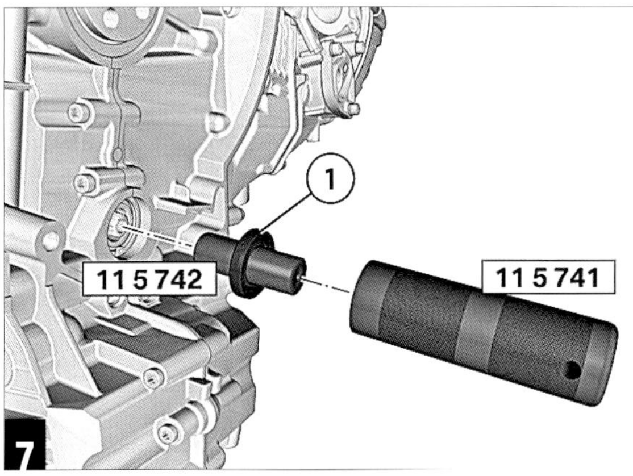

Wellendichtring 1 einbauen
- Schlüpfhülse BMW-Nr. 11 5 742
- Schlagdorn BMW-Nr. 11 5 741

Wellendichtring einbauen
- Ausgleichswelle von hinten einsetzen (Bild 6).

! Bei falscher Montage kann der Dichtring beschädigt werden.
Dichtlippe nicht von Hand vorformen.

- Dichtring trocken in öl- und fettfreie Bohrung verbauen.
- Wellendichtring über angefaste Seite der Schlupfhülse schieben.
- Wellendichtring mit Schlupfhülse und Schlagdorn bis auf Anschlag ins Kurbelgehäuse eindrücken.

Ausgleichsgewicht an Welle
- Ausgleichsgewicht so ansetzen, dass es in die asymetrischen Mitnehmer-Zapfen der Welle eingreift (passt nur in einer Stellung).

- Ausgleichswelle vorn befestigen (Bild 4).
- Abdeckung der Ausgleichswelle mit einwandfreiem O-Ring montieren (Bild 1).

13.2 Räderkastendeckel

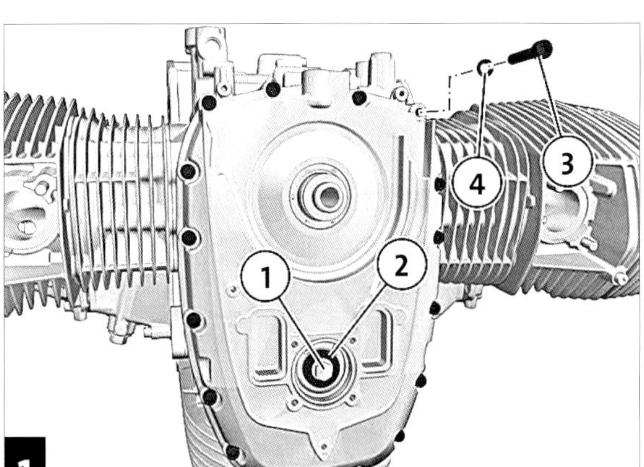

Räderkastendeckel
- 16 Deckelschrauben mit Scheiben schrittweise über Kreuz ausbauen. Schraube **1** ausdrehen und mit Scheibe **2** entnehmen (Bild 5).

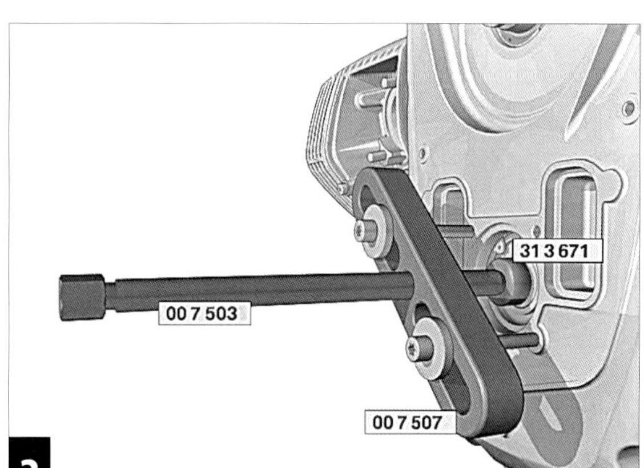

Räderkastendeckel
- Deckelschrauben mit Zweiarm-Abzieher ausbauen.
- BMW-Nr. im Bild.

14 Steuerräder & Ölpumpen

14.1 Ausbau

Auf Grund der Öl-/Fahrtwindkühlung werden zwei Ölpumpen verbaut: eine Pumpe ist für die Schmierung zuständig und eine für die Kühlung. Die Pumpen sind hintereinander im Gehäuse der Steuerräder an der Motorfront untergebracht.

- Die Arbeiten können bei eingebautem Motor durchgeführt werden.
- Kurbelwelle mittels Kupplungsgehäuse und 8 mm-Stift blockieren (Bild 2 Seite 40).
- Generator-Riemen ausbauen (Seite 76).
- Ausgleichsgewicht und -Wellendichtring ausbauen (Bild 3 und 4 Seite 94).

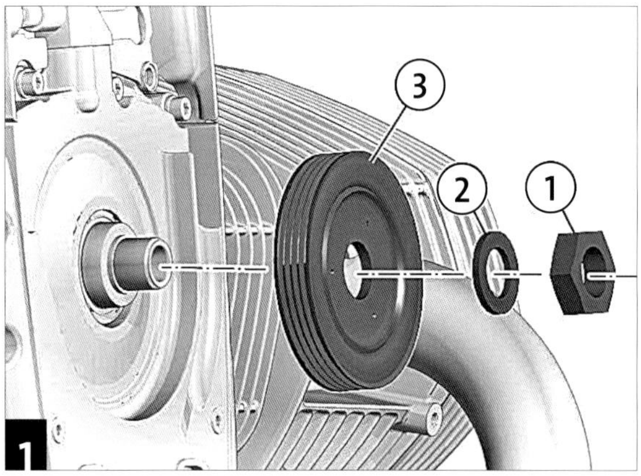

Riemenscheibe: Aus- und Einbau
- Motor blockieren und Mutter **1** ausdrehen.
- Scheibe **2** und Riemenscheibe **3** abnehmen.
  Anzugsmoment M22 x 1,5 Voranzug .... 9 Nm
  Endanzug ...... 140 Nm

Räderkastendeckel
- 16 Deckelschrauben schrittweise über Kreuz ausdrehen.
- Deckel mit Schlupfhilfe für WDR aufsetzen.
  Anzugsmoment M6 x 30 .... 9 Nm

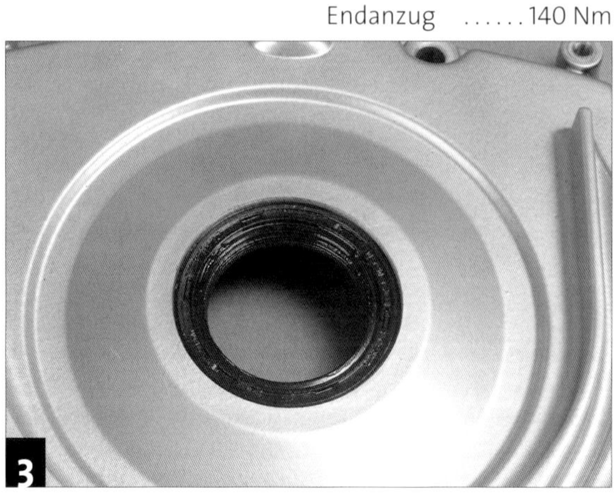

Wellendichtring Räderkastendeckel
- Mit passender Nuss herausschlagen. Neuen Wellendichtring trocken in fettfreien Sitzgrund einschlagen.

Zu Bild 4:
- Typ 307: Zahnrad (Spannzahnrad) bei Aus- und Einbau mit geeignetem Werkzeug ausrichten.

Zu Bild 5:
- Typ 307: Zahnrad von Hand abnehmen. Auf Verbleib des Wellenkeils achten.

Ausgleichswelle
- Kurbelwelle blockieren und Mutter ausdrehen.
  Anzugsmoment M12 x 1,5.................... 75 Nm

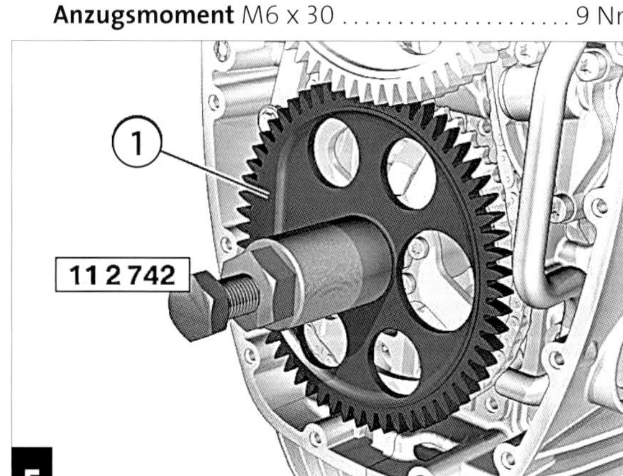

Zahnrad Ausgleichswelle
- Abzieher 11 2 742 Bild 2 Seite 14 aufdrehen und Zahnrad abdrücken.

Ausgleichswelle
- Sicherungsring (Bauart Seeger) ausbauen.
- 👁 Beim Einbau darauf achten, dass Sicherungsring sauber in seiner Nut Sitzt.

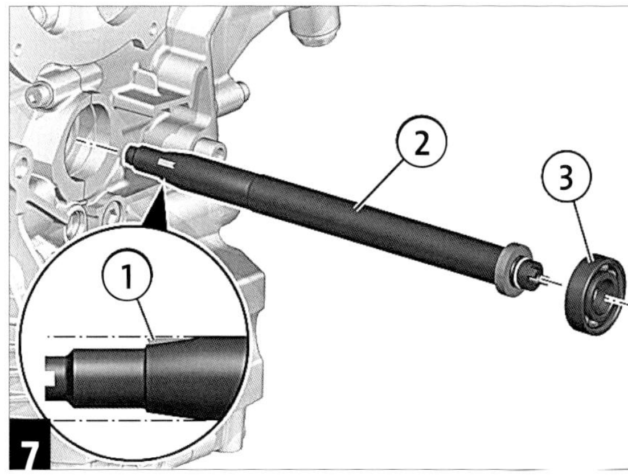

Ausgleichswelle
- Scheibenfeder **1** darf nicht überstehen, damit dass Lager der Nebenwelle nicht beschädigt wird.
- Augleichswelle **2** mit Lager **3** entnehmen.

Antriebsrad der Ausgleichswelle
- Abzieher (BMW-Nr. 11 2 741, im Bild Improvisation mit Werkstattbestand) aufschrauben und vorspannen.
- Antriebsrad im Bereich der Nabe erwärmen (80 °C) und mit Prellschlägen lösen.

Kühlölleitung
- Hohlschraube **1** mit Dichtringen ausbauen.
- Schrauben **2** ausdrehen, Kuhlleitung nach vorn klappen. Ggf. von Ölpumpe abnehmen.

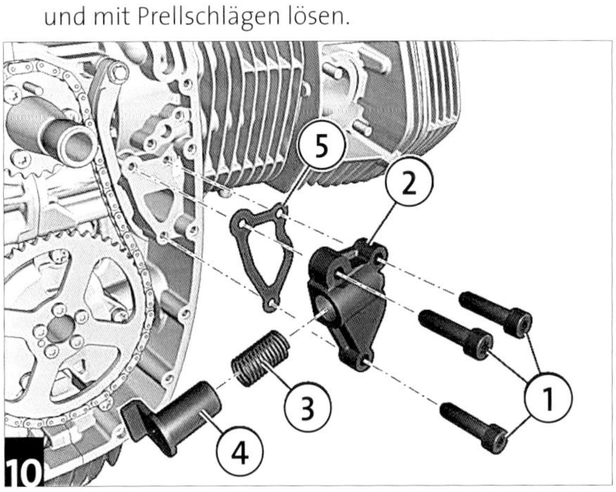

Steuerkettenspanner Kurbel-/Nebenwelle bis 2009
- Schrauben **1** ausdrehen. Gehäuse **2** mit Feder **3** und Kolben **4** abnehmen. Dichtung **5** abnehmen.
  Anzugsmoment M12 x 25 .... 8 Nm

Steuerkettenspanner Kurbel-/Nebenwelle ab 2010
- Steuerkettenspanner ohne Kolben/Federn.
- Drei Schrauben ausdrehen.
- Deckel/Federlager abnehmen.

→

14 Steuerräder & Ölpumpen

14.1 Ausbau

Fortsetzung

Kettenspannschiene

- E-Scheibe mit kleinem Schlitzschraubendreher aushebeln/abziehen.
- Distanzscheibe und Spannerschiene abnehmen.

Kettenführungsschiene

- E-Scheiben aushebeln/abziehen.
- Distanzscheibe und Führungsschiene abnehmen.

Kettenräder

- Schrauben **1** ausdrehen und Kettenräder gemeinsam mit Kette **2** abnehmen.

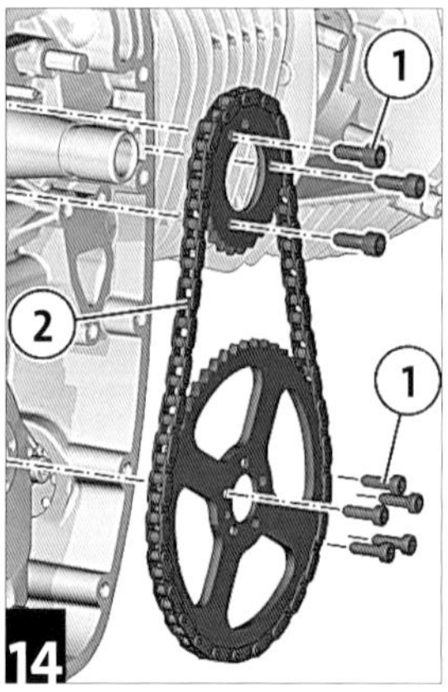

Ölpumpe

- Pumpe mit zwei Kammern: Sechs Schrauben ausdrehen und Deckel abnehmen.
- Innen- und Aussenrotoren entnehmen und so aufbewahren, dass sie in ursprünglicher Einbaulage wieder montiert werden können.

14.2 Prüfen und Vermessen

- Das Spitzenspiel der Rotoren und das Rotorspiel im Gehäuse (Radialspiel) mit Fühlerlehre messen.

  Verschleißgrenze

  Spitzenspiel (Innen-/Außenrotor) .... 0,25 mm
  Spiel Außenrotor/Gehäuse.................... 0,25 mm
  Die angegebenen Werte sind Faustwerte, werksseitig liegen keine Maßangaben vor.
- Dicke der Rotoren messen.

  Sollwerte

  Schmierölpumpenrotor............. 9,95 – 9,98 mm
  Kühlölpumpenrotor................. 10,95 – 10,98 mm

👁 Kleine Riefen können toleriert werden.

👁 Führungs- und Spannerschiene der Steuerkette wie die Schienen der Nockenwellen-Steuerkette untersuchen (Seite 112).

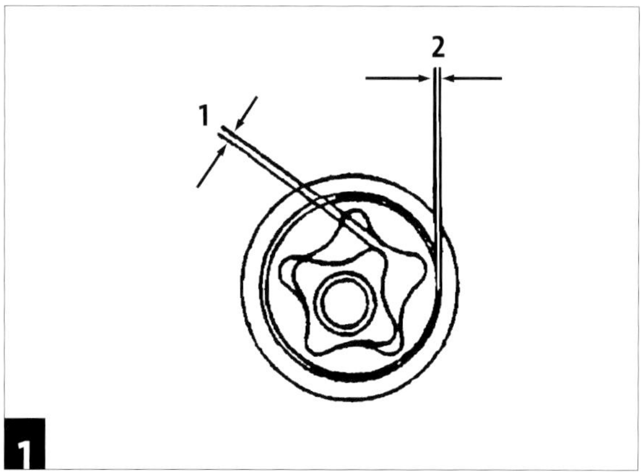

Ölpumpenspiel

1 Spitzenspiel
1 Außenrotor/Gehäuse

14.3
Einbau

Schmierölpumpe
- Festsitz von Wellenkeil und Passhülsen kontrollieren.

Schmierölpumpe
- Außenrotor aufsetzen: Markierung weist nach außen.

Ausgleichswelle
- Ausgleichswelle mit neuem Lager montieren (Bild 7 Seite 97).

Ausgleichsgewicht
- Ausgleichsgewicht mit neuer Schraube montieren (Bild 3 Seite 94).
- Pumpengehäuse und Rotoren vor Einbau reichlich ölen.

Kühlölpumpe
- Innenrotor auf Wellenkeil (Pfeil) ausrichten.
- Innen- und Außenrotor aufsetzen: Markierungen weisen nach außen.

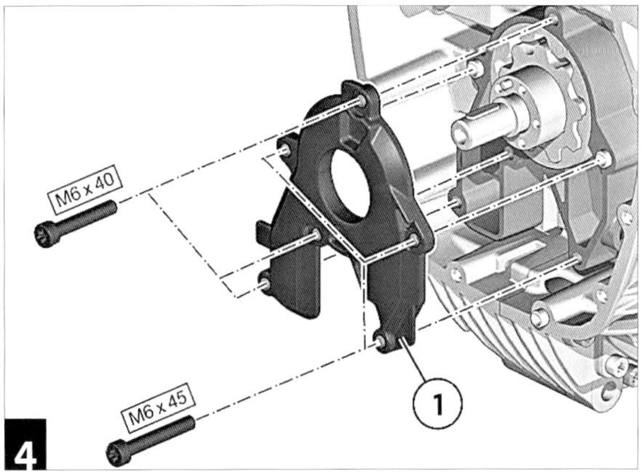

Ölpumpeneckel
- Deckel **1** aufsetzen und Schrauben eindrehen.
  Anzugsmoment M6, Schrauben erneuern
  Voranzug 4 Nm Endanzug 90°

Ölpumpeneckel
- 👁 Kurbelwelle und Nebenwelle so ausrichten, dass deren Fixierstifte nach oben weisen und auf einer Linie mit der Gehäusenaht liegt.

- 👁 Stellung der Wellen entspricht »Zünd-OT« für Zylinder rechts.

14 Steuerräder & Ölpumpen

14.3 Einbau
Fortsetzung

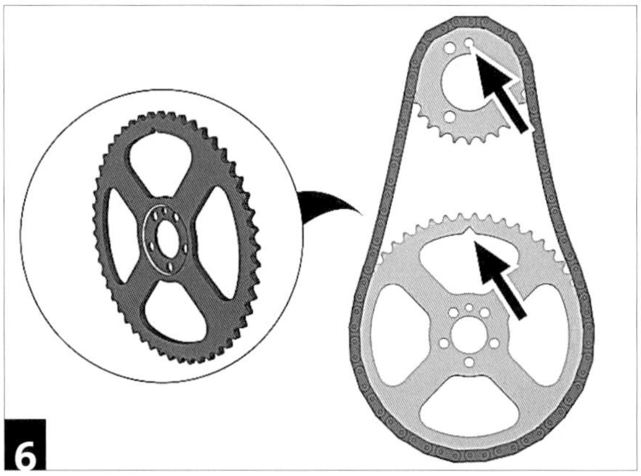

6

Steuerkettensatz
- Steuerkettensatz vormontiert ansetzen.
- Markierungen (Pfeile) weisen nach oben.
- Kettenrad so anbringen, dass Absatz zu Motor weist.

7

Kettenritzel auf Kurbelwelle
- Drei Schrauben eindrehen.
- **Anzugsmoment** M6 x 16. . . . . 8 Nm

8

Kettenrad auf Nebenwelle
- Fünf Schrauben eindrehen.
- **Anzugsmoment** M6 x 16 - 10.9. . . . . 8 Nm
- Motor durchdrehen und Stellung im Bild gezeigt halten.

9

Kettenführungsschiene
- Führungsschiene aufsetzen (Bild 13 Seite 98). Distanzscheibe und E-Scheibe oben und unten anbringen.

10

Steuerkettenspanner Kurbel-/Nebenwelle
- Dichtung anbringen und Deckel/Gehäuse montieren.
- Spannschiene einsetzen.

11

Steuerkettenspanner Kurbel-/Nebenwelle
- Deckel/Gehäuse vorhebeln und zwei restliche Schrauben eindrehen.

12

Ölkühlleitung

- Ölkühlleitung mit zwei neuen Dichtungen anbringen (Bild 9 Seite 97).

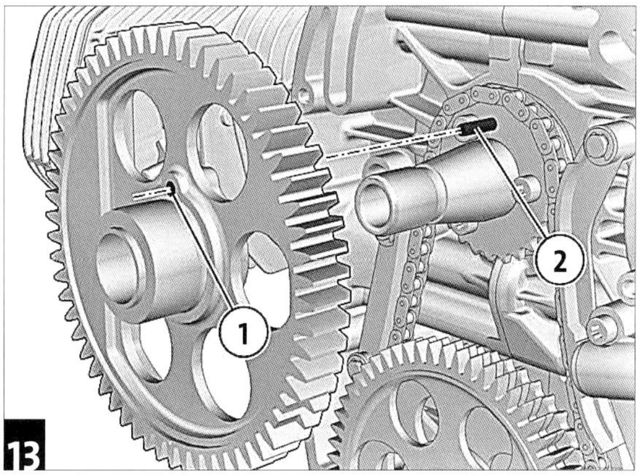

13

Antriebsrad der Ausgleichswelle

- Konus und Nabe reinigen (Bremsenreiniger).
- Antriebsrad so einbauen, dass Stift **2** vollständig in Bohrung **1** von Zahnrad eingreift.
- Zahnräder ausrichten siehe Bild 14.

14

Antriebsrad der Ausgleichswelle

- Punktmarkierung sitzt zwischen Strichmarkierung.

15

Antriebsrad der Ausgleichswelle

- Riemenscheibe mit Schrift nach außen weisend aufsetzen und anziehen, damit sich Zahnrad setzt.
  Anzugsmoment M22 x 1,5 Voranzug .... 8 Nm
  Endanzug .... 140 Nm

- Mutter und Riemenscheibe wieder abnehmen (Bild 15).
- Mutter Bild 4 Seite 96 einbauen.
- Räderkastendeckel montieren.
- Riemenscheibe montieren.

15 Zylinderkopf

15.1 Ausbau

Die Zylinderköpfe können bei eingebautem Motor demontiert werden – so leicht wie wohl bei keiner anderen Motorenbauart. Der Ausbau der Ventile ist nur bei entsprechendem Schadensbild notwendig, d.h. bei »rauchendem« Motor, und zwar im Schiebebetrieb. Dabei »saugt« der Motor durch ausgeschlagene Ventilführungen bzw. verschlissene Ventilschäfte Öl in den Verbrennungsraum. Damit einher geht oft auch der undichte Ventilsitz: Der Ventilteller wandert und verbreitert immer mehr seine Dichtfläche, dichtet nicht mehr richtig gegen seinen Sitz ab und der Druck entweicht. Was sich in nachlassender Leistung bemerkbar macht. Das Erneuern der Ventile und Führungen muss der Fachwerkstatt überlassen werden, die über das entsprechende Spezialwerkzeug zum genauen Einpassen der Führungen und Nachfräsen der Ventilsitze verfügt.

- Zylinderkopf-Deckel und Zündkerzen ausbauen (ab Seite 38/40).
- Schalldämpfer und Krümmer ausbauen (ab Seite 80).

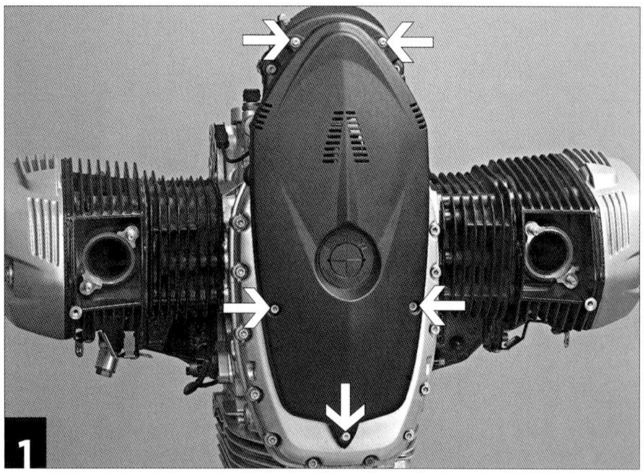

Riemenabdeckung aus-/einbauen

- Fünf Schrauben ausdrehen und Deckel abnehmen.
- Motor an der Riemenrad-Mutter auf Stellung OT drehen. Alternativ mit eingelegtem höchstem Gang und freistehendem Hinterrad arbeiten.

Linker Zylinderkopf ohc

- Zum Wechsel der **Kipphebel** oder **Kipphebelachsen** den Steuerungsträger nicht ausbauen, sondern betreffenden Zylinder auf Zünd-OT stellen und mit Arbeitsschritt Bild 10 fortfahren.

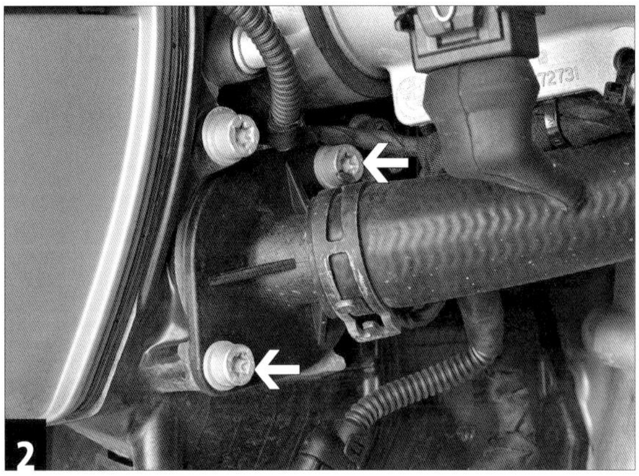

Kurbelgehäuse-Entlüftungsschlauch links/ohc

- Schelle mit passender Zange aufbiegen und auf Schlauch nach hinten schieben.
- Schlauch vom Stutzen abziehen.
- Zwei Schrauben ausdrehen und Stutzen abnehmen.

Öldruckschalter

- Öldruckschalter-Stecker trennen.

- Drosselklappen-Stutzen des betreffenden Zylinders ausbauen (ab Seite 73).
- Kurbelwelle an der Riemenscheibe in Drehrichtung des Motors auf Zünd-OT des linken Zylinders drehen. Alternativ kann auch der höchste Gang eingelegt werden und am Hinterrad gedreht werden (siehe Ventilspieleinstellung ab Seite 40).
- Im Zünd-OT haben alle Kipphebel bzw. Schlepphebel Spiel, die Ventile sind geschlossen und der andere/rechte Zylinder steht im Überschneidungs-OT (kein Spiel spürbar).
- **ohc**: Zusätzlich **kann** der Motor mit Absteckdorn blockiert werden (Seite 40), empfiehlt sich aber.
- **dohc**: Der Motor **muss** mit Absteckdorn blockiert werden (Seite 40).

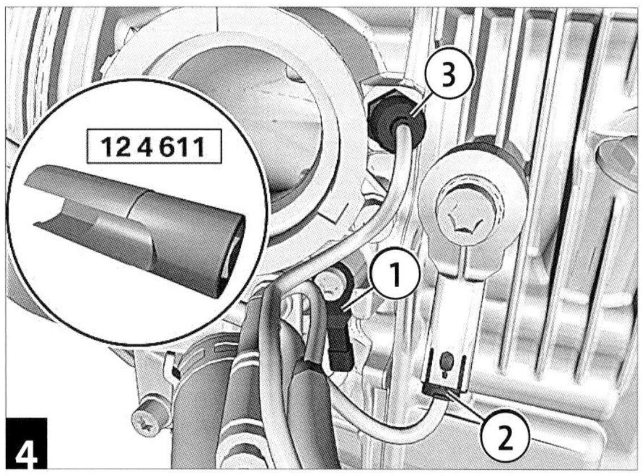

Stecker trennen

- Massekabel **1**, Klopfsensorstecker **2** trennen.
- Temperatursensor-Stecker **3** mit geschlitzter Stecknuss (BMW-Nr. 12 4 611), die leicht selbst angefertigt werden kann, ausdrehen.

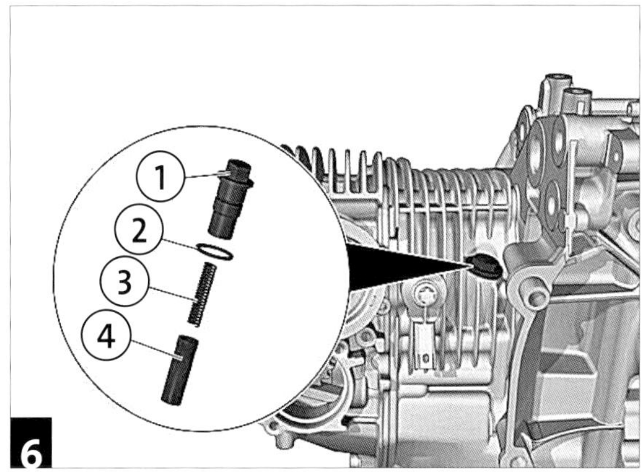

Zu Bild 6:

- Zu sehen ist der Kettenspanner der ersten Serie.

Entlüfter-Flügelrad links/ohc

- Schraube (Pfeil) ausdrehen und Flügelrad abnehmen.

Steuerkettenspanner links/ohc

- Verschlussschraube **1** ausdrehen.
- Dichtring **2** entsorgen, Neuteil verbauen.
- Feder **3** und Kolben **4** entnehmen.

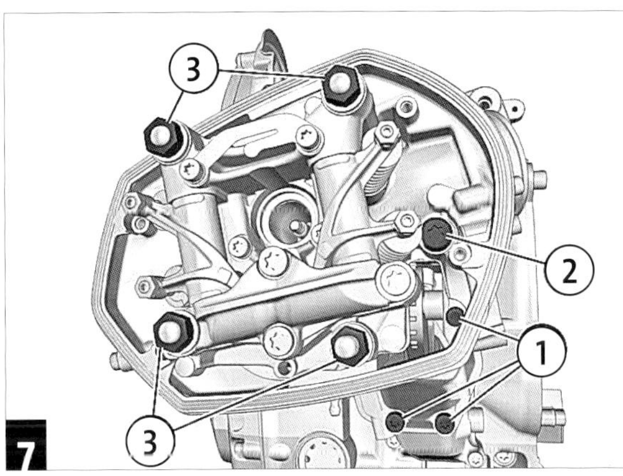

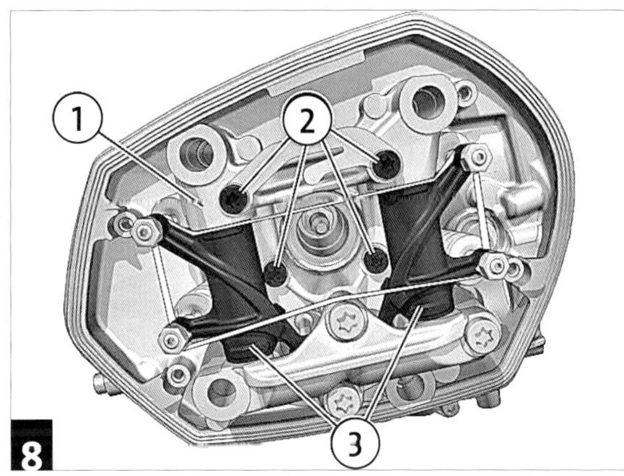

- Zum Wechsel der Kipphebel oder Kipphebelachsen den Steuerungsträger nicht ausbauen (Bild 10).

Zylinderkopf links/ohc

- Zuerst Schrauben **1** und **2** ausdrehen.
- Muttern **3** über Kreuz lösen und mit Scheiben abnehmen.
- Zylinderkopf abnehmen und Dichtung entsorgen.

Steuerungsträger ausbauen/ohc

- Kipphebel **3** mit Gummiband fixieren und Schrauben **2** ausdrehen.
- Steuerungsträger **1** ggf. vorsichtig und bedacht mit kleinem Gummihammer lockern und abnehmen.

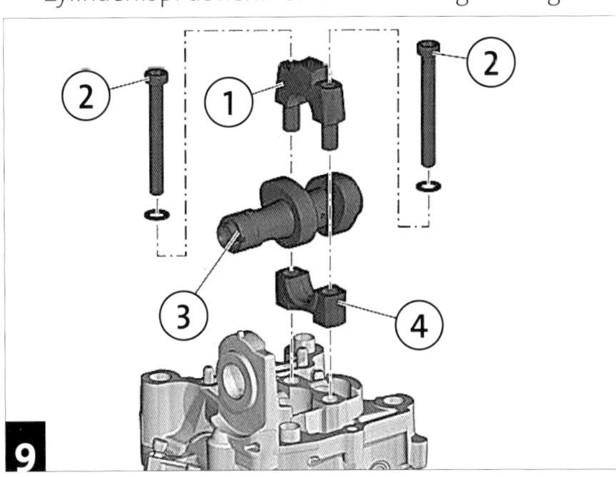

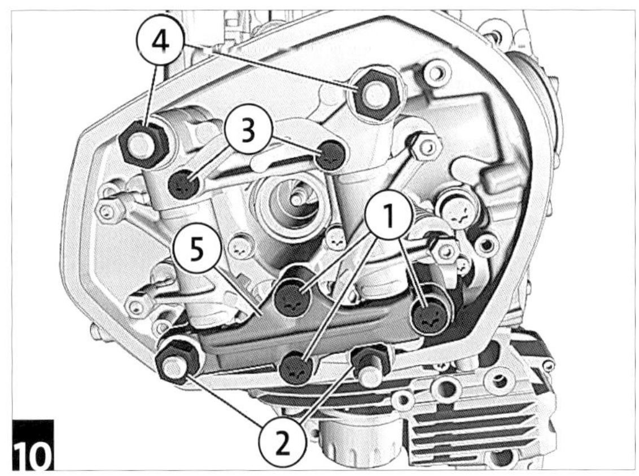

Nockenwelle/ohc

- Schrauben **2** und Lagerdeckel **1** ausbauen.
- Nockenwelle **3** und Spurlagerdeckel **4** ausbauen.

Kipphebel und -Achsen/ohc ohne Zylinderkopf-Ausbau

- Schrauben **1** und **3** (mit Kontaktfeder) ausbauen.
- Zylinderkopfmuttern **2** ausdrehen und Lagerbrücke **5** abnehmen. Zylinderkopfmuttern **4 nur lockern**!

15 Zylinderkopf

15.1 Ausbau

Fortsetzung

! Einbaulage der Kipphebel **3**, -Achsen **1** und Stößel **2** so kennzeichnen oder ablegen, dass sie nicht verwechselt werden können. Sie müssen in ursprünglicher Einbaulage wieder verbaut werden.

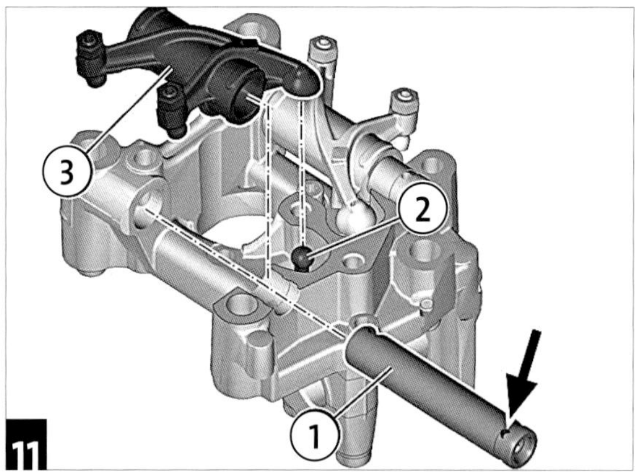

Kipphebel und -Achsen/ohc

- Mit passendem Dorn in der Bohrung (Pfeil) Achse hin- und herdrehen und Achse herausziehen.
- Kipphebel **3** abnehmen.

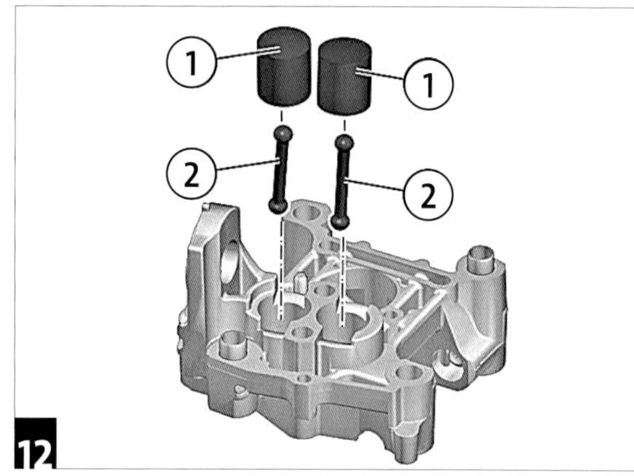

Tassenstößel und Stößelstangen/ohc

- Tassenstößel **1** und Stößelstangen **2** abnehmen.
- In ursprünglicher Einbaulage wieder verbauen.

Rechter Zylinderkopf ohc

- Beide Zylinderköpfe werden prinzipgleich behandelt. Im Folgenden werden nur die feinen Unterschiede behandelt.
- Rechten Zylinder/Kolben in Stellung Zünd-OT drehen (Spiel an beiden Kipphebeln spürbar).

Nockenwellendeckel rechts/ohc (Nockenwellensensor)

- Zwei Schrauben (Pfeile) ausdrehen und Deckel mit Dichtring (O-Ring) abnehmen.

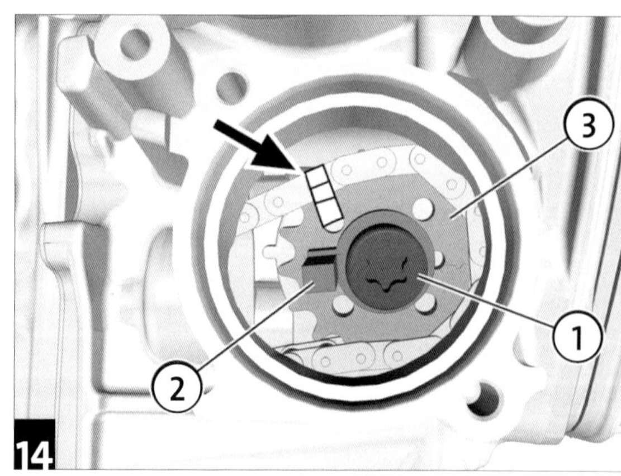

Geber Nockenwellen-Sensor/ohc

- Steuerkette mit Kabelbinder am Kettenrad fixieren.
- Schrauben **1** ausdrehen und mit Gebernase **2** abnehmen.
- Kettenrad **3** von Nockenwelle abnehmen.

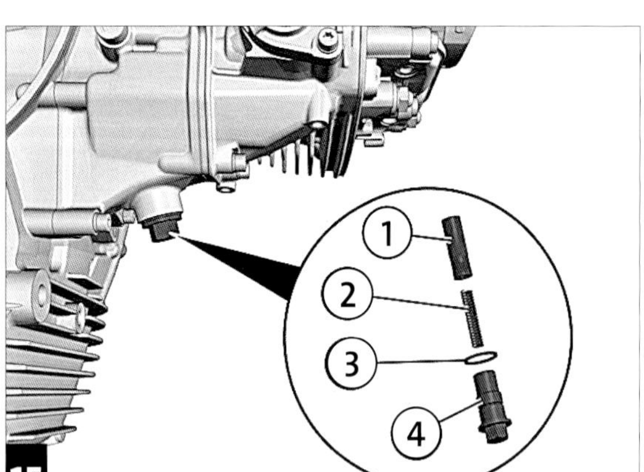

Steuerkettenspanner rechts/ohc

- Verschlussschraube **4** ausdrehen.
- Dichtring **3** entsorgen.
- Feder **2** und Kolben **1** entnehmen.

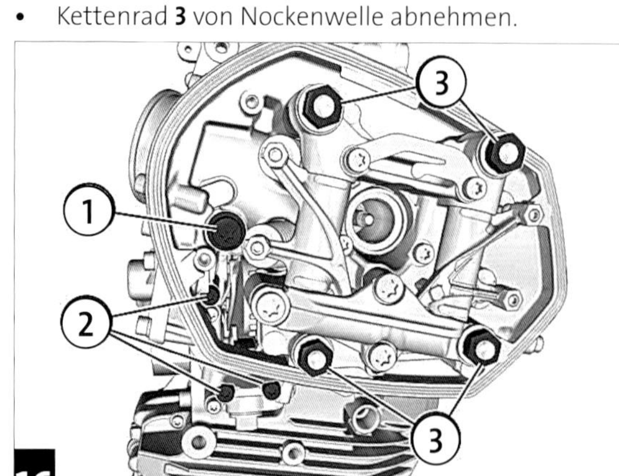

Zylinderkopf rechts/ohc

- Schrauben **1** und **2** ausbauen. Zugankermuttern **3** über Kreuz lösen und mit Scheiben abnehmen.
- Zylinderkopf abnehmen und Dichtung entsorgen.

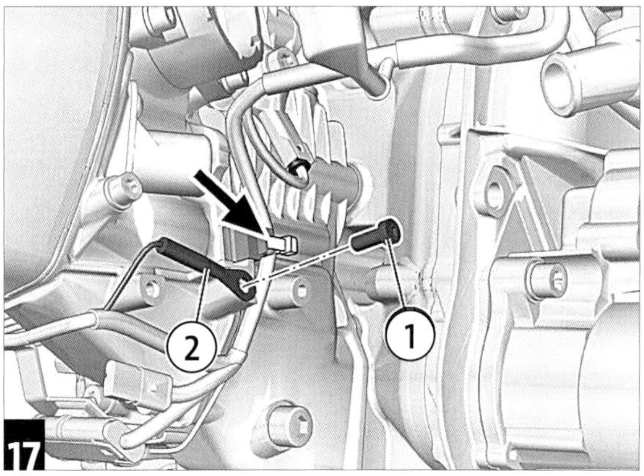

17

Massekabel/dohc

- Kabelbinder (Pfeil) lösen.
- Schraube **1** ausdrehen und Massekabel **2** abnehmen.

18

Verschiebeschutz ausbauen/ohc

- Verschiebeschutz (Pfeil) von Hand abnehmen

Linker Zylinderkopf
dohc

! Beim Ausbau der dohc-Zylinderköpfe gilt es besonderes zu beachten:

! Die korrekte Montage erfordert das BMW-Spezialwerkzeug zur Vorspannung der Steuerkette beim Befestigen der Kettenräder an den Nockenwellen. Das lässt sich nur unschön umgehen, indem die Kettenräder an den Nockenwellen montiert bleiben, der Lagerbock/Steuerungsträger gelöst wird, die Gleit- und die Spannerschiene ausgebaut – besser gesagt herausgewurstelt – werden und der Lagerbock der Nockenwellen komplett abgenommen wird.
Der Spielraum zum Ausfädeln der Kettenräder von der Kette ist jedoch so gering, dass das zu einer Geduldseselei ersten Ranges ausartet – da muss der Versatz um jedes Zähnchen teuer erkämpft werden, bis der Urzustand wieder erreicht ist. So gelingt zwar auch der Rückbau, allerdings empfiehlt es sich anschließend die Justage der Kettenräder nochmals in der BMW-Werkstatt durchführen zu lassen, die über das Werkzeug Nr. 11 1 514 verfügt. Das Werkzeug Nr. 11 1 511 kann immerhin relativ einfach selbst hergestellt werden. (Siehe Seite 15.)

- Kurbelgehäuse-Entlüftungsschlauch abnehmen (Bild 2; wie ohc).
- Linken Zylinder auf Zünd-OT stellen und blockieren (Seite 40).

19

Stützelement/dohc

- Schraube (Pfeil) ausdrehen und Stützelement abnehmen.

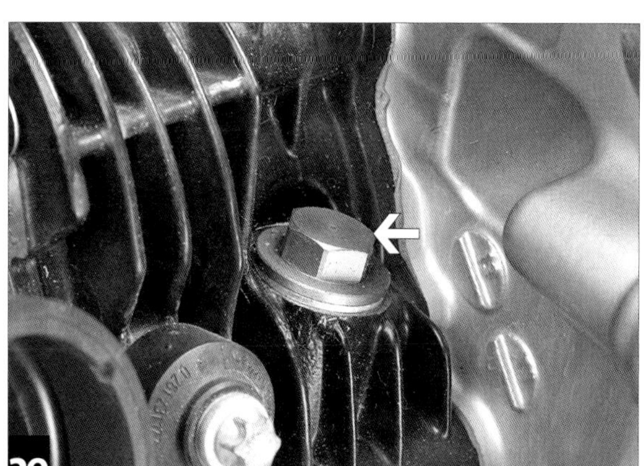
20

Steuerkettenspanner links

- Verschlusschraube ausdrehen (SW 15) und Feder mit Kolben entnehmen.
- Dichtring entsorgen (Neuteil montieren).

15 Zylinderkopf

15.1 Ausbau
Fortsetzung

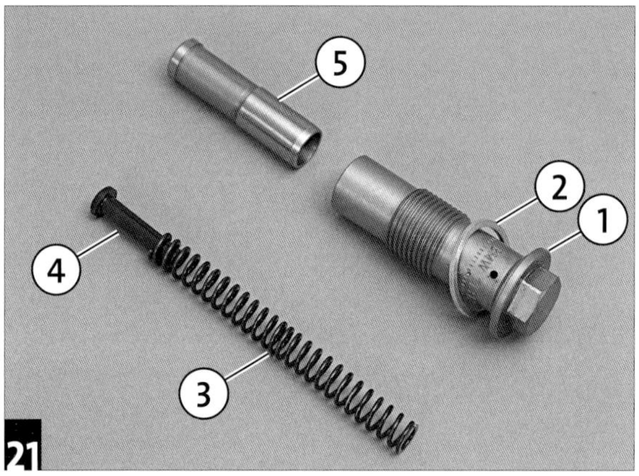

Steuerkettenspanner links/dohc
- Verschlusschraube **1** ausdrehen.
- Dichtring **2** entsorgen. Feder **3,** Führungsstück **4** und Kolben **5** entnehmen.

Kurbelgehäuse-Entlüftungsschlauch links/dohc
- Zwei Schrauben **3** ausdrehen und Stutzen **1** mit Lufttricher **2** abnehmen.

3 **Anzugsmoment** M6 x 16 (mikroverkapselt) . . . 8 Nm

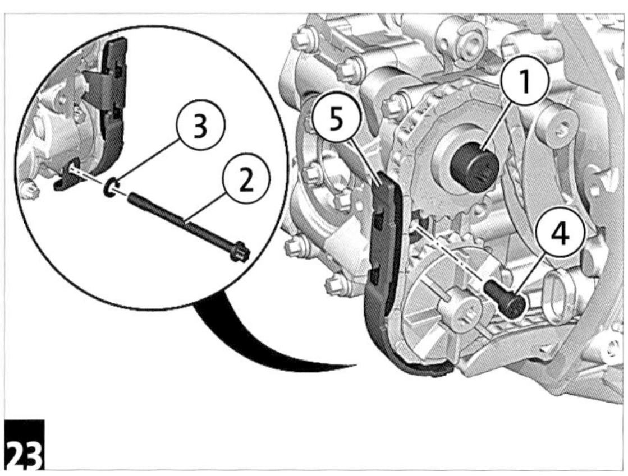

Überspringschutz/dohc
- Schrauben **1** lockern. Schraube **2** ausdrehen und mit Scheibe **3** abnehmen**.**
- Schraube **4** ausdrehen und Überspringschutz **5** abnehmen.

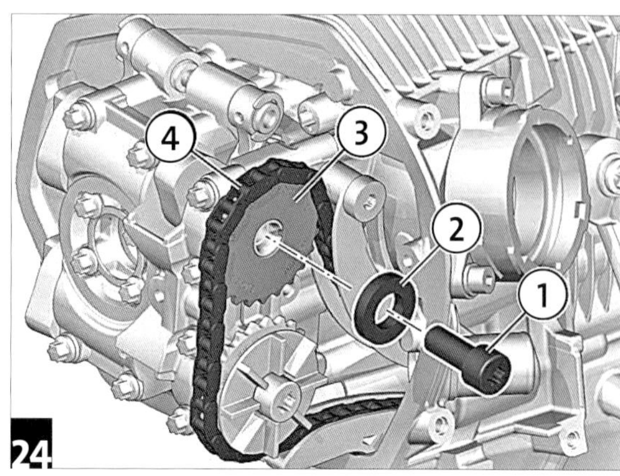

Nockenwellenrad oben links/dohc
- Schraube **1** ausdrehen und mit Scheibe **2** abnehmen.
- Kettenrad **3** mit Kette **4** abnehmen.
- Kette vom unteren Kettenrad abnehmen.

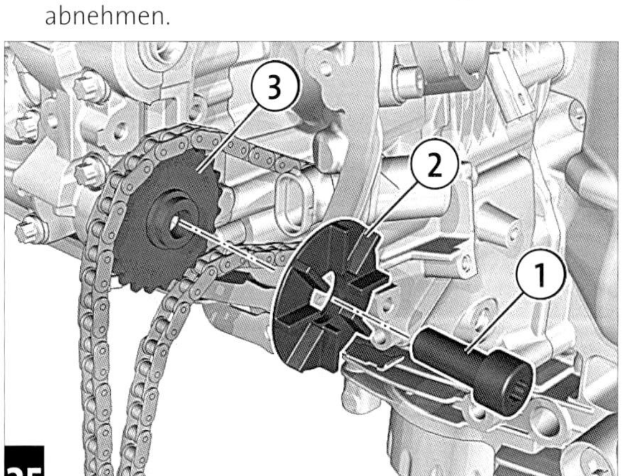

Nockenwellenrad unten links/dohc
- Schraube **1** ausdrehen und mit Entlüfterscheibe **2** abnehmen.
- Kettenrad **3** mit Kette abnehmen.

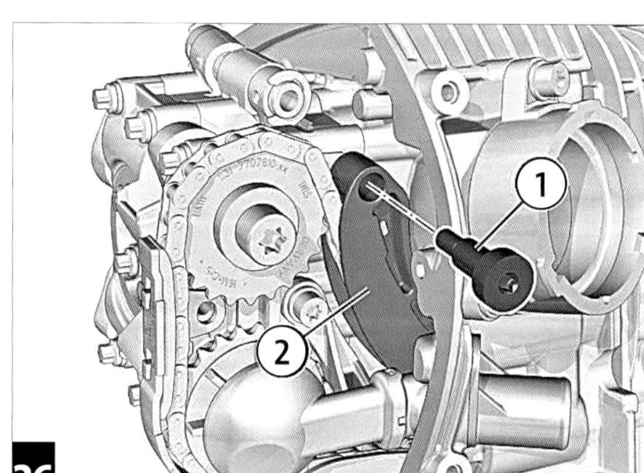

Steuerketten-Spannschiene links/dohc
- Schraube **1** der Spannschiene **2** ausdrehen.
- Spannschiene entnehmen.

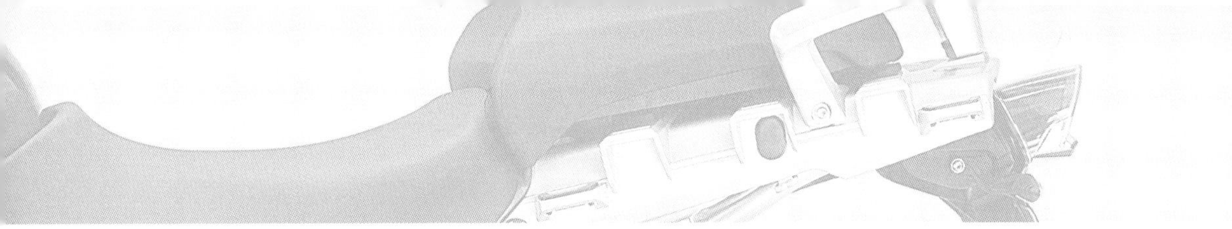

15

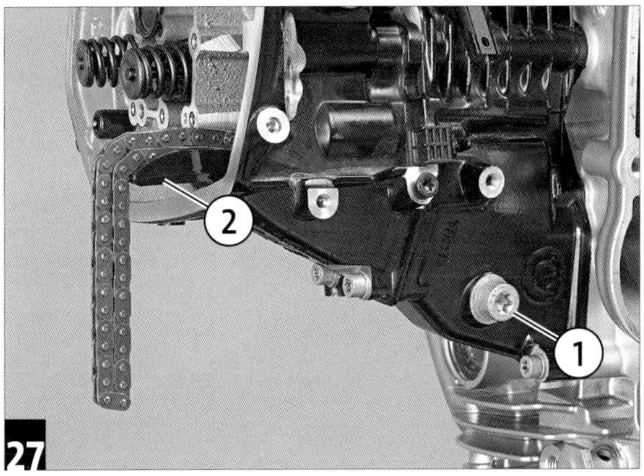

Steuerkettenschiene/dohc

- Schraube **1** ausdrehen und Kettengleitschiene **2** entnehmen.
- **Anzugsmoment** M10 mit Dichtring .... 18 Nm

Zündspulenhalter links/dohc

- Zwei Schrauben (Pfeile) ausdrehen und Halter abnehmen.

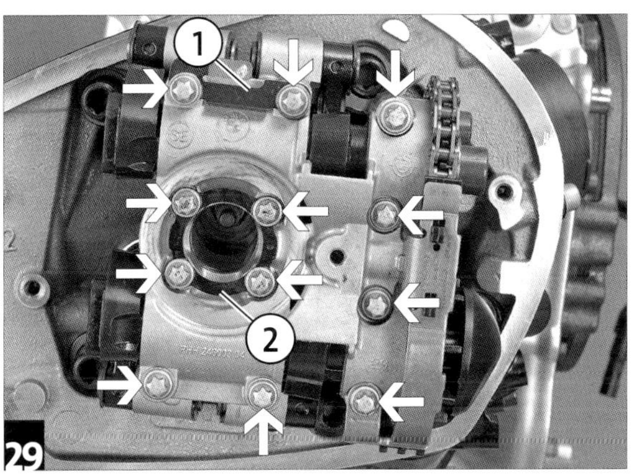

Steuerungsträger links ausbauen/dohc

- Schrauben ausdrehen und Scheiben abnehmen. Dabei auf Federblech **1** und Dichtring **2** achten.
- Auf Verbleib des Dichtrings im Kerzenschacht achten, siehe Bild 31.

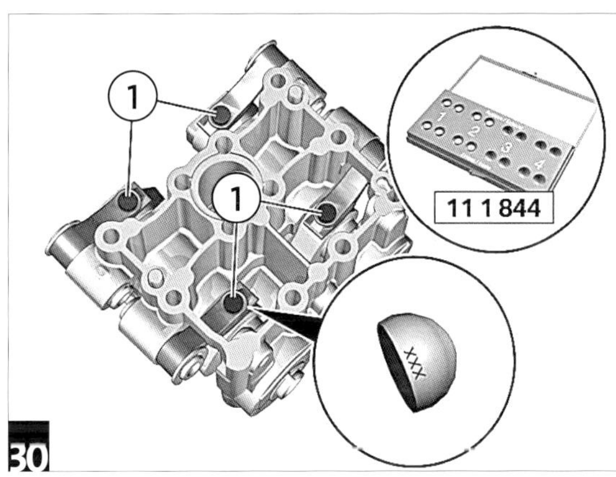

Lagerbock/Steuerungsträger/dohc

- Halbkugeln **1** entnehmen und säuberlich aufbewahren, damit sie in ursprünglicher Einbaulage wieder montiert werden können.

! Steuerungsträger vorsichtig abnehmen – Halbkugeln nicht verlieren!

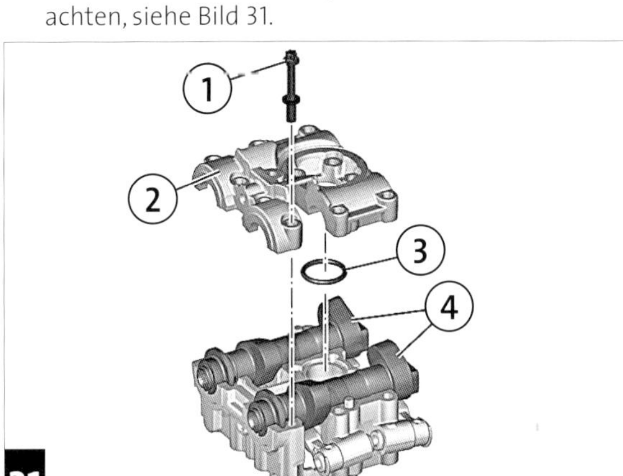

Nockenwellen/dohc

- Schraube **1** ausdrehen und Lagerdeckel **2** abnehmen.
- Nockenwellen **4** und Dichtring **3** entnehmen.

Zylinderkopfschrauben/dohc

- Schrauben (Pfeile) ausdrehen und mit Scheiben abnehmen. Schrauben im Kettenschacht vorsichtig ausbauen, damit sie nicht ins Kurbelgehäuse fallen!

→

15 Zylinderkopf

15.1 Ausbau
Fortsetzung

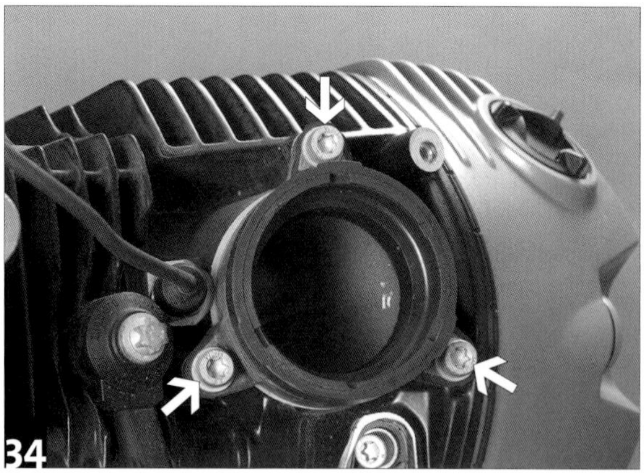

Zylinderkopfschrauben/dohc
- Vier Muttern über Kreuz lockern, dann ganz ausdrehen.
- Zylinderkopf und Dichtung abnehmen.Dichtung entsorgen.

Ansaugstutzen
- Drei Schrauben ausdrehen und Ansaugstutzen abnehmen.

Rechter Zylinderkopf dohc
- Beide Zylinderköpfe werden prinzipgleich behandelt. Im Folgenden werden nur die feinen Unterschiede behandelt.
- Rechten Zylinder/Kolben in Stellung Zünd-OT drehen (Spiel an allen Schlepphebeln spürbar).

Temperatursensor links
- Sensor mit geschlitzter Stecknuss (BMW-Nr. 12 4 611; kann leicht selbst angefertigt werden) ausdrehen.

Elektrik-Anschlüsse links/dohc
- Nockenwellensensor **1** und Masse-Anschluss **2** abnehmen.

1 Anzugsmoment M6 x 16 . . . . 8 Nm

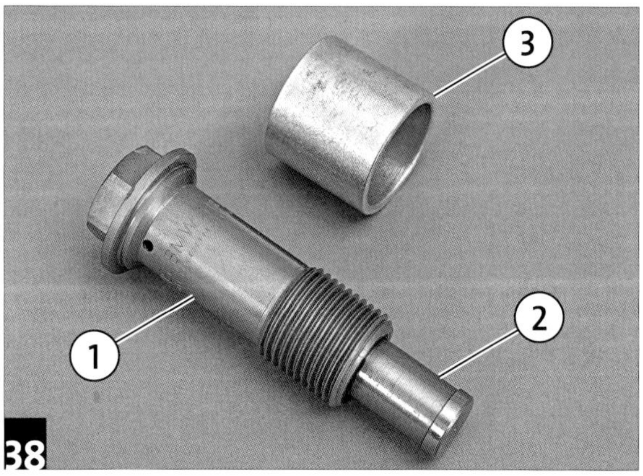

Steuerkettenspanner rechts
- Verschlusschraube ausdrehen (SW 17).

Steuerkettenspanner rechts/dohc

1 Verschlusschraube
2 Kolben mit Feder
3 Distanzstück

Kettengleitschiene rechts/dohc

- Schraube **1** der Kettengleitschiene **2** ausdrehen.

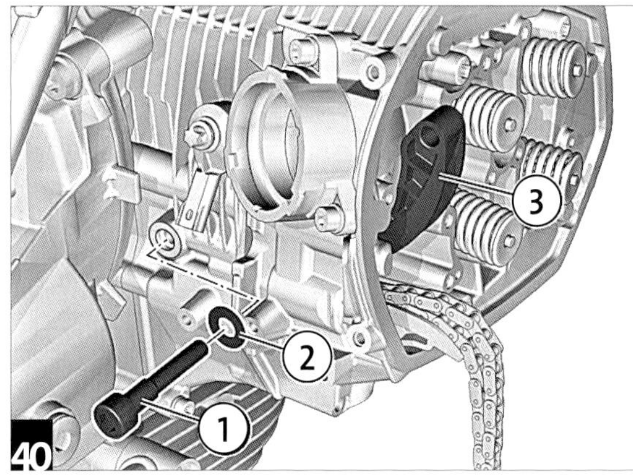

Spannschiene rechts/dohc

- Steuerungsträger ausbauen (wie links).
- Schraube **1** mit Scheibe **2** ausdrehen und Spannschiene **3** entnehmen.

Ventile ohc und dohc

- 👁 Dichtheit der Ventilsitze im eingebauten Zustand prüfen.
- Die Beispielfotos stammen von der F 650 GS (Einzylinder).

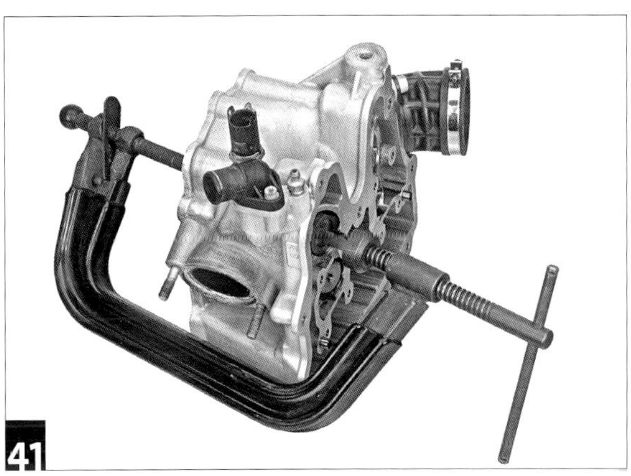

- Ventile mit Ventilfeder-Spanner ausbauen.
- ! Ventile so aufbewahren, dass sie wieder an ihrem ursprünglichen Platz eingebaut werden können.

- Ventilfedern nur so weit zusammendrücken, bis die Ventilkeile aus ihren Nuten entnommen werden können. Magnetheber oder Pinzette benutzen.
- ! Federn nicht weiter als nötig zusammendrücken.

- Bevor Ventile entnommen werden, Ventilkeilnuten mit feinem Ölstein entgraten. Hier bilden sich gern Aufwerfungen, die beim Herausziehen der Ventile die Führungen zerfurchen (→ erhöhter Ölverbrauch).

- Ventilschaftdichtungen mit Zängchen abziehen.
- ! Unbedingt Neuteile montieren!

15 Zylinderkopf

15.2 Prüfen und Vermessen

Dichtheit der Ventilsitze

Dichte Ventilsitze sind grundsätzliche Voraussetzung für die souveräne Leistungsabgabe der Boxer-Twins. Die folgende Prüfung und das eventuelle »Reparaturverfahren« sind meist nur für Motoren mit extrem hoher Laufleistung angezeigt. Und extrem hohe Laufleistung heißt, dass diese die Laufleistung der Kolben/Zylinder-Garnitur leicht übertrifft.

- Zylinderkopf mit eingebauten Ventilen so halten, dass der Ventilsitz des zu prüfenden Ventils unter dem Pegel der Prüfflüssigkeit steht und Prüfflüssigkeit in den betreffenden Kanal gießen (Bild 1).
- 👁 Am Ventilteller darf nichts auslaufen. Dabei darf sich bei Alltagsmotoren – nicht bei Wettbewerbsmotoren! – mit der Zeit schon mal leichte Feuchtigkeit am Ventilsitz zeigen.
- Wer mag, kann die »Feuchte« mit folgender Methode wieder in einigermaßen erträgliche Bereiche zurückführen. Wobei sich das beschriebene »Einläppen« der Ventilsitze für den Privatmann durchaus lohnen kann, wenn es darum geht, die anfällige Erneuerung der Ventile und Führungen vielleicht um zehntausend Kilometer hinauszuschieben, wenn die übrigen Verschleißdaten in Ordnung sind.
- ! Für präzise eingepasste neue Ventile und Führungen empfiehlt sich Ihre BMW-Fachwerkstatt, wo die neuen Ventile so präzise eingepasst werden, dass sich das Einläppen erübrigt.
- Betreffendes Ventil ausbauen und Ventil und Ventilsitz aufeinander einläppen:
- Läppmittel (fein) dünn auf Ventilsitz auftragen, Ventil einführen und von der Brennraumseite her mit Gummisauger quirlen (mit etwa 2 kg Druck). (Läpppaste und Gummisauger sind im Werkzeughandel erhältlich.)
- ! Läpppaste darf keinesfalls zwischen Ventilschaft und Führung geraten!
- Ventile wieder einbauen und Prüfung nochmals durchführen.
- Genügt Nachläppen nicht zum Abdichten, Ventil im Fachbetrieb erneuern lassen (inklusive Einfräsen der Ventilsitzflächen; Ventilsitzbreiten und Ventilsitzwinkel siehe Technische Daten).

Zylinderkopf

- Mit passendem Hartholzstückchen Ölkohle-Ablagerungen aus Brennraum entfernen (keine Kratzer hinterlassen!).
- 👁 Besonders den Bereich zwischen den Ventilsitzen und Zündkerzenbohrung auf feine Haarrisse kontrollieren. Gegebenenfalls in Fachbetrieb um Reparaturmöglichkeit nachfragen.
- Zylinderkopfdichtfläche wie Zylinder mit Haarlineal in mehreren Richtungen auf Verzug prüfen (wie Bild 3 Seite 124; Verschleißgrenze 0,09 mm).

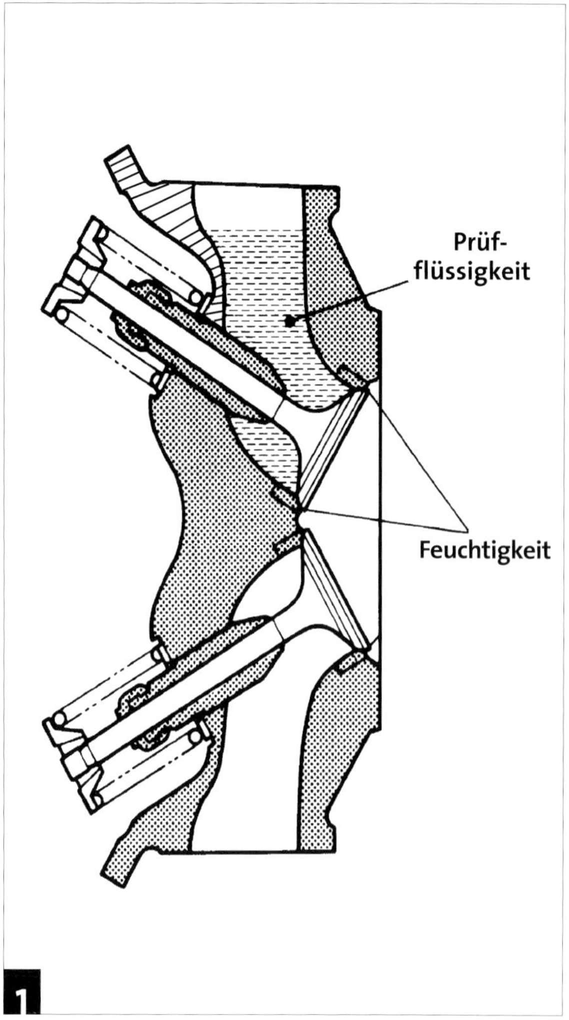

1

! Als »Prüfflüssigkeit« bietet sich Kraftstoff an. Dann aber die einschlägigen Sicherheitsmaßnahmen im Umgang mit Kraftstoff beachten!

2

Zylinderkopf/Brennraum
- Zylinderkopf mit stumpfem Werkzeug reinigen.
- Hier schön zu erkennen: Die hohe thermische Belastung des unteren Auslassventils.

Nockenwellen-Verschleiß

- Lagerflächen der Nockenwellen und -Lagerdeckel auf Riefen, Kratzer oder Anzeichen unzureichender Schmierung untersuchen.

3

- Nockenlauffläche auf Ausbrüche in der Härteschicht (Pitting → unzureichende Schmierung) untersuchen. Bei Beschädigung der Lauffläche auch Schlepphebel (dohc) bzw. Tassenstößel (ohc) erneuern.

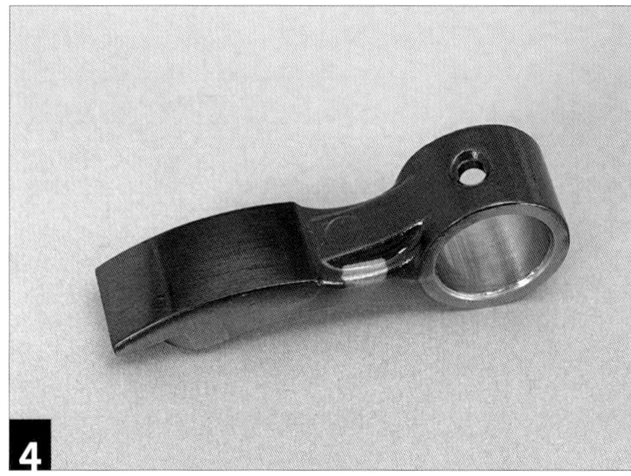
4

Kipp- und Schlepphebel

- Kipp- und Schlepphebel Ausbrüche in der Härteschicht (Pitting → unzureichende Schmierung) untersuchen. Bei Beschädigung der Lauffläche erneuern.

Nockenwellen-Lagerspiel

- Nockenwellen-Lagerspiel mit »Plastigage« (Typ PG-1, grün; im gut sortierten Werkzeughandel erhältlich) messen:
- Öl und Fett von Lagerzapfen der Nockenwellen, Lagerlaufflächen und Passflächen des Lagerdeckels abwischen.
- Nockenwellen einlegen.

5

Lagerspiel der Nockenwellen messen

- Plastigage-Messstreifen über Lagerzapfen einlegen.

! Messstreifen nicht über Ölbohrung legen!

! Nockenwellen nicht mehr drehen!

6

Lagerspiel der Nockenwellen messen

- Messstreifen mit Skala vergleichen (je breiter der Messstreifen gequetscht ist, desto weniger Spiel besteht).

- Lagerdeckel ölfrei mit korrektem Anzugsmoment montieren (10 Nm).
- Lagerdeckel-Schrauben wieder ausdrehen und Lagerdeckel wieder abnehmen.

Verschleißgrenze .... 0,08 mm

- Eventuell genügt eine neue Nockenwelle, um Spiel wieder in die Toleranz zu bringen.

→

15 Zylinderkopf

15.2
Prüfen und Vermessen
Fortsetzung

7

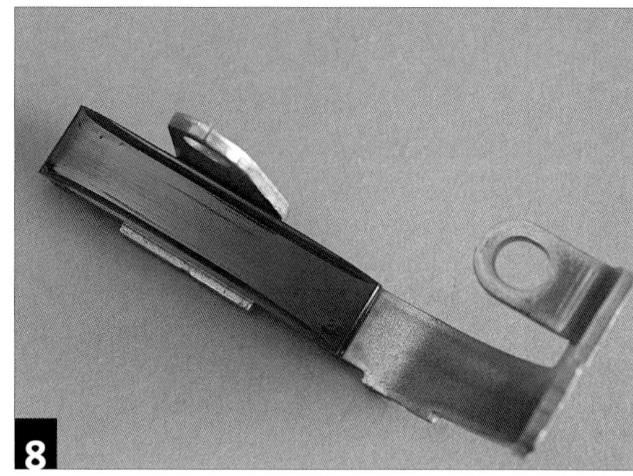
8

Steuerketten-Spanner- und Gleitschienen
- Spannerschiene in montiertem Zustand auf freie Beweglichkeit kontrollieren.
- Die Steuerkette darf sich maximal 0,8 mm tief in die Spannerschiene »eingraben«.

Ventile und Ventilführungen
- Ventildichtflächen am Ventil und Zylinderkopf auf Verschleiß (Grübchenbildung oder Ausbrüche) untersuchen.

! Ventilsitz muss glattes und riefenfreies Tragbild zeigen.
Falls Sitzfläche am Ventilteller verbrannt oder ungleichmäßigen Kontakt mit Ventilsitz hat, Ventil erneuern.

- Gegebenenfalls das Ventil erneuern und den Sitz im Kopf neu fräsen lassen.
- Das Ventilschaftende darf keinen anormalen Verschleiß (Ausbrüche oder Aufwerfungen) aufweisen. Eventuell kann das Schaftende im Fachbetrieb nachgeschliffen werden (Härteschicht nicht komplett abschleifen – Ventilspiel!).
- Das Spiel zwischen dem Ventilschaft und der Ventilführung im Zweifel in Fachbetrieb begutachten lassen, der über entsprechend feines (d. h. teures) Messwerkzeug verfügt.
  Mit etwas Gefühl kann aber auch anhand des »Knackens« des Ventilschafts beim Hin- und Herdrücken in der Führung schon eine Diagnose gemacht werden (Verschleißmaße siehe Technische Daten ab Seite 196).
- Gegebenenfalls Führungen in BMW- oder Fachwerkstatt erneuern lassen, was auf jeden Fall das Nachfräsen der Ventilsitze nach sich zieht!
- Ventile auf Kratzer, Verbiegung und übermäßigen Verschleiß am Schaft untersuchen.
- Jedes Ventil muss sauber in seiner Führung gleiten.

Überspringschutz
- Die Steuerkette darf sich maximal 0,8 mm tief in die Schiene »eingraben«.

9

Ventilschaftspiel
- Beim Hin- und Herdrücken darf kein »Knacken« spürbar sein.

Tassenstößel und Kipphebel
- Tassensstößel dürfen in ihren Führungen max. 0,180 mm Spiel aufweisen. D.h. leicht geölt darf beim Hin- und Herdrücken kein »Knacken« spürbar sein.
- Die Verschleißgrenze für das Spiel der Kipphebel-Bohrungen liegt bei 0,10 mm. Auch hier empfiehlt sich das Spiel der geölten Teile (Kipphebel und Achse) von Hand zu erfühlen.

15.3 Einbau

- Zylinderkopf aufs Peinlichste säubern.
- Zylinderkopf komplett mit Druckluft freiblasen.
- Ventile, Kipphebel, Schlepphebel und -achsen wieder an ihrem angestammten Platz einbauen.
- Schlepp- und Kipphebel mit geölter Lagerung aufschieben.

! Neue Sicherungsringe verwenden.

! Um die empfindlichen Dichtlippen der Schaftdichtungen nicht zu verletzen, wendet der penible Schrauber folgende Methode an, die sich auf jeden Fall empfiehlt, auch wenn die BMW-Ventile mit abgerundeten Keilnuten verwendet werden, und nicht etwa solche mit scharfkantiger Keilnut:

- Ventile vollständig geölt einschieben.
- Knapp passenden Schrumpfschlauch auf Ventilschaft aufschieben, bis er die Keilnut abdeckt.
- Schrumpfschlauch erwärmen.
- Ventilschaftdichtung gefettet mit passendem Rundmaterial auf Schrumpfschlauch und Ventilführung schieben.
- Schrumpfschlauch abziehen.
- Statt Schrumpfschlauch zu verwenden, kann auch mit Klebefilm improvisiert werden, um die Dichtlippen zu schützen.
- Federsitze, Federn und Federteller einsetzen.
- Damit die Federn nicht frühzeitig erlahmen, diese nicht weiter als nötig zusammendrücken.
- Ventilkeile einsetzen (leicht fetten). Federspanner vorsichtig entlasten und abnehmen.

Ventil-Montage
- Damit sich Keile sauber in ihre Nuten setzen, mit Gummihammer leicht auf Ventilschäfte klopfen. (Im Bild 650er Einzylinder.)

Kennzeichnung rechter Zylinderkopf
- Die Zylinderköpfe sind zwar kaum zu verwechseln, trotzdem ist im Einlass-Kanal ein Zuordnungs Hinweis eingegossen..

Kennzeichnung linker Zylinderkopf
- L2 = Links Zylinder 2; Bild: 2 R1 = Rechts Zylinder 1

Ansaugstutzen
- Ansaugstutzen möglichst gleichmäßig am Kanal anbringen, mit Finger Überstand erfühlen.
  Anzugsmoment M6. . . . . 10 Nm

15 Zylinderkopf

15.3 Einbau

Fortsetzung

Linker Zylinderkopf ohc

- Ventil **5** geölt in Führung einsetzen, Schrumpfschlauch auf Ventilende aufschrumpfen und Schaftdichtung aufdrücken. Schrumpfschlauch wieder entfernen.

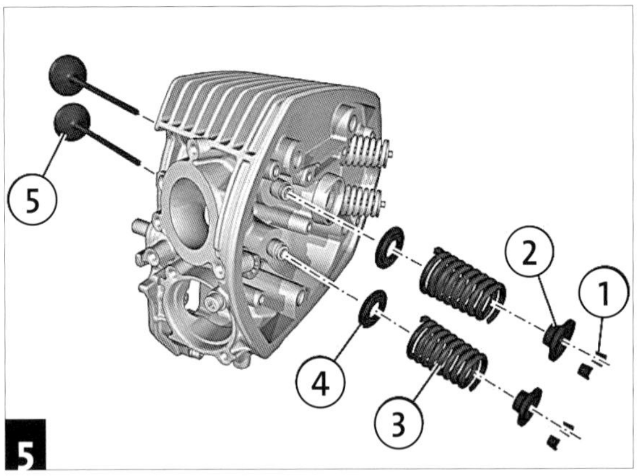

Ventile und -federn

- Unteren Federteller **4**, Feder **3** und oberen Federteller **2** einbauen. Farbmarkierung der Feder weist nach unten. Federn spannen, und Ventilkeile **1** leicht gefettet (Montage-Erleichterung) einsetzen.

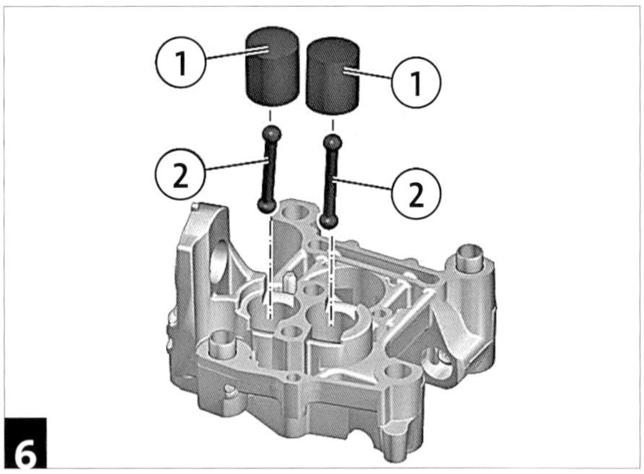

Tassenstößel und Stößelstangen/ohc

- Tassenstößel **1** und Stößelstangen **2** in ursprünglicher Einbaulage wieder verbauen.

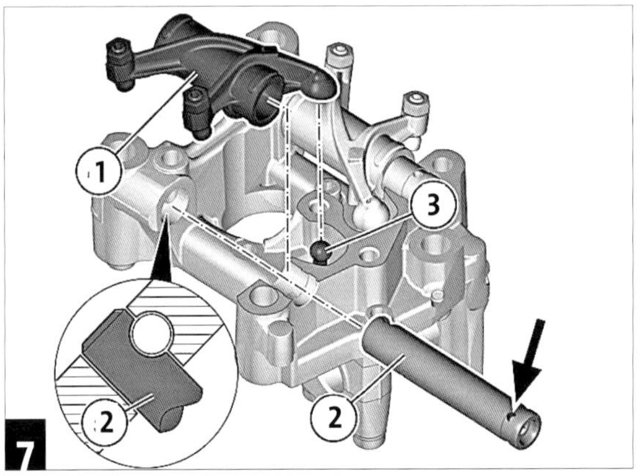

Nockenwelle in Steuerungsträger einbauen/ohc

- Geölte Kipphebel **1** einsetzen. Geölte Achse **2** so einschieben, dass Aussparung fluchtet (siehe Lupe).
- Geölte Kugelpfanne auf Stößel **3** aufsetzen und mit Gummiband fixieren.

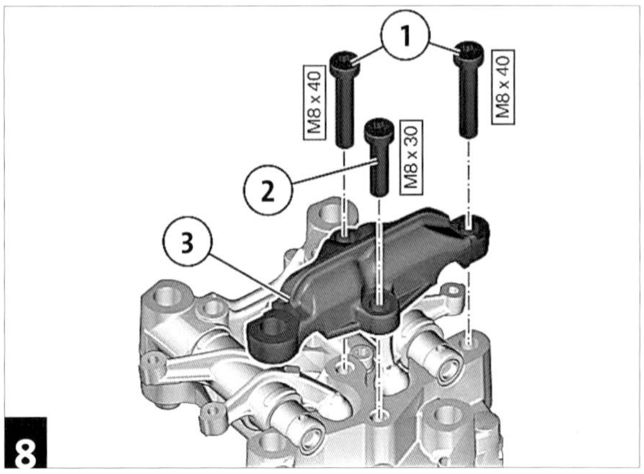

Steuerungsträger montieren/ohc

- Lagerbrücke **3** ansetzen und Schrauben **1** und **2** (unterschiedliche Schraubenlängen) locker eindrehen.

- Zu Bild 9:

2 Anzugsmoment M8 X 65 - 10.9 .... 15 Nm

👁 Freie Drehbarkeit der Nockenwelle prüfen.

- Ggf. Schrauben lockern und erneut anziehen.

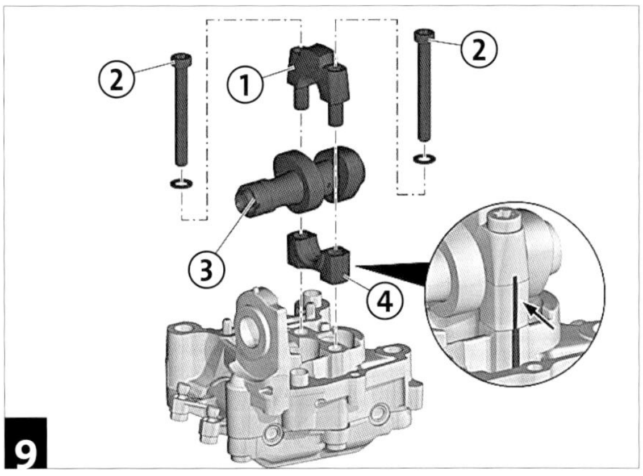

Nockenwelle in Steuerungsträger einbauen/ohc

- Geölte Nockenwelle **3** mit Spurlagerdeckel **4** und Lagerdeckel **1** so anbringen, dass Markierung (Pfeil) fluchtet. Schrauben **2** eindrehen.

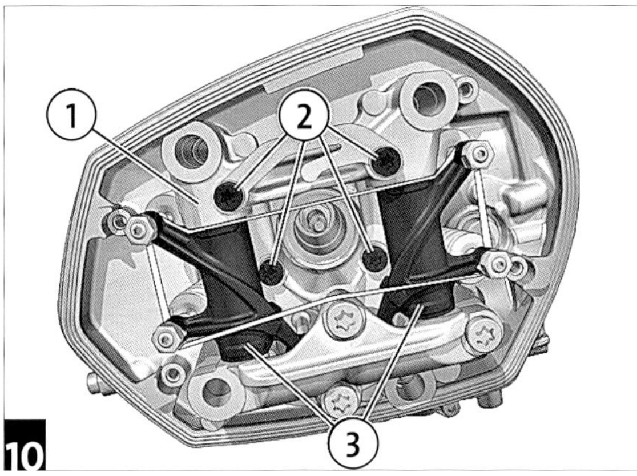

Steuerungsträger einbauen/ohc

- Beim Einbau darauf achten,
- – dass Kurbelwelle/Kolben auf OT steht.
- – Nockenwelle entsprechende Stellung hat (Nocken weisen im Zünd-OT nach unten/innen, im Überschneidungs-OT nach oben/außen.
- – Stößelstangen in Kugelpfannen der Kipphebel **3** sitzen.
- – Passhülsen des Steuerungsträgers **1** genau mit Bohrungen im Zylinderkopf fluchten.
- Schrauben **2** eindrehen (unterschiedliche Schraubenlängen beachten).
- Gummiband abnehmen.

2 Anzugsmomente

M6 X 30 .... 8 Nm
M6 X 60 .... 8 Nm

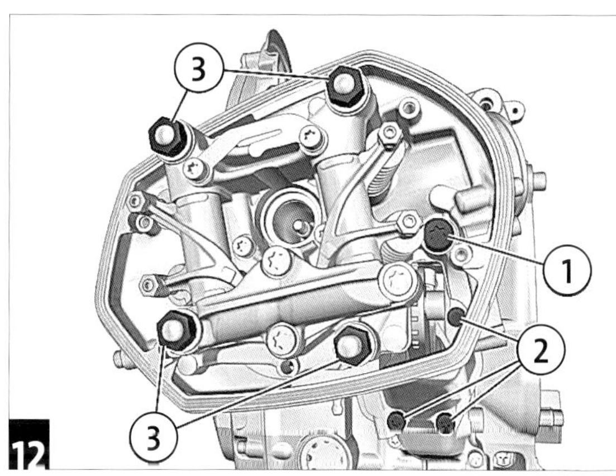

- Muttern **3** mit Bund zum Zylinderkopf weisend einbauen und schrittweise über Kreuz anziehen. Muttern zuerst mit Fügemoment 20 Nm anziehen.

Zylinderkopfdichtung auflegen

- Saubere Dichtfläche der Zylinder ein letztes Mal entfetten (Bremsenreiniger oder Aceton) und neue Dichtung auflegen.
- Auf Passstift und Passhülse (Pfeile) achten.

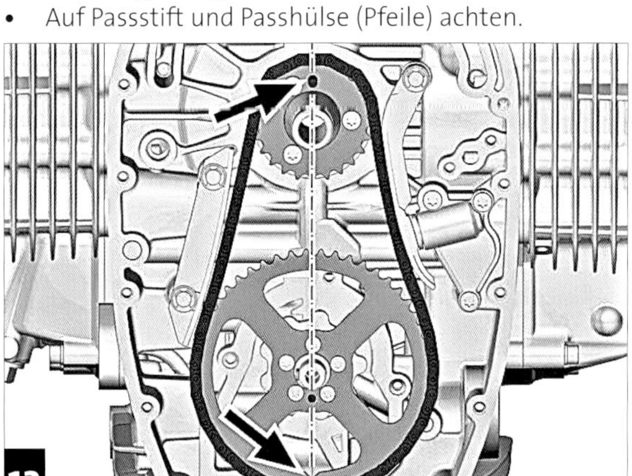

Kurbelwelle und Nebenwelle in Zünd-OT Zylinder links

Anzugsmomente

Zuganker-Mutter
Voranzug .... 90°
Endanzug .... 90°
M10 x 90 .... 40 Nm
M6 x 30 .... 9 Nm

Steuerzeiten links einstellen

- Räderkasten-Deckel abnehmen siehe Seiten 94/96.
- Kurbelwelle und Nebenwelle sind in Zünd-OT Zylinder links:
- – Fixierstift/Steuerkettenritzel (Pfeil) weist nach **oben**, Markierung/Antriebsrad steht auf Trennfuge der Gehäusehälften.
- – Fixierstift und Kerbe von Steuerkettenrad/Nebenwelle steht nach **unten** und oben ist die Trennfuge des Gehäuses in einer Zahnlücke.

15 Zylinderkopf

15.3 Einbau

Fortsetzung

Steuerzeiten links einstellen

- Kolben des linken Zylinders auf Zünd-OT stellen:
- – Alle Ventile des linken Zylinders sind geschlossen, die des rechten Zylinders stehen auf Überschneidung.
- – Fixierstift/Steuerkettenritzel (Pfeil) der Kurbelwelle weist nach **oben**, Markierung/Antriebsrad steht unten auf Trennfuge der Gehäusehälften.
- – Fixierstift und Kerbe von Steuerkettenrad/Nebenwelle steht nach **unten** und oben ist die Trennfüge des Gehäuses in einer Zahnlücke.

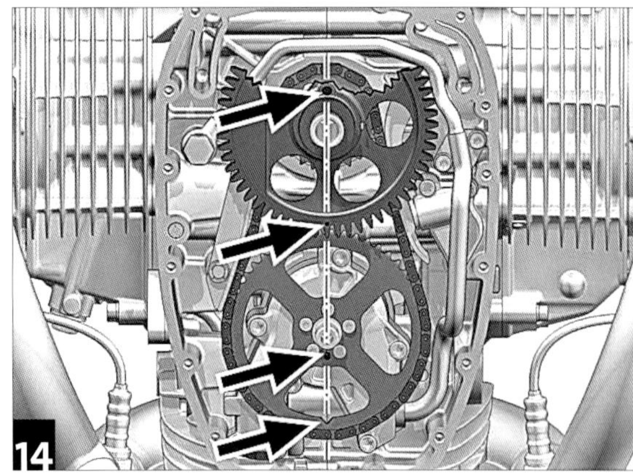

Kurbelwelle und Nebenwelle in Zünd-OT Zylinder links

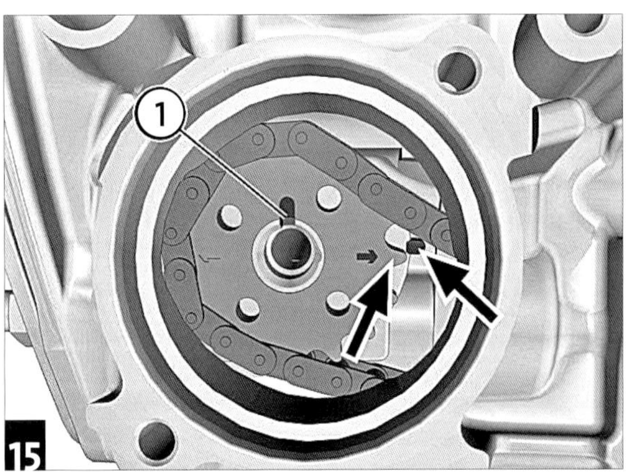

Nocke/Kettenrad links

- Nockenwelle so drehen, dass Fixiernut **1** des Kettenrads nach **oben** zeigt ▸ Ventile sind geschlossen.
- Kettenrad so in Kette einsetzen, Pfeil mit Zahnspitze auf Markierung am Steuerungsträger weist.

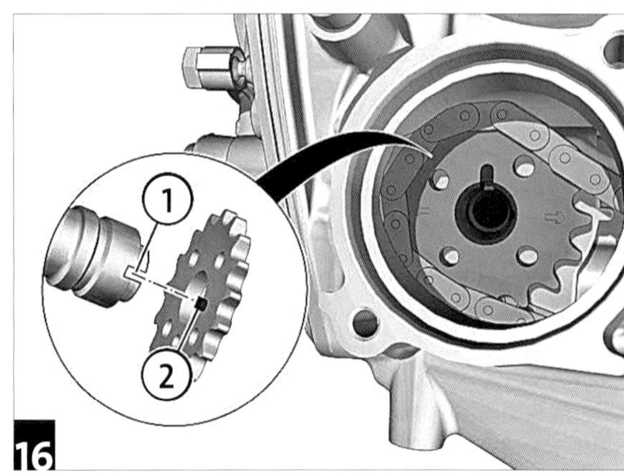

Nocke/Kettenrad links

- Kettenrad einsetzen ▸ Nase rastet hörbar ein in Nut der Nockenwelle ein.
- ! Kettenrad muss plan aufliegen und Nase exakt in Nut eingreifen

Entlüfterscheibe einsetzen

- Entlüfterscheibe **1** mit Schraube **2** so einsetzen, dass Pfeil für OT-Markierung durch Bohrung der Entlüfterscheibe zu sehen ist ▸ Pfeil ist auf Nase ausgerichtet.
- Schraube handfest anziehen.

Entlüfterscheibe einsetzen

1 Entlüfterscheibe
2 Schraube

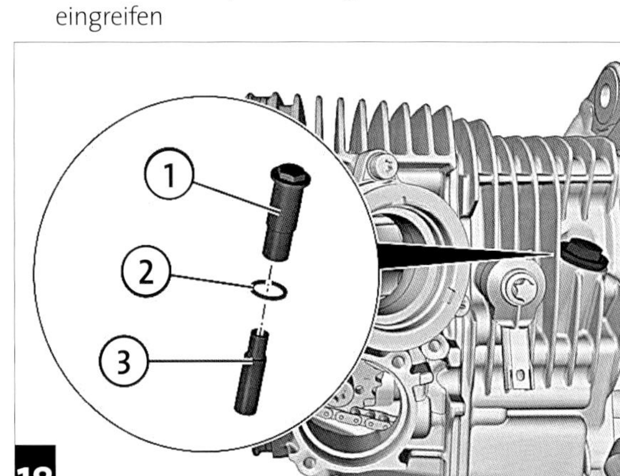

Steuerkettenspanner links (Geräusch-optimiert ab 2004)

- Kolben einsetzen und Spanner mit neuem Dichtring mit Drehbewegung ohne Verkanten eindrehen.
- **Anzugsmoment** M18 X 1,5 .... 32 Nm

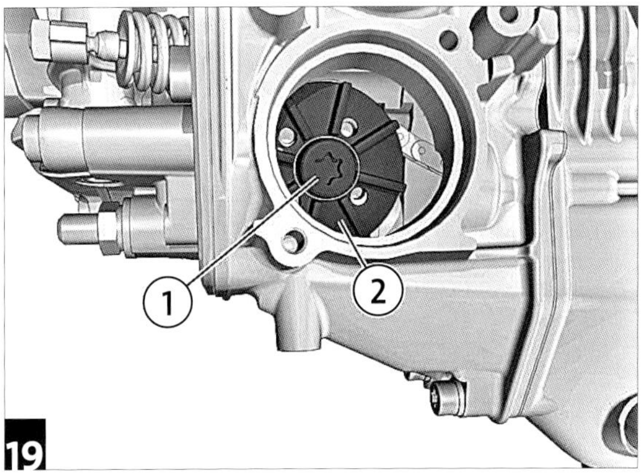

Entlüfterscheibe anziehen

- Auf korrekten Sitz der Entlüfterscheibe **2** achten, siehe Bild 17.

1 **Anzugsmoment** M10 X 1,25 - 10.9. . . . . 65 Nm

- Kipphebel-Axialspiel und Ventilspiel prüfen/einstellen wie ab Seite 40 beschrieben (Wartung – Ventilspiel).

Rechter Zylinderkopf ohc

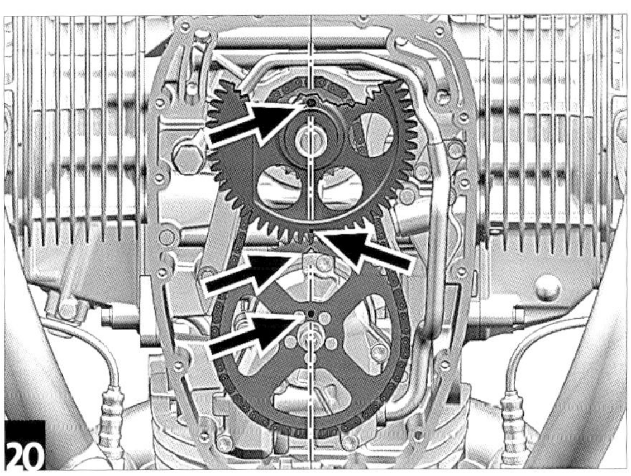

Kurbelwelle und Nebenwelle in Zünd-OT Zylinder rechts

- Ventile und Steuerungsträger wie am linken Zylinder montieren.
- Steuerzeiten rechts einstellen (Bild 20):
- – Alle Ventile des rechten Zylinders sind geschlossen, die des linken Zylinders stehen auf Überschneidung.
- – Fixierstift/Steuerkettenritzel (Pfeil) der Kurbelwelle weist nach **oben**, Markierung/Antriebsrad (Pfeil) steht unten auf Trennfuge der Gehäusehälften.
- – Fixierstift und Kerbe (Pfeile) von Steuerkettenrad/Nebenwelle stehen nach **oben**.

Nocke/Kettenrad rechts

- Nockenwelle so drehen, dass Fixiernut **1** des Kettenrads nach **unten** zeigt.
- Kettenrad so in Kette einsetzen, Pfeil mit Zahnspitze auf Markierung am Steuerungsträger weist.

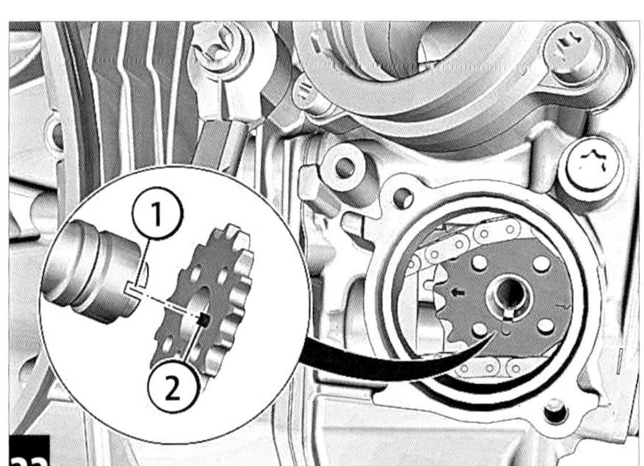

Nocke/Kettenrad rechts

- Kettenrad einsetzen ▸ Nase rastet hörbar ein in Nut der Nockenwelle ein.

! Kettenrad muss plan aufliegen und Nase exakt in Nut eingreifen

15 Zylinderkopf

15.3 Einbau

Fortsetzung

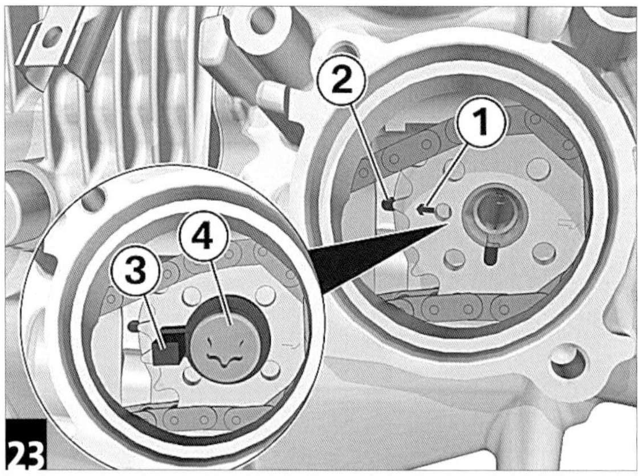

23

Nockenwellensensor-Geber/Kettenrad rechts

- Pfeil **1** weist mit Zahnspitze auf Markierung **2** am Steuerungsträger.
- Geber **3** mit Schraube **4** so einsetzen, dass Fixierung in Bohrung Kettenrads eingreift.

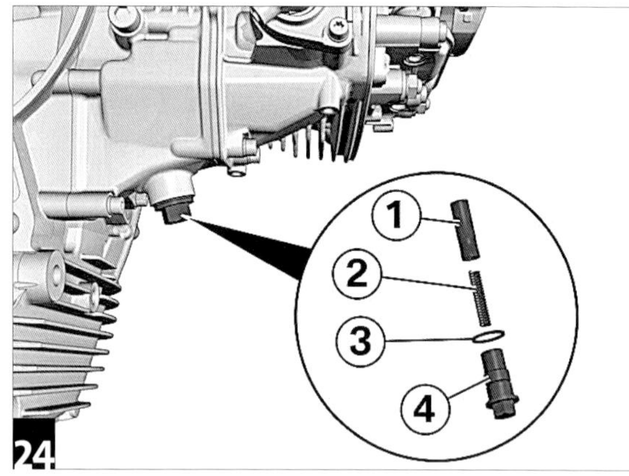

24

Steuerkettenspanner rechts

- Kettenspanner **4** mit neuem Dichtring **3**, Feder **2** und Kolben **1** einbauen.
- **Anzugsmoment** M18 X 1,5 .... 32 Nm

- Kipphebel-Axialspiel und Ventilspiel prüfen/einstellen wie ab Seite 40 beschrieben (Wartung – Ventilspiel).

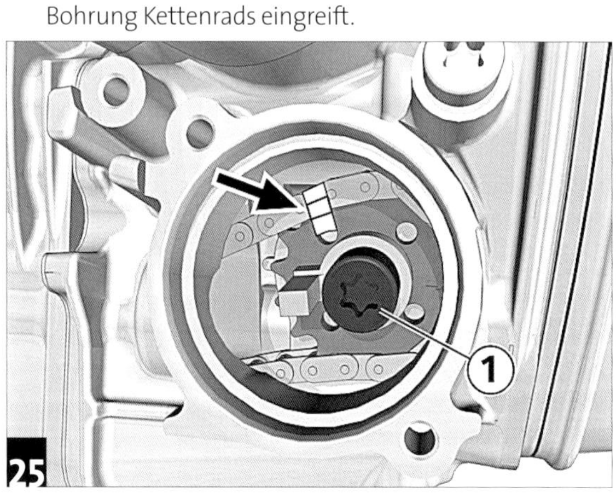

25

Nockenwellensensor-Geber/Kettenrad rechts

- Schraube **1** festziehen.
- **Anzugsmoment** M10 x 25 x 1,25 .... 65 Nm
- Kabelbinder abnehmen.

26

Nockenwellensensor-Deckel

- Deckel mit leicht geöltem O-Ring einsetzen.

Linker Zylinderkopf dohc

- Motor im OT festlegen (Seite 40).
- Gleitschiene und Halter befestigen (Bilder 27 und 28 Seite 107).

Zylinderkopfdichtung auflegen

- Saubere Dichtfläche der Zylinder ein letztes Mal entfetten (Bremsenreiniger oder Aceton) und neue Dichtung auflegen.
- Auf Passstift und Passhülse (Pfeile) achten (Bild 11 Seite 167).
- Beim Aufsetzen Steuerkette und Spannschiene durch Kettenschacht führen.
- Zylinderkopfschrauben ansetzen (Bild 32 Seite 159 und Bild 33 Seite 160).
- Zugankermuttern Schrittweise über Kreuz anziehen.

Anzugsmomente

4	Zuganker-Mutter	Fügemoment	20 Nm
		Voranzug	75°
		Endanzug	75°
3	M8 x 125		20 Nm
1/2	M6 x 30		9 Nm

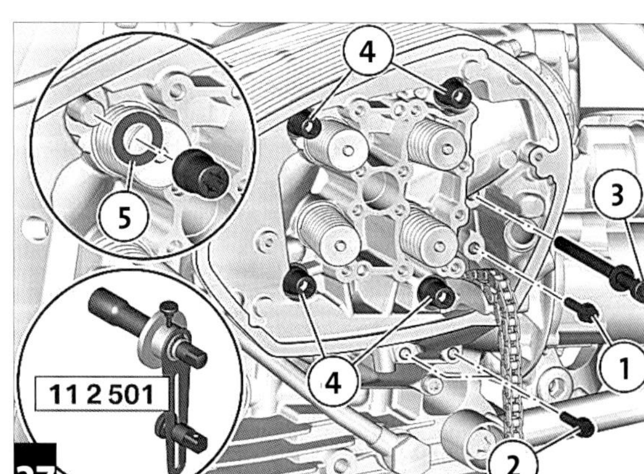

27

Zylinderkopfverschraubung

- Zugankermuttern mit Drehwinkelanzeige anziehen (BMW-Nr. 11 2 501 oder handelsüblich).

5 Unterlagscheiben

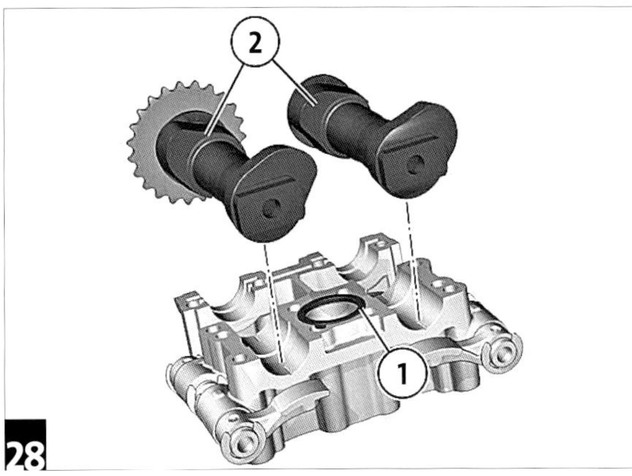

Steuerungsträger/dohc

- O-Ring **1** leicht geölt einlegen.
- Lagerstellen der Nockenwellen **2** ölen und einlegen.

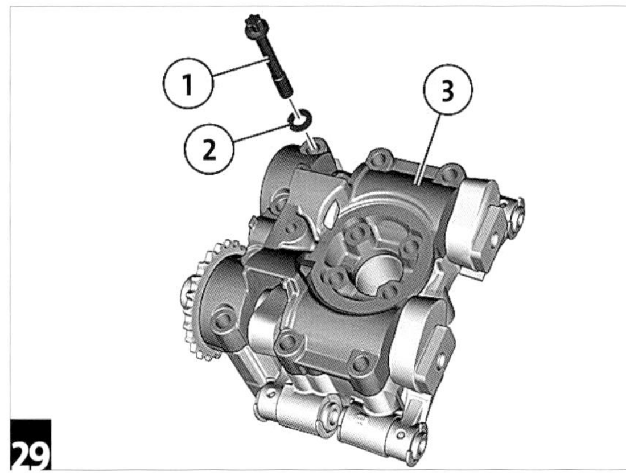

Steuerungsträger/dohc

- Oberteil **3** mit geölten Lagerstellen aufsetzen. Schraube **1** mit Unterschraube **2** eindrehen.

1 **Anzugsmoment** M6 X 40 .... 10 Nm

- Steuerungsträger (mit den ursprünglichen Halbkugeln) so aufsetzen, dass Nockenwellenmarkierungen zueinander weisen (Bild 5 Seite 43).

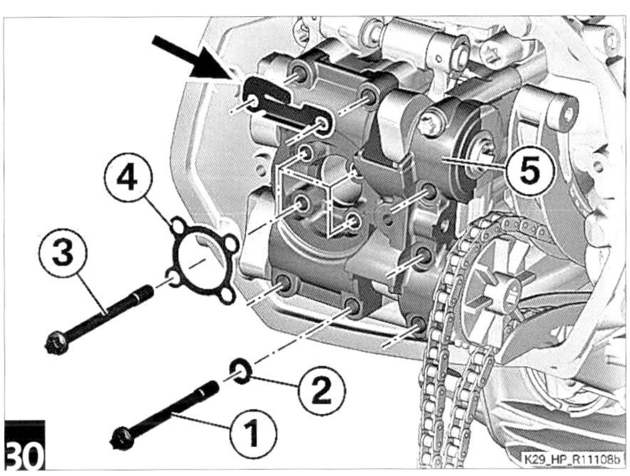

Steuerungsträger/dohc

- Steuerungsträger **5** vorsichtig aufsetzen und Schrauben mit Scheiben **2** oder Ring **4** locker ansetzen.
- Schrauben **1** und **3** festziehen.
  Anzugsmoment M6 X 72...................... 10 Nm

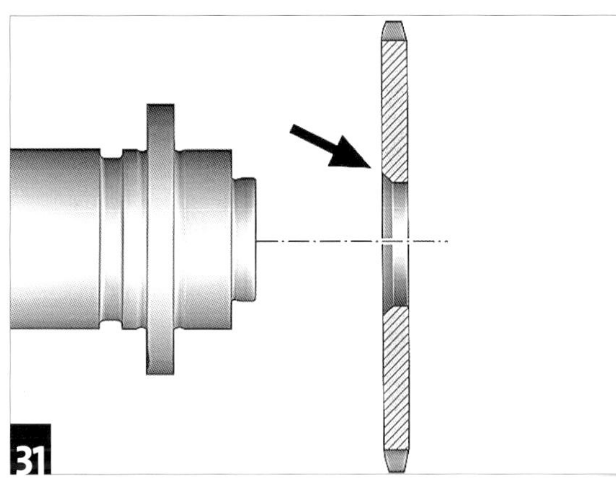

Nockenwellenrad

- Nockenwellenrad so anbringen, dass Fase (Pfeil) zur Welle weist.

- Spannschiene (Bild 26 Seite 158) anbringen.
  Anzugsmoment
  M6 10 Nm
- Oberes Nockenwellenrad (Bild 26 Seite 106) anbringen.
- Überspringschutz (Bild 23 Seite 106) anbringen.
  Anzugsmoment
  M6 x 12..... 10 Nm
  Anzugsmoment
  M6 x 72 .....10 Nm
- Schrauben der Nockenwellenräder so weit lösen, bis Kettenräder leicht drehbar sind.

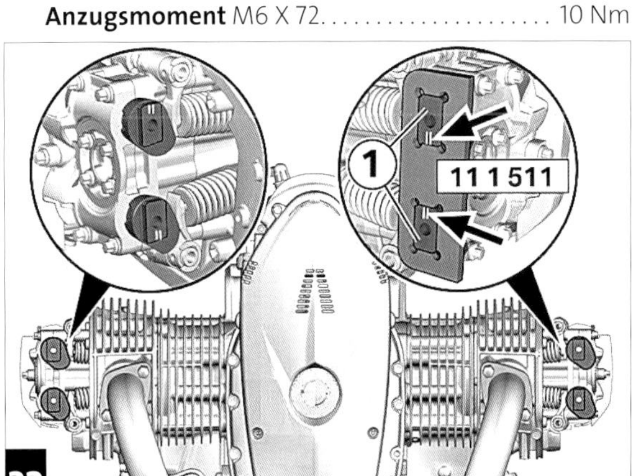

Nockenwellen links auf OT stellen

- Nockenwellenarretierung mit Phase zur Nockenwelle **1** einsetzen.
  ▸ Nockenwellen stehen auf Zünd-OT

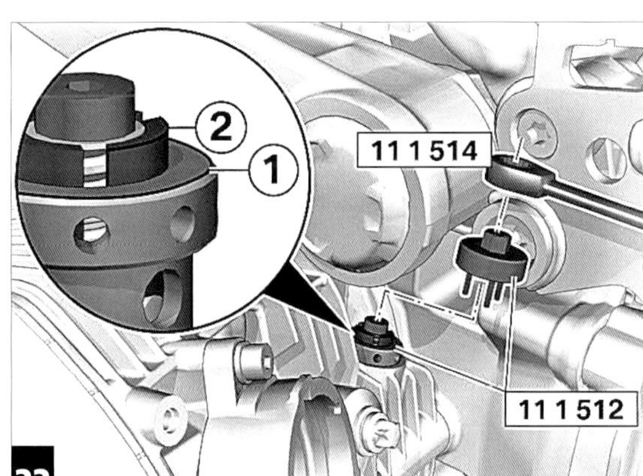

Steuerketten-Spannvorrichtung einbauen

- Spannvorrichtung so einstellen, dass die Kante **1** unterhalb von Kante **2** liegt.
- Spannvorrichtung eindrehen.

- Spannvorrichtung mit Ratschenringschlüssel bis zum Freilauf eindrehen und Freilauf dreimal nachknacken.

15 Zylinderkopf

15.3 Einbau

Fortsetzung

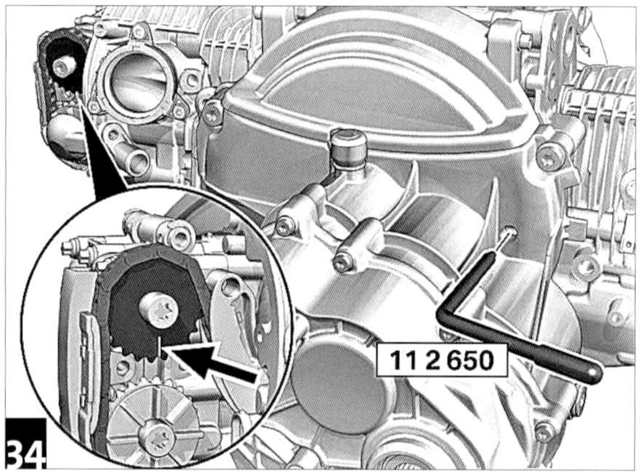

- Mit Reissnadel oder Marker Strich an Kettenrad anbringen (zur Orientierung).
- Absteckdorn entfernen und Kurbelwelle um 2 Umdrehungen drehen (Nockenwelle macht eine Umdrehung). ▸ Kettentrieb wird ausgerichtet.
- Absteckdorn wieder einsetzen.
- Spannvorrichtung mit Ratschenschlüssel erneut bis zum Freilauf eindrehen und Freilauf einmal nachknacken.

- Kurbelwelle zurückdrehen, bis Spannvorrichtung entlastet ist und Spannvorrichtung ausbauen.

- Übrige Arbeitsschritte in umgekehrter Ausbaureihenfolge.
- Ventilspiel kontrollieren/einstellen siehe Seite 40.

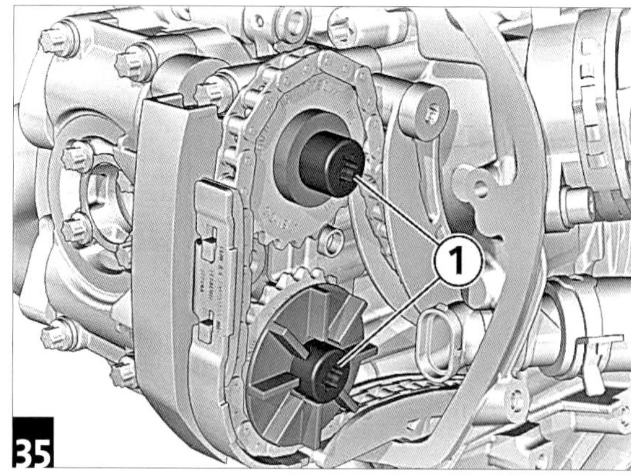

Nockenwellenräder befestigen

- Schrauben **1** festziehen.
  Anzugsmoment M10 X 25 x 1,25 .... 65 Nm
- Absteckdorn entfernen.

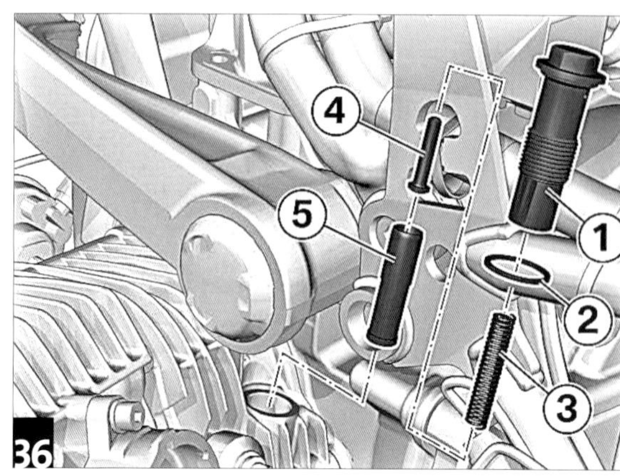

Steuerkettenspanner links

- Kolben **5**, Füllkörper **4** und Feder **3** mit Dichtring **2** und Gehäuse **1** befestigen.

1 **Anzugsmoment** Gewinde ölen M18 x 1,5 ...... 45 Nm

Dichtgummi an Steuerträger

- Dichtgummi so anbringen, dass Nasen senkrecht stehen und in Vertiefung eingreifen.

Dichtgummi an Steuerträger in Position

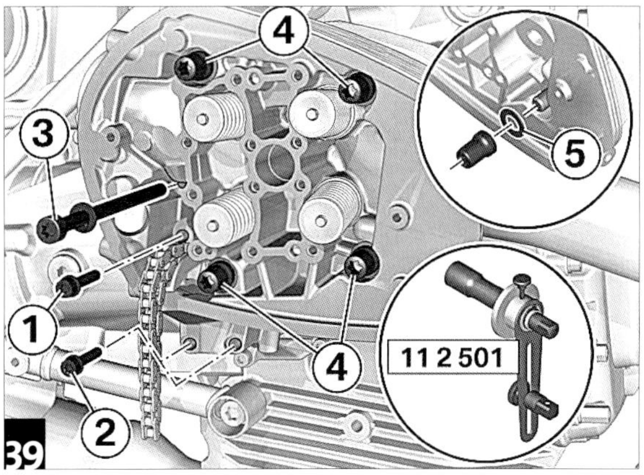

Zylinderkopfverschraubung

- Zugankermuttern mit Drehwinkelanzeige anziehen (BMW-Nr. 11 2 501 oder handelsüblich).

5 Unterlagscheiben

- Zugankermuttern Schrittweise über Kreuz anziehen.

Anzugsmomente

4 Zuganker-Mutter . . . .
Fügemoment . . . . 20 Nm
Voranzug . . . . 75°
Endanzug. . . . . 75°
3 M8 x 125. . . . . 20 Nm
2 M6 x 50 . . . . 9 Nm
1 M6 x 30 . . . . 9 Nm

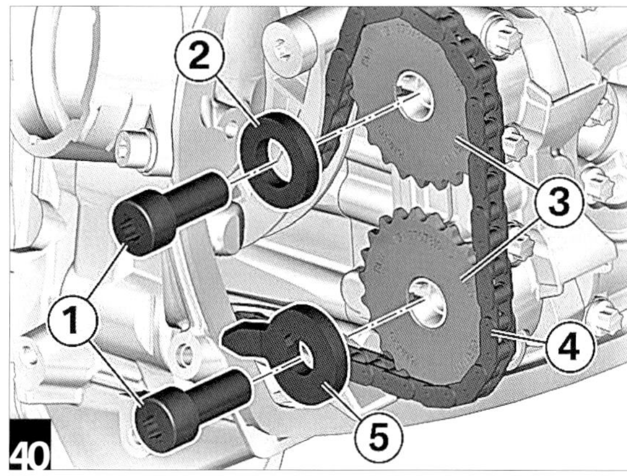

Nockenwellenräder befestigen

- Nockenwellenräder **3** mit Steuerkette **4** ansetzen.
- Schrauben **1** mit Scheibe **2** und Sensorrad **5** handfest einbauen.

1 **Anzugsmoment** M10 X 25 x 1,25. . . . . 65 Nm

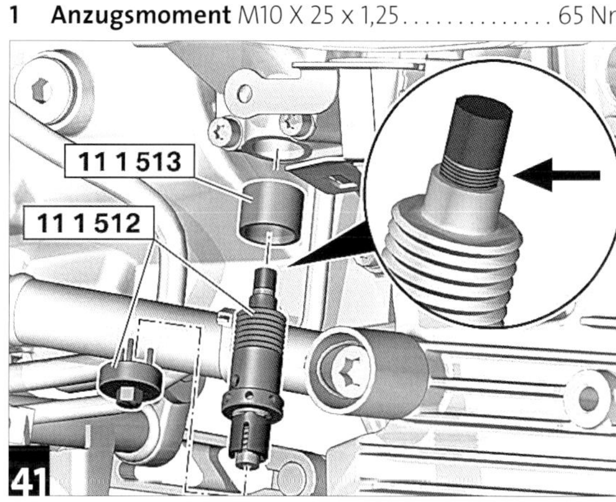

Steuerketten-Spannvorrichtung rechts einbauen

- Spannvorrichtung so einstellen, dass das Gewinde (Pfeil) möglichst weit eingeschraubt ist.
- Spannvorrichtung mit Hülse 11 1 513 eindrehen.
- Spannvorrichtung bis zum Freilauf eindrehen und Freilauf dreimal nachknacken.

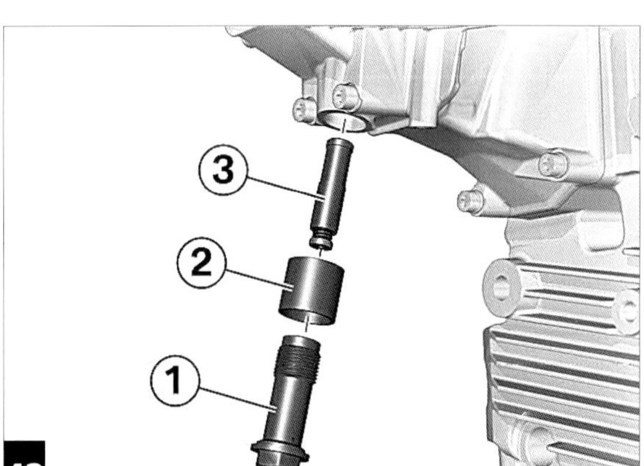

Steuerkettenspanner rechts

- Kolben **3**, Hülse **2** und Gehäuse **1** befestigen.

1 **Anzugsmoment** Gewinde ölen M18 x 1,5. . . . . . 45 Nm

- Übrige Arbeitsschritte in umgekehrter Ausbaureihenfolge.
- Ventilspiel kontrollieren/einstellen siehe Seite 40.

! Nach 1000 Kilometer Fahrstrecke betreffenden Zylinderkopf nochmals die Zylinderkopf-Muttern nach Vorschrift nachziehen.

Rechter Zylinderkopf dohc

- Im Folgenden werden die Unterschiede zum linken Zylinderkopf beschrieben.

16 Kolben & Zylinder

16.1 Ausbau

- Zylinderkopf ausbauen (Kapitel 15 ab Seite 102).
- ! Beim Ausbau des Kolbens darauf achten, dass Bruchstücke eines eventuell gebrochenen Kolbenrings nicht ins Kurbelgehäuse fallen, auch wenn die Gefahr bei der Boxerbauweise sehr gering ist (sobald Gehäuseöffnung zugänglich ist, Öffnung mit sauberem fusselfreiem Baumwolllappen abdecken).
- ! Durch die verwendete Dichtmasse kann der Zylinder recht fest am Gehäuse haften. Mit bedachten Gummihammerschlägen kann der Zylinder vom Gehäuse gelöst werden.
- ! Dabei nicht auf die Kühlrippen schlagen!
- Einbaulage (links/rechts) des Kolbens für Montage mit Filzstift o. Ä. markieren.
- ! Die Kolben dürfen nicht vertauscht werden!
- Lagerschraube der Steuerkettengleitschiene ausdrehen (Bild 27 Seite 107).

Ausbau
- Drei Schrauben ausdrehen. Obere Schraube im Kettenschacht nicht ins Kurbelgehäuse fallen lassen!
- Im Bild Zylinder links. Rechter Zylinder mit zusätzlicher M8-Schraube, siehe Bild 7 Seite 127.

Kolbenbolzen-Sicherung
- Zylinder soweit abziehen, bis Sicherungsringe mit Seegerring-Zange ausgehebelt werden können. Kolbenbolzen von Hand nach vorn herausdrücken. Pleuel weich auffangen!

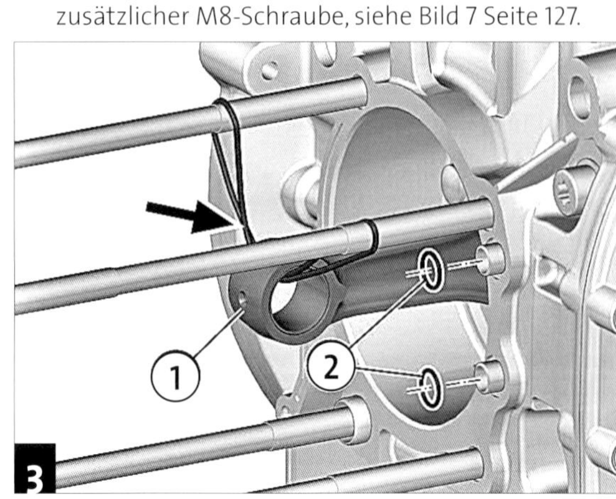

Pleuel und O-Ringe
- Pleuel **1** mit Haushaltsgummi (Pfeil) sichern.
- O-Ringe **2** entnehmen und entsorgen.

Kolbenboden entkohlen
- Festgebackene Ölkohle mit stumpfem Schaber o. Ä. entkohlen.
- Keine Riefen hinterlassen!

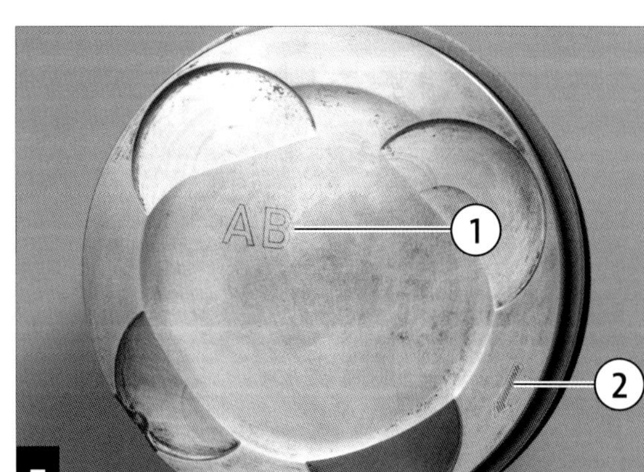

Kolbenboden
- Auf dem Kolbenboden sind die Toleranzklasse **1** und die Einbaurichtung **2** vermerkt.

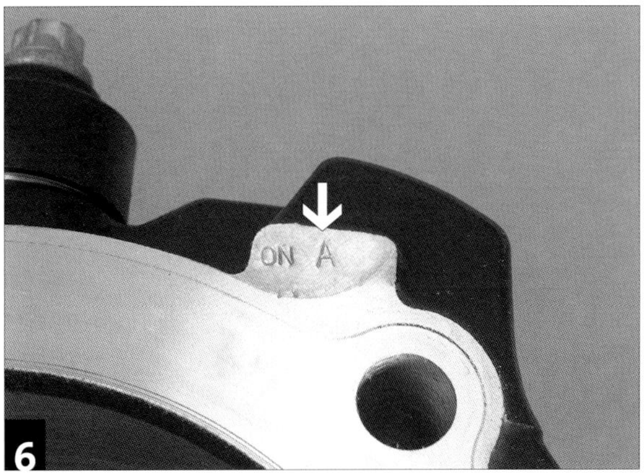

6

Ausbau

- Die Toleranzklasse des Zylinders ist oben (zum Zylinderkopf hin) vermerkt. (Im Bild »A«.)

7

Ausbau

- Kolbenringe mit Daumen etwas aufweiten und über Kolben schieben.

! Ringe nicht zu weit aufbiegen, da sie leicht brechen.

16.2 Prüfen und Vermessen

Kolben und Ringe

! Kolbenbolzen darf leicht eingeölt weder im Pleuelauge noch in der Kolbenbohrung Spiel aufweisen und muss frei beweglich sein.

👁 Kolbenhemd (-Lauffläche) darf keine Ausbrüche, Riefen, Kratzer oder Anzeichen von »Durchblasen« aufweisen.

- Zumindest soll das Kolbenhemd keine allzu großen Riefen aufweisen. Aber so lange sie klein sind, dienen sie als Öltaschen und verbessern die Schmierung.
  Deshalb sind auch auf einem neuen Kolben mit dem Fingernagel noch Bearbeitungsspuren des Drehmeißels spürbar.
  Bitte nicht auspolieren, sie erfüllen den oben genannten Zweck!

1

Kolbenringspiel 1

- Kompressionsringe (erster und zweiter Ring) müssen ohne Klemmen durch ihre Nut durchrollen.

2

Kolbenringspiel 2

- Mit Fühlerlehre Spiel des Kolbenrings in seiner Nut messen (Kolbenringe an Messstelle ganz in Nut).
  Verschleißgrenze 0,150 mm

16 Kolben & Zylinder

16.2
Prüfen und Vermessen
Fortsetzung

Zylinder
- 👁 Zylinder-Lauffläche darf keine Ausbrüche, Riefen oder Kratzer aufweisen.
- Zum Messen des Zylinder-Durchmessers werden eine Messschraube 100 – 125 mm und eine Messuhr mit Innentaster benötigt.

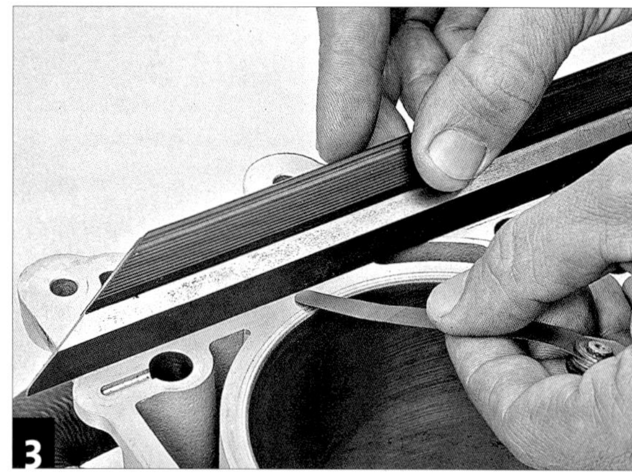

3

Dichtfläche auf Verzug prüfen
- Mit Haarlineal und Fühlerlehre in mehreren Richtungen auf Ebenheit prüfen.
  Verschleißgrenze 0,07 mm

Kolbenringstoßspiel 1. Ring

Neuzustand	0,100 – 0,300 mm
Verschleißgrenze	0,8 mm

Kolbenringstoßspiel 2. Ring

Neuzustand	0,10 – 0,300 mm
Verschleißgrenze	0,8 mm

Kolbenringstoßspiel Ölabstreifring

Neuzustand	0,30 – 0,60 mm
Verschleißgrenze	1,20 mm

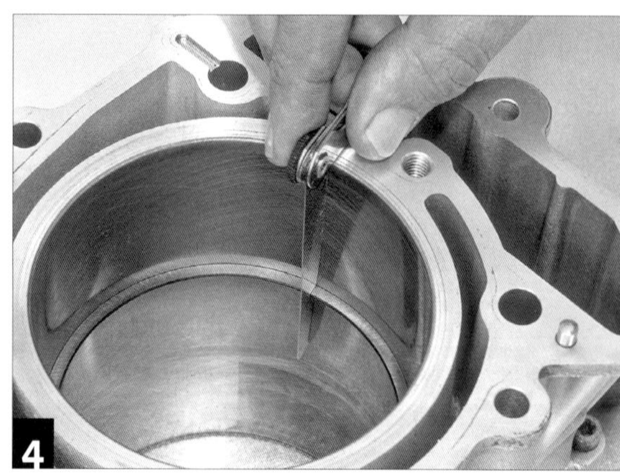

4

Ringspalt
- Kompressionsringe in Zylinder montieren und mit Tiefenmaß (60 mm von Oberkante) rechtwinklig zur Bohrung ausrichten.
- Kolbenringspalt mit Fühlerlehre messen .

Kolbenbolzenspiel
- 👁 Der leicht geölte Kolbenbolzen darf weder im Kolben noch im Pleuelauge spürbares Spiel aufweisen.
  Kolbenbolzenradialspiel im Pleuel

Neuzustand	0,01 – 0,025 mm
Verschleißgrenze	max. 0,04 mm

Kolbendurchmesser Toleranzgruppe A

Neuzustand	100,977 – 100,989 mm
Verschleißgrenze	100,977 mm

Kolbendurchmesser Toleranzgruppe B

Neuzustand	100,965 – 100,977 mm
Verschleißgrenze	100,890 mm

Kolbendurchmesser Toleranzgruppe AB

Neuzustand	100,973 – 100,981 mm
Verschleißgrenze	100,895 mm

5

Kolbendurchmesser
- Kolbendurchmesser im rechten Winkel zur Bolzenachse und 6 mm über der Unterkante am Kolbenhemd messen. Maß notieren.

Innentaster kalibrieren:

- Messschraube im Halter oder Schraubstock befestigen und auf 101,00 mm einstellen. Innentaster mit Messuhr in der Messschraube so ausrichten, bis sich der geringste Ausschlag an der Messuhr einstellt. Diese Zeigerstellung als Nullpunkt einstellen (Skala entsprechend drehen).

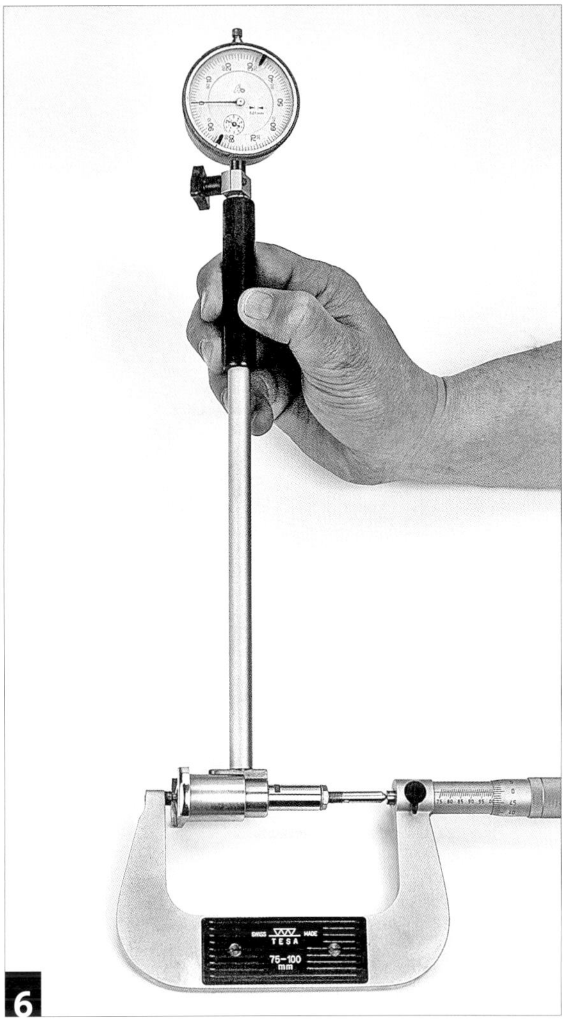

6

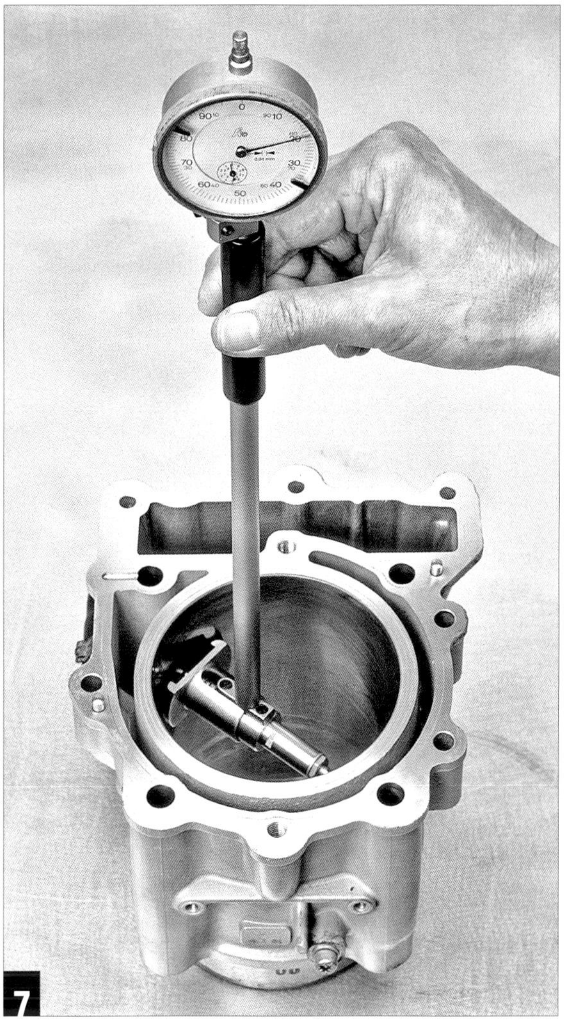

7

Messuhr und Innentaster kalibrieren

- Messschraube auf 101+-,00 mm einstellen.
- Der geringste Zeigerausschlag markiert den Nullpunkt an der Messuhr.

Zylinder-∅ Toleranzgruppe A

Neuzustand	100,992 – 101,000 mm
Verschleißgrenze	101,050 mm

Zylinder-∅ Toleranzgruppe B

Neuzustand	101,000 – 101,008 mm
Verschleißgrenze	101,058 mm

Zylinder-∅ Toleranzgruppe AB

Neuzustand	100,992 – 101,008 mm
Verschleißgrenze	101,058 mm

zulässige Unrundheit der Zylinderbohrung

20 mm von Oberkante	0,010 mm
100 mm von Oberkante	0,015 mm

Zylinder-Durchmesser

- 20 und 100 mm unter der Zylinder-Oberkante messen. Maßgebend ist der geringste Zeigerausschlag. (Im Bild F 650er Einzylinder.)

- Differenz zwischen Kolbendurchmesser und Zylinder-Durchmesser berechnen.
- Errechnetes Spiel des Kolbens im Zylinder beträgt im Einbauzustand (neu) 0,011 – 0,035 mm.
- Falls das Spiel über 0,120 mm (Verschleißgrenze) hinausgeht, müssen Kolben und Zylinder im Satz gewechselt werden. (Es werden beschichtete Zylinder verwendet, die nicht ausgeschliffen werden können.)
- Für die Reparatur sind nur Kolben der Toleranzgruppe AB erhältlich.
- Um die Vibrationen im Zaum zu halten, müssen beide Kolben der selben Gewichtsklasse angehören. Die Gewichtsklasse ist nur bei fabrikneuen Kolben erkennbar. Deshalb muss das Gewicht des anderen Kolbens ausgewogen werden. Die Kolben dürfen sich mit Bolzen und Ringen um maximal 10 Gramm unterscheiden.

16 Kolben & Zylinder

16.3 Einbau

Kolbenringe

- Kolbenringe gut geölt in Nuten einsetzen.
- ! Ringe nicht weiter aufweiten als unbedingt nötig, da sie leicht brechen.
- Kolbenringstöße um 120 Grad versetzt am Umfang verteilen.
- 👁 Kolbenringe auf freie Drehbarkeit kontrollieren.
- Kolben entsprechend der beim Ausbau gemachten Markierung (links/rechts) einbauen. Pfeil auf Kolbenboden weist in Fahrtrichtung.
- Zu Bild 2: Kolbenring-Spannband (handelsüblich oder BMW-Nr. 115731) um die Kolbenringe legen. (Je nach Geschicklichkeit können die Kolbenringe beim Einschieben auch von Hand zusammengedrückt werden, wobei der Einbau dann aber länger dauert.)

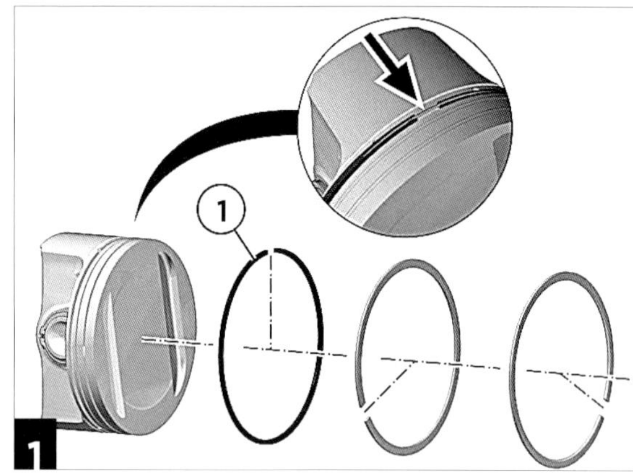

Kolbenring-Versatz
- Ölabstreifring **1** so anbringen, dass Stoß nach oben weist. Übrige Ringstöße um 120° versetzen.

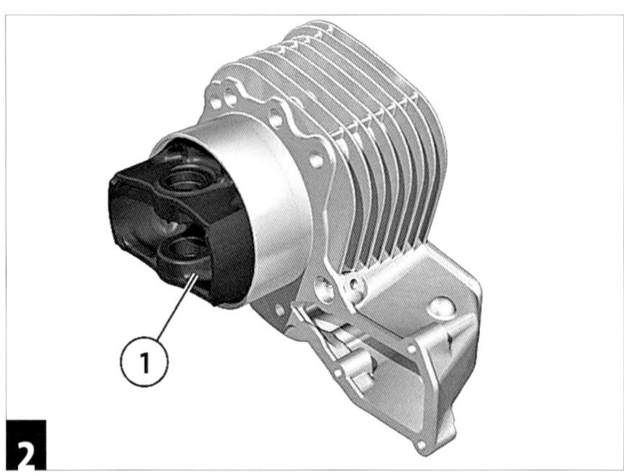

Kolben-Montage
- Kolben mit Kolbenringspanner oder von Hand so in Zylinder einsetzen, dass Ringe im Zylinder stecken und Kolbenbolzen-Bohrung noch zugänglich ist.

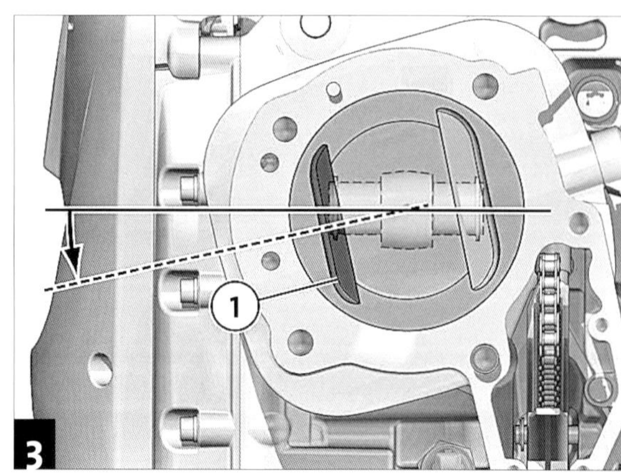

Kolben-Einbaulage im Zylinder
- Kolben so ausrichten, dass die kleineren Ventiltaschen **1** der Auslassventile leicht nach unten zum Auslass weisen.

Zylinder Montage
- Zwei **neue** O-Ringe anbringen.

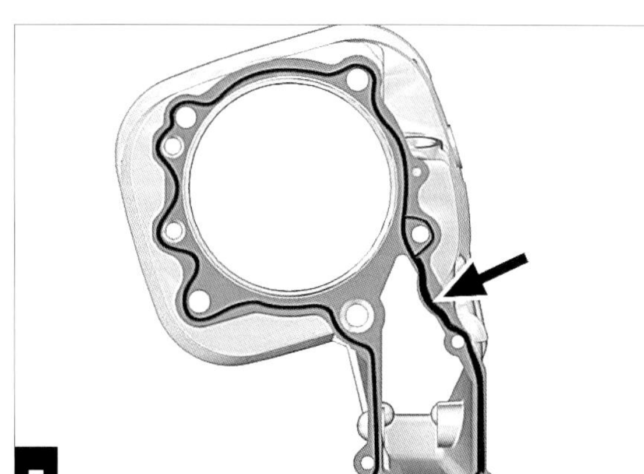

Dichtfläche
- Dichtflächen reinigen (Bremsenreiniger) und Silikondichtmasse gleichmäßig auf Zylinderfußfläche auftragen.

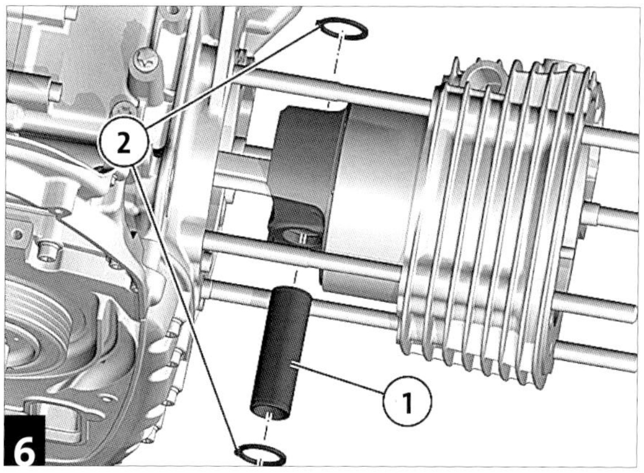

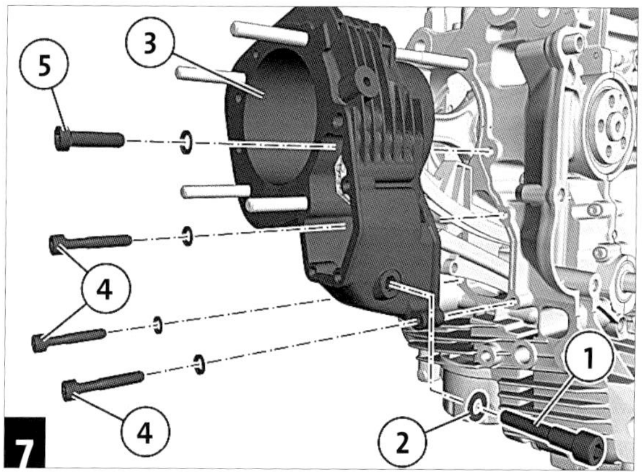

- Zylinder mit Kolben aufschieben und gleichzeitig Steuerkette, Spann- und Führungsschiene durch Steuerkettenschacht führen.
- Zylinder soweit aufschieben, bis Kolbenbolzen-Bohrung mit Pleuelbohrung fluchtet.
- Kolbenbolzen und -Bohrungen in Koben und Pleuel vollständig ölen.
- Kolbenbolzen von vorn einschieben und Sicherungsringe mit Seegerring-Zange einsetzen. Auf korrekten Sitz der Ringe achten.

Zylinder-Befestigung

- Zylinder **3** vollständig aufschieben und mit Schrauben **4**/**5** und Scheiben am Kurbelgehäuse festschrauben. Im Bild linker Zylinder. Bei rechtem Zylinder entfällt Schraube **5**, siehe Bild 1 Seite 182.

5 Anzugsmoment M8 x 55 .... 19 Nm
4 Anzugsmoment M6 x 35 .... 8 Nm

- Lagerschraube **1** der Steuerketten-Gleitschiene mit neuer Dichtscheibe **2** eindrehen.

1 Anzugsmoment M10 .... 18 Nm

17 Kurbelwelle & Pleuel

17.1 Ausbau

- Axialspiel der Kurbelwelle in montiertem Zustand messen (Bild 1 Seite 132).

Ölstandsensor (mit Bordcomputer)
- Ggf. Ölstandsensor ausdrehen.

Öldruckschalter
- Ggf. Öldruckschalter am Sechskant ausdrehen.
Anzugsmoment M10 X 25 x 1,25 .... 65 Nm

Gehäuseschrauben rechts
- Zuerst alle kleinen Schrauben ausdrehen, dann die großen.

Gehäuseschrauben links Typ 450
- Es kommen zwei Arten von Gehäuseschrauben **1** zum Einsatz: **A** mit aufgerollter Scheibe und **B** mit Dichtscheibe **2**.
Dies führt zu unterschiedlichem Auftrag des Dichtmittels.

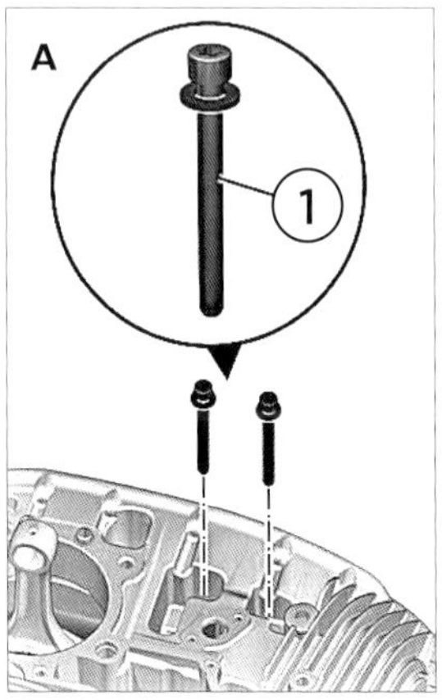

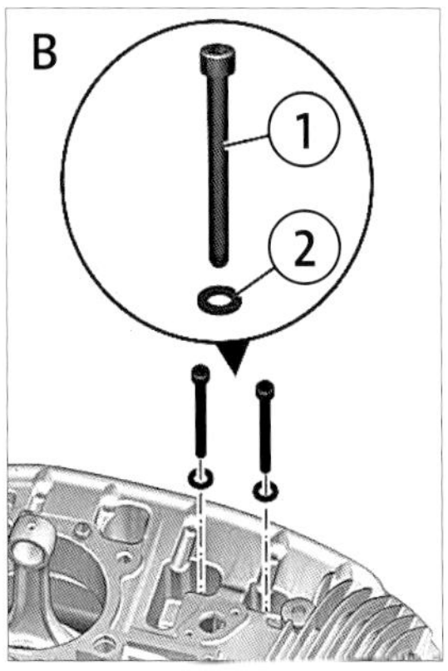

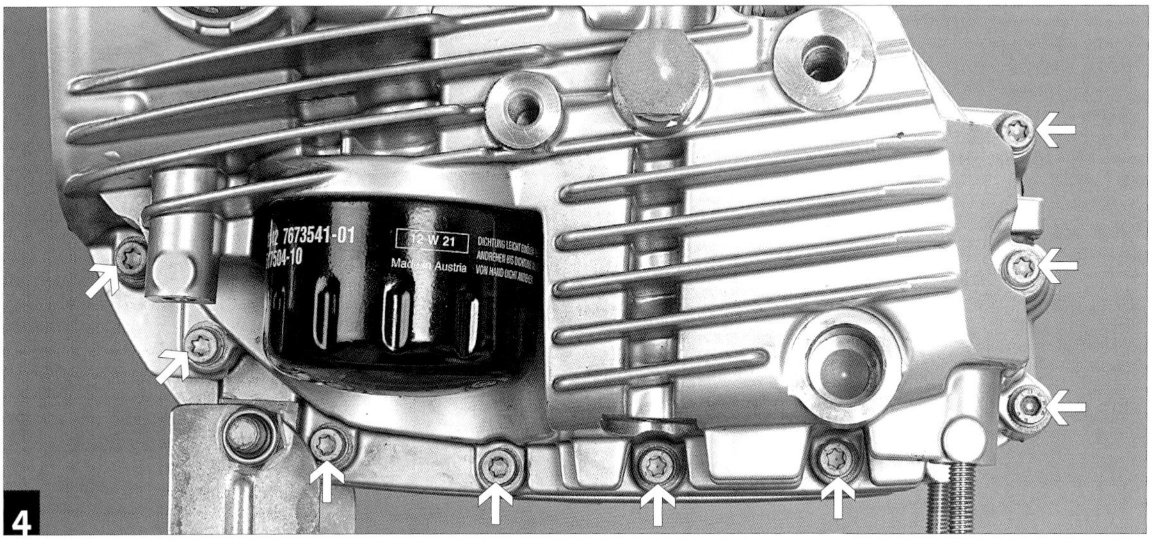

4

Gehäuseschrauben links unten

- Neun Schrauben links unten ausdrehen.

5

Gehäuseschrauben links und rechts (Ansicht von hinten)

- Hier gehören zwei Schrauben zur rechten Gehäusehälfte (oben und unten), und zwei zur linken (in der Mitte).

17 Kurbelwelle & Pleuel

17.1 Ausbau
Fortsetzung

Gehäuseschrauben links
- Drei Schrauben ausdrehen.

Gehäuseschrauben links oben
- Vier Schrauben ausdrehen.

6

7

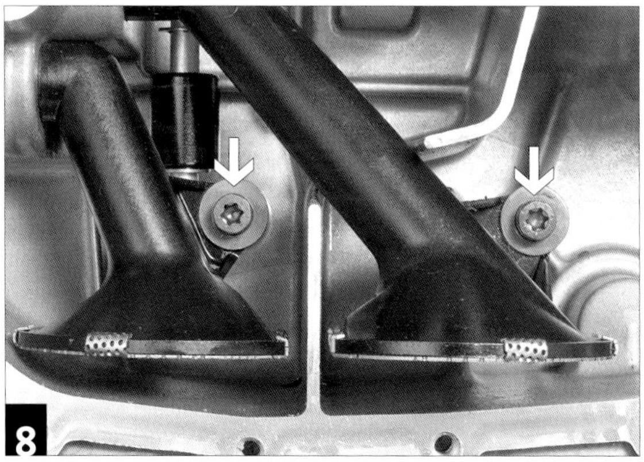

8

9

Ölansaugglocken
- Ggf. Ölansaugglocken für Motorkühlung und Motorschmierung ausbauen.

Membranventil
- Ggf. Membranventil ausbauen.
- 👁 Membranplättchen auf einwandfreien Zustand sichtprüfen.

10

Befestigungsschraube der Steuerkettenschiene

- Ggf. Schraube ausdrehen und Kettenschiene entnehmen (kein Muss).

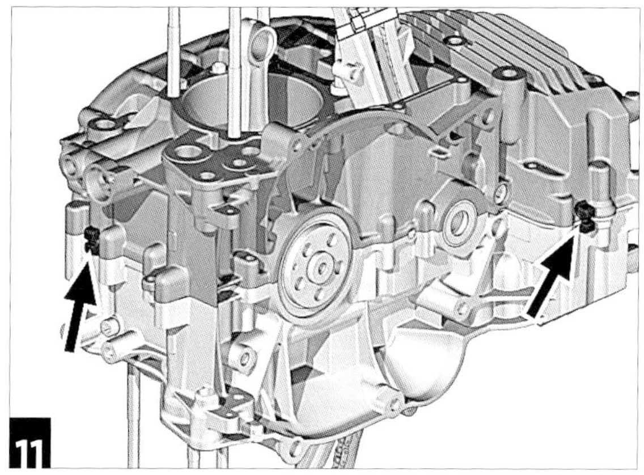

11

Gehäuse trennen

- Gehäusehälften an den Nasen mit passendem Schraubendreher voneinander abdrücken.

! Motorgehäuse ohne zu verkanten voneinander trennen (Beschädigungsgefahr der Lagerschalen).

- Kurbelwelle von Hand aus Gehäusehälfte entnehmen.
- Lagerschalen, Führungslagerschale und Dichtring von Hand abnehmen.
- Gehäuse peinlichst säubern (mit Druckluft freiblasen).

12

Pleuel

! Crackpleuel passen nur in einer Stellung zu ihren Lagerdeckeln. Sie dürfen nicht verdreht oder vertauscht werden.

- Kurbelwelle mit Schutzbacken in Schraubstock einspannen und Einbaulage der Pleuel und Lagerdeckel mit Filzstift markieren.
- Schrauben ausdrehen und Pleuel/Lagerdeckel abnehmen.

! Pleuelschrauben sind Dehnschrauben, die nur einmal verschraubt werden dürfen. Nur Neuteile verwenden.

Verschraubung Pleuellager

👁 Es kommen Schrauben mit unterschiedlicher Steigung zum Einsatz. Vor Montage prüfen.

Anzugsmomente

Dehnschraube, M10 x 1,25, Schraube erneuern
Gewinde und Kopfauflage leicht geölt einbauen
Fügemoment .... 5 Nm
Voranzug .... 20 Nm
Endanzug .... 90°
Dehnschraube, M10 x 1, Schraube erneuern
Gewinde und Kopfauflage leicht geölt einbauen
Fügemoment .... 5 Nm
Voranzug .... 20 Nm
Endanzug .... 105°

17 Kurbelwelle & Pleuel

17.2 Prüfen und Vermessen

- **Axialspiel der Kurbelwelle** in montiertem Zustand messen.
- Die Messung kann mit handelsüblichem Industrie-Mechaniker-Werkzeug vorgenommen werden. In Bild 1 sind die BMW-Nummern der Messvorrichtung angegeben.

Typ 307 und 303

Neuzustand .... 0,080 – 0,163 mm
Verschleißgrenze .... 0,200 mm

ab Typ 450 (2010)

Neuzustand .... 0,125 – 0,28 mm
Verschleißgrenze .... 0,24 mm

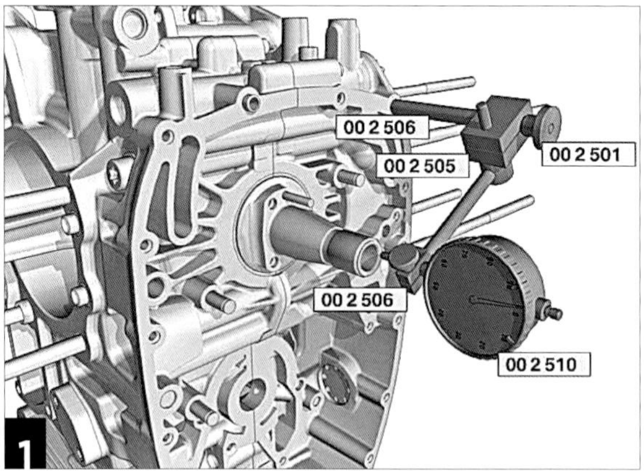

Axialspiel der Kurbelwelle

- Die Messung des Axialspiels wird bei vorläufig montiertem Kurbelgehäuse vorgenommen.
- Kurbelwelle vor und zurück drücken und Messuhr ablesen.

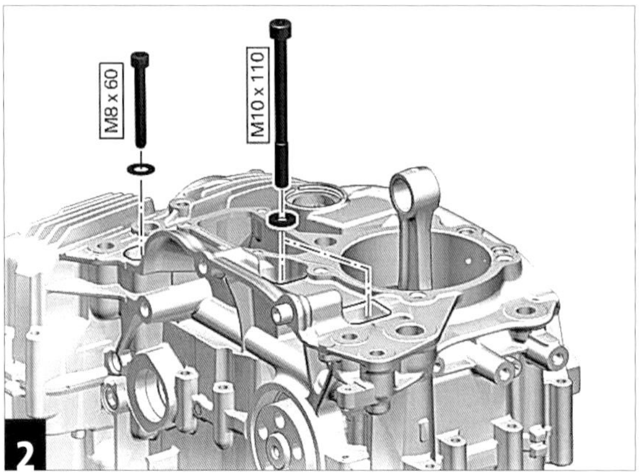

Kurbelgehäuse links

- Drei Schrauben der linken Seite locker ansetzen und Gehäuse umdrehen.

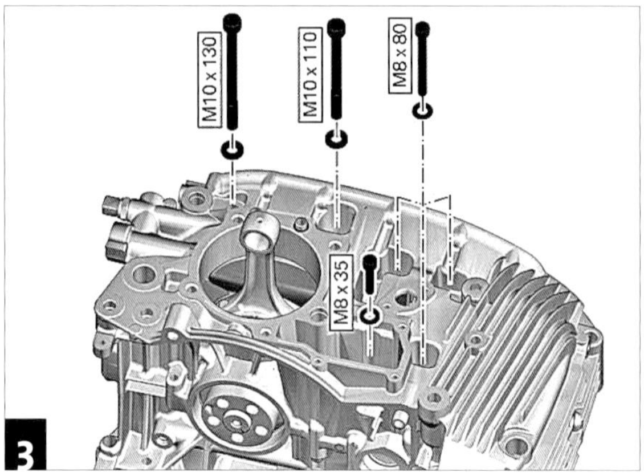

Kurbelgehäuse rechts

- Sechs Schrauben der rechten Seite locker ansetzen.

- Kurbelgehäuse vorläufig montieren:
- Zuerst Schrauben der rechten Seite anziehen (Bild 3).

M10 x 130

Voranzug .... 25 Nm
Endanzug .... 90°

M10 x 110

Voranzug .... 25 Nm
Endanzug .... 90°

- Dann Schrauben der linken Seite anziehen (Bild 2).

M10 x 110 - 10.9

Voranzug .... 25 Nm
Endanzug .... 90°
M8 x 60, verschraubt mit Dichtung .... 19 Nm

4

1 Radialspiel
2 Axialspiel

Kurbelwellen-Radialspiel

- Spiel der Kurbelwellenlager mit »Plastigage« messen. Dabei wie auf Seite 111 beschrieben (Nockenwellen-Lagerspiel) vorgehen.
- Kurbelgehäuse provisorisch montieren (Bilder 2 und 3).

! Kurbelwelle mit eingelegtem Messstreifen nicht drehen!

- Kurbelgehäuse wie bei Axialspielmessung beschrieben montieren (Bilder 2 und 3; jedoch ohne die Lagerschalen zu schmieren) und wieder lösen.

Neuzustand
...... 0,023 – 0,07 mm
Verschleißgrenze
...... max. 0,095 mm

17 Kurbelwelle & Pleuel

17.2
Prüfen und Vermessen
Fortsetzung

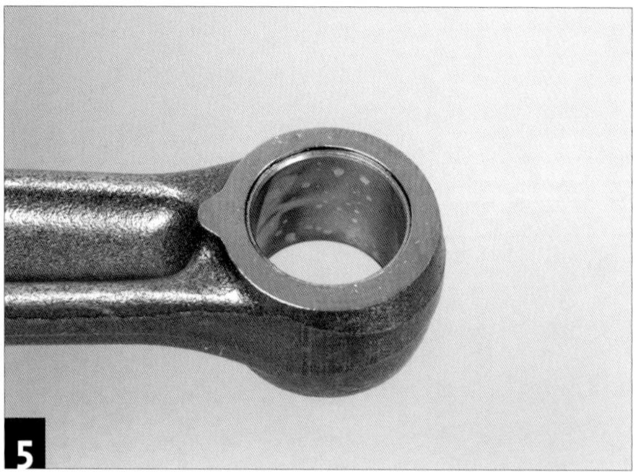
5

6

Pleuelauge
- Pleuelauge darf keine Anzeichen von mangelnder Schmierung oder Ausbrüche aufweisen.

Ausweichung des Kolbenbolzens
- Bolzen geölt in Pleuelauge einschieben und Bolzen gegenläufig gegen Pleuelauge verdrehen.
- Es darf keine Ausweichung spürbar sein, oder gar Knacken. Spiel-Verschleißgrenze beträgt 0,060 mm.

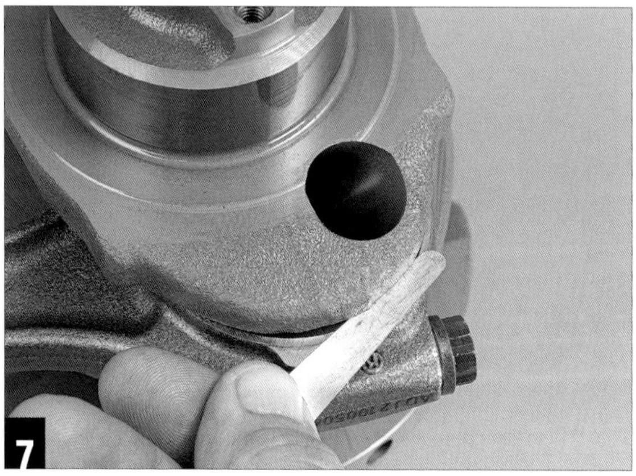
7

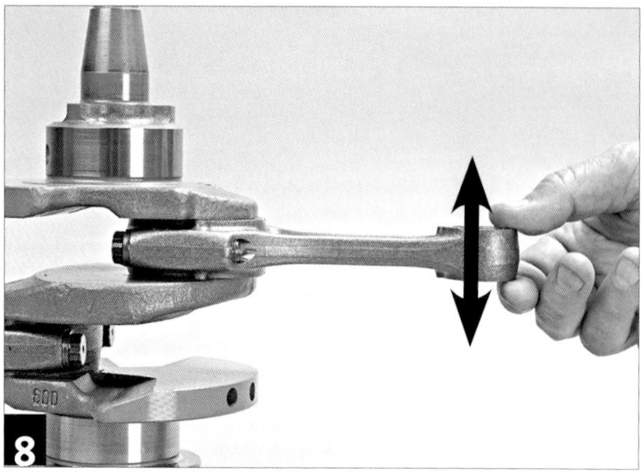
8

Axialspiel des Pleuels
- Axialspiel mit Fühlerlehrenblatt messen.
  Neuzustand. . . . . 0,130 – 0,312 mm
  Verschleißgrenze . . . . 0,500 mm

Ausweichung des Pleuels
- Pleuel hoch und runter drücken. Der Grad der Ausweichung gibt Auskunft über den Verschleiß des Pleuellagers. Es darf »praktisch keine« Ausweichung spürbar sein, oder gar ein »Knacken«.

- Die Kennzeichnung kann auch in einer Farbmarkierung (weiß/blau/gelb) an der Pleuelstange bestehen.

9

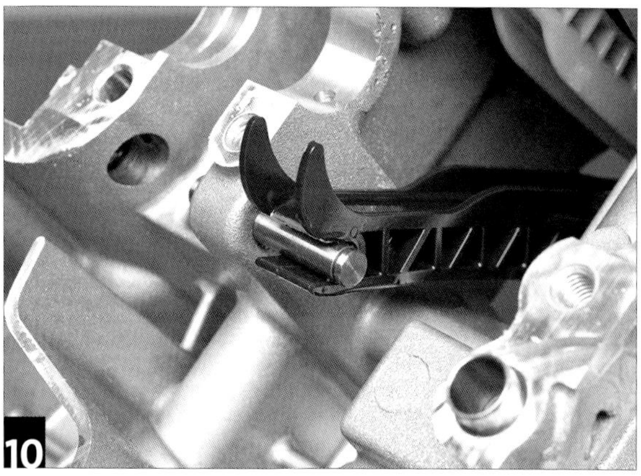
10

Kennzeichnung der Pleuelgewichtsklasse
- Wenn die Pleuel ersetzt werden, darauf achten, dass sie beide in der selben Gewichtsklasse liegen. Im Bild ein Pleuel der Gewichtsklasse 2.

Steuerkettenschiene-Widerlager
- Festsitz der Lagerstifts kontrollieren. Die Schiene ist hier und jetzt nur zur Demonstration eingesetzt.

17.3 Montage

Steuerkettenschiene-Widerlager

- Lagerstift und Bohrung entfetten. Reichlich Dichtmasse auftragen, so dass auch die Sicherungsscheibe (Pfeil) umschlossen wird und Lagerstift mit Schiene einsetzen.

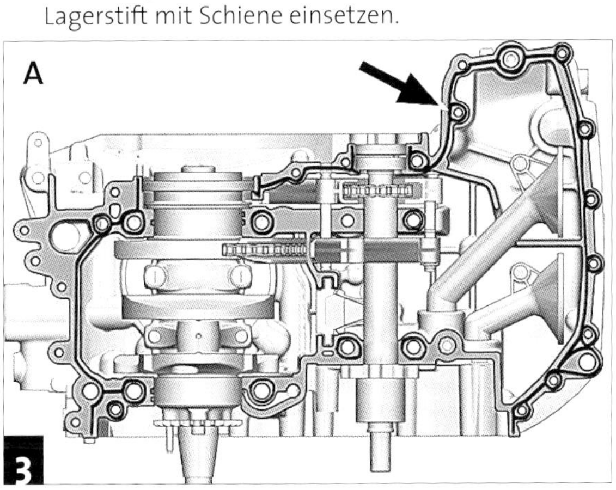

Dichtmasse-Auftrag Typ 307, 303 und 450 Variante A

- Silikon-Dichtmasse (Pfeil) gleichmäßig auftragen. Die BMW-Werkstatt verwendet Dow Corning-Dichtmasse.

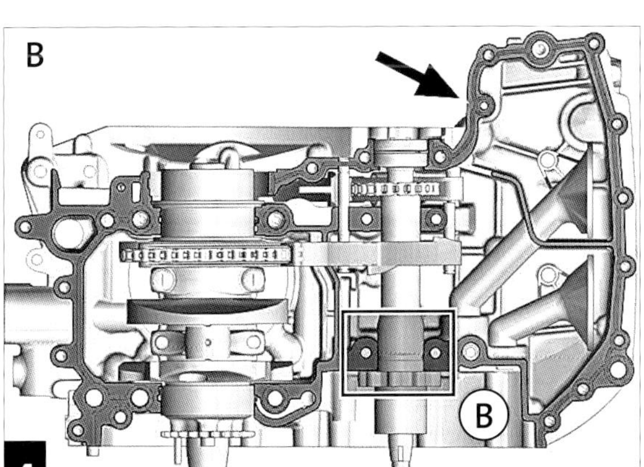

Dichtmasse-Auftrag Typ 450 Variante B

- Silikon-Dichtmasse (Pfeil) gleichmäßig auftragen.
- Einbaulage der Schrauben siehe Bild 3 Seite 128. Neue Dichtscheiben verwenden.

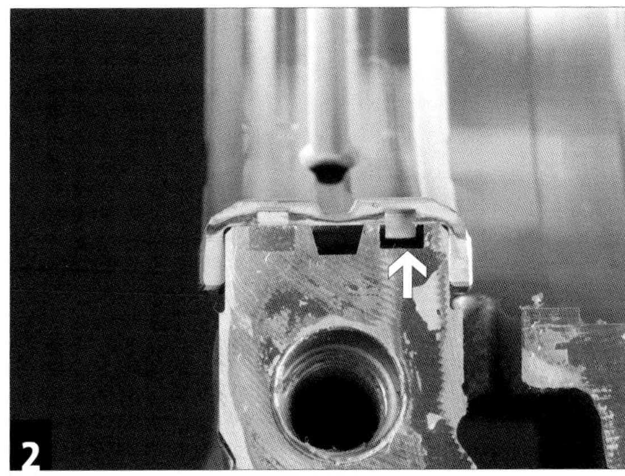

Lagerschalen

- Lagerschalen auf korrekten Sitz kontrollieren. Nase der Lagerschale greift in Gehäusenut ein. Lagerlaufflächen vollständig ölen.

- Pleuellagerschalen in Pleuel und Lagerdeckel einsetzen.
- Beide mit gut geölten Lagerschalen zusammenfügen und neue Pleuelschrauben anziehen. Die Anzugsmomente unterscheiden sich je nach Typ und verwendeten Schrauben (unterschiedliche Gewindesteigungen).
- Anzugswerte siehe Seite 131.
- Kurbelwelle mit vollständig geölten Lagerlaufflächen in Gehäusehälfte einlegen.
- Gehäusedichtflächen entfetten und Dichtmasse auftragen.

18 Bremsen

18.1 Bremssattel

! Arbeiten an Maschinen, die mit ABS ausgerüstet sind, sind grundsätzlich der BMW-Werkstatt vorbehalten, die für das korrekte Entlüften des Hydrauliksystems ausgerüstet ist! Andernfalls besteht die Gefahr des Verbleibens von Restluft in den Regelkreisen des ABS-Systems.
! Das Befüllen (Seite 142) und Entlüften (Seite 52) »von Hand« dauert mit ABS wesentlich länger als bei einem normalen Bremssystem.
! Wer das Entlüften der Bremsanlage nicht aus dem »FF« versteht und durchführen kann, sollte das Wechseln der Bremssättel der BMW-Werkstatt anvertrauen.
! Dichtringe und Staubkappen der Kolben in Sattel und Pumpe werden nicht repariert, sondern komplett gewechselt. Das ist nach technischen Gesichtspunkten sinnvoll, da mit dem Verschleiß an den Dichtlippen auch Verschleiß an Zylinder und Kolben einhergehen. Sie sind nicht auf dem Ersatzteilweg der BMW Motorradpartner erhältlich.
! Arbeitsschritte gelten gleichermaßen für Vorder- und Hinterradbremse.
! Bremsschlauchverbindung mit neuen Dichtscheiben anbringen und anziehen.
- Maschine so sichern, dass sie nicht unversehens nach vorne kippt:
- Ständer mit Vorderrad verzurren.
- Bremsflüssigkeit aus Vorratsbehälter absaugen (z. B. mit Einwegspritze aus der Apotheke).
- Bremsschlauch **3** Bilder 1 und 2 schon am montierten Sattel entfernen und Bremsflüssigkeit geduldig in Auffanggefäß austropfen lassen.

! Jedes Tröpfchen, das da immer noch raustropft, kann schon großen Lackschaden anrichten!
! Verkleckerte Bremsflüssigkeit von lackierten Flächen sofort abwischen!
! Im Folgenden wird von »trockener« Bremsanlage ausgegangen!
- Zur Erleichterung können die Bremsbeläge ausgebaut werden.

Bremssattel vorn
- Schlauch abnehmen und restliche Bremsflüssigkeit in Auffanggefäß austropfen lassen.
- (Auge) Auf Verbleib der Kappe **3** achten.
- Neue Dichtringe verwenden.

1 **Anzugsmoment**
M10 x 1,25 - 10.9 .... 30 Nm
2 **Anzugsmoment**
M10 x 1........ 24 Nm

ABS-Sensor vorn
- Aus- und Einbau ist beim Vorderrad beschrieben (Seite 144).

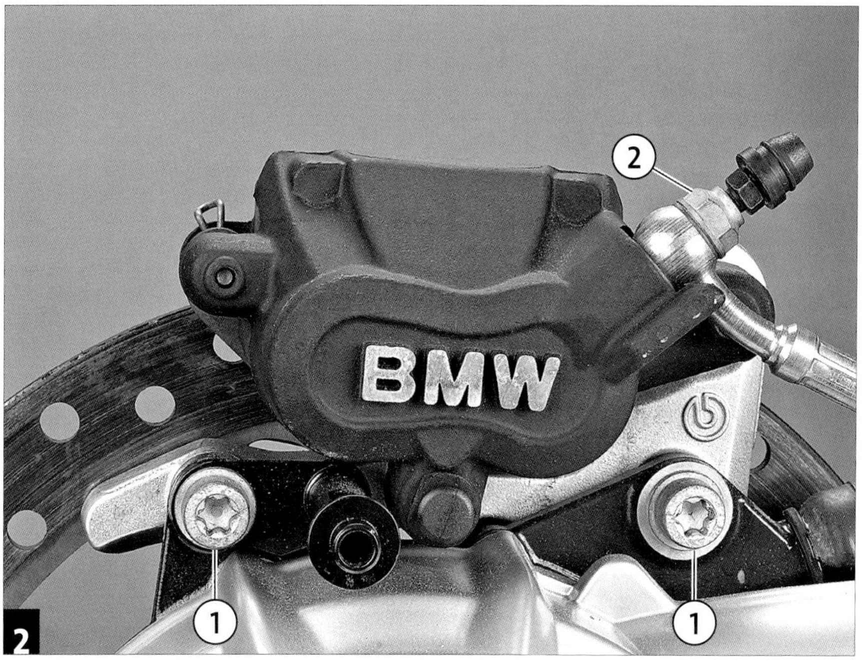

2

Bremssattel hinten
- Neue Dichtringe verwenden.

1 **Anzugsmoment**
M8 x 25 ....24 Nm

2 **Anzugsmoment**
M10 x 1.........24 Nm

- Belagträgerplatte auf der Rückseite und an stirnseitiger Belagführung **dünn** mit Bremsklotzpaste schmieren (Never Seeze Compound).

3

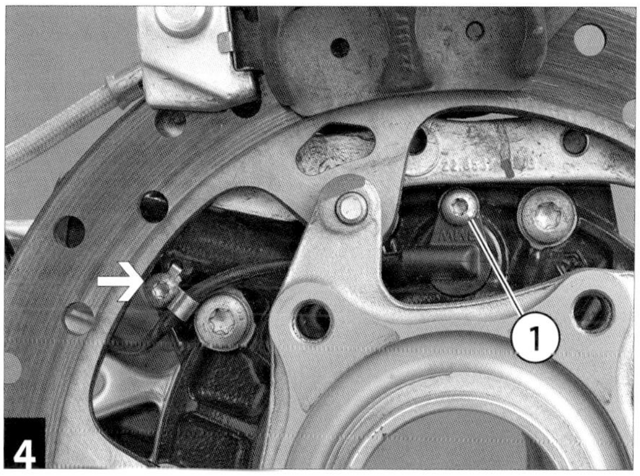

4

Bremssattel hinten
👁 Pfeil der Belagfeder weist in Drehrichtung.

ABS-Sensor hinten
- Hinterrad ausbauen (Seite 158).
- Schrauben ausdrehen (Pfeile) und Sensor mit Kabelschelle abnehmen.

1 **Anzugsmoment** M5 x 10 .... 4 Nm
- Weitere Kabelführungsvarianten siehe Seite 61.

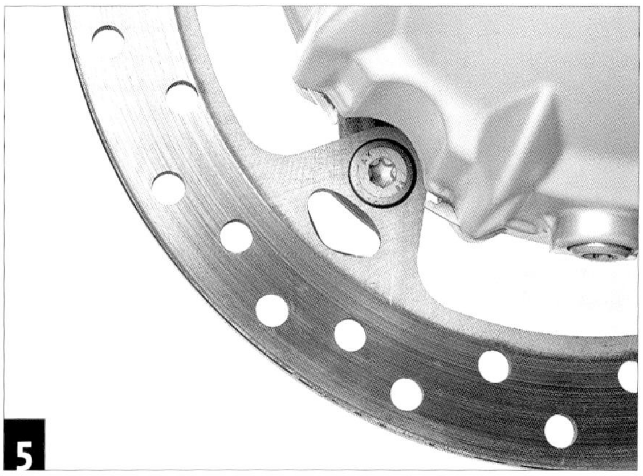

5

Bremsscheibe hinten
- Bremsscheibenschlag und -Dicke in eingebautem Zustand messen (Seite 49).
- Scheibe drehen, bis Schraube zugänglich ist (Bild 5) und Schrauben nach und nach ausdrehen.
  Anzugsmoment M8 x 1,5 Voranzug .... 12 Nm
  Endanzug ....30 Nm

- Schrauben schrittweise **über Kreuz** anziehen.
- **Neue** mikroverkapselte Schrauben verwenden.

18 Bremsen

18.2 Fußpumpe

- Die **Handpumpe** wird im Kapitel Lenker aus- und eingebaut (Seite 148).
- Bremsflüssigkeit aus Vorratsbehälter absaugen (z. B. mit Einwegspritze aus der Apotheke).
- Zwei Schrauben ausdrehen und Fersenschutz abnehmen (Bild 1A). **Anzugsmoment** mit Schraubensicherung M6 x 20 . . . . .8 Nm

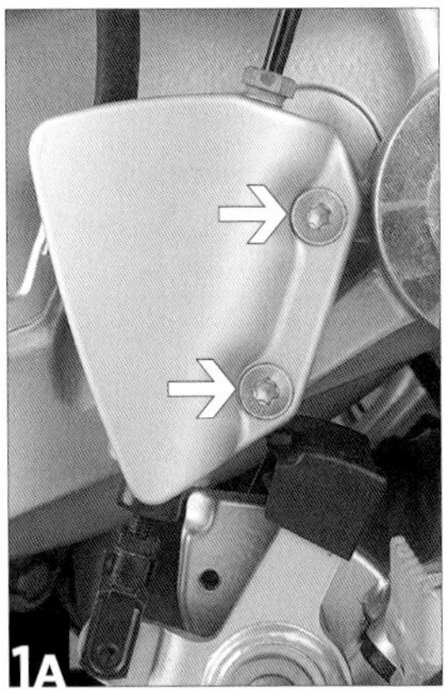

Hydraulik-Zulauf 1B
- Klemme am Bremsschlauch lösen und Schlauch an Pumpe abnehmen. Bremsflüssigkeit geduldig in Auffanggefäß austropfen lassen.

Vorratsbehälter
- Bremsflüssigkeit aus Vorratsbehälter absaugen (z. B. mit Einwegspritze aus der Apotheke).
- Zulaufschlauch (zwei Pfeile) freilegen und Ausgleichsbehälter vom Rahmen abnehmen (Schraube **1**).

Bremspedal

! Vorsicht beim Abnehmen des Pedals. Pedal steht unter Federdruck. Federdruck langsam abbauen bzw. beim Einbau Druck langsam aufbauen.
- Pedal mit gefetteter (Hochleistungsschmierfett) Hülse **3** montieren.

Verbindungsbolzen Bremspedal
- Verbindungsbolzen ausclipsen und abnehmen.

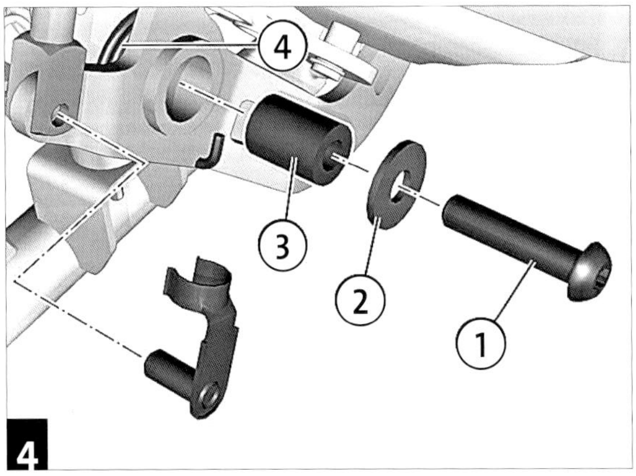

Bremspedal
- Schraube **1** mit Scheibe **2** ausbauen. Pedal mit Hülse **3** und Feder **4** abziehen.

1 Anzugsmoment M8 x 35 . . . . 21 Nm

Fußpumpe
- Lagerstellen mit Ölspray oder WD-40 einsprayen.
- Überschüssiges Spray abwischen.
- Freigängigkeit des Hebels und Druckaufbau im System prüfen.

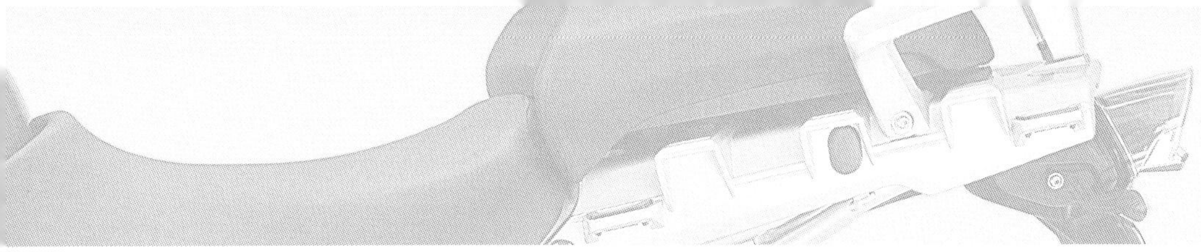

18.3 Schnüffelspiel

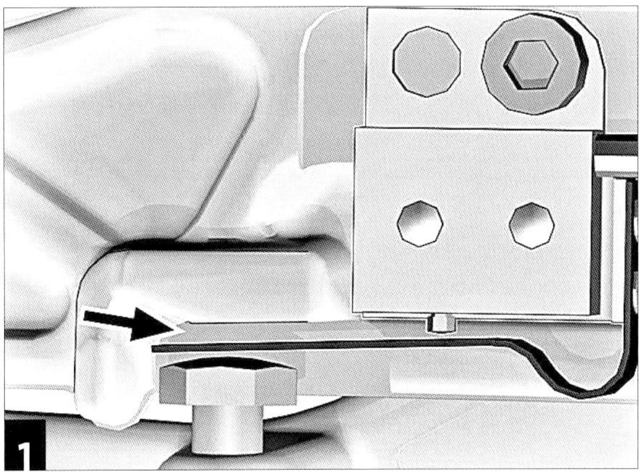

Die Einstellung des Leerwegs des Bremspedals (Schnüffelspiel) nach jeder Arbeit an Pedal oder Pumpe durchführen.

- Fühlerlehrenblatt (2,5 mm dick) zwischen Bremslichtschalter-Hebel und Rahmen-Anschlag einsetzen (Bilder 1 und 3).
- Gegenmutter **1** Bild 4 lockern.
- Druckstange **2** Bild 4 eindrehen, bis Spiel spürbar ist.
- Druckstange wieder ausdrehen, bis **an der Druckstange** kein Spiel mehr spürbar ist
- Gegenmutter **1** Bild 4 wieder anziehen.
- **Anzugsmoment** M6 .... 8 Nm
- Fühlerlehrenblatt abnehmen.
- Abdeckung aufsetzen (Bild 1).

Schnüffelspiel einstellen 2004 – 2005
- Schnüffelspiel zwischen Zapfen und Rahmen messen. (Mehrere Fühlerlehren-Blätter zusammenfassen.)

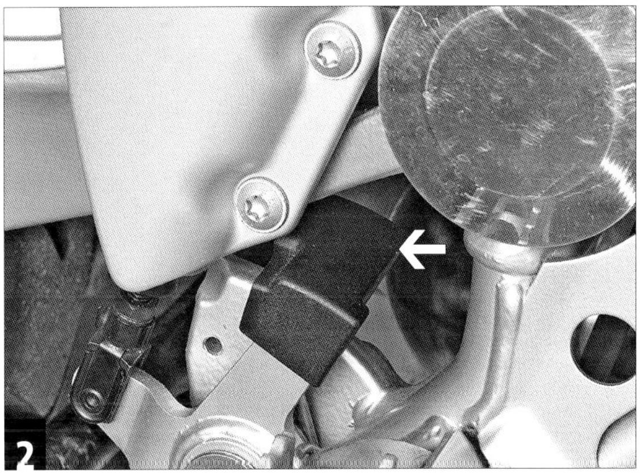

Schnüffelspiel einstellen ab 2006
- Kunststoff-Abdeckung abnehmen.

Schnüffelspiel einstellen ab 2006
- Schnüffelspiel zwischen Zapfen und Rahmen-Anschlag messen. (Mehrere Fühlerlehren-Blätter zusammenfassen.)

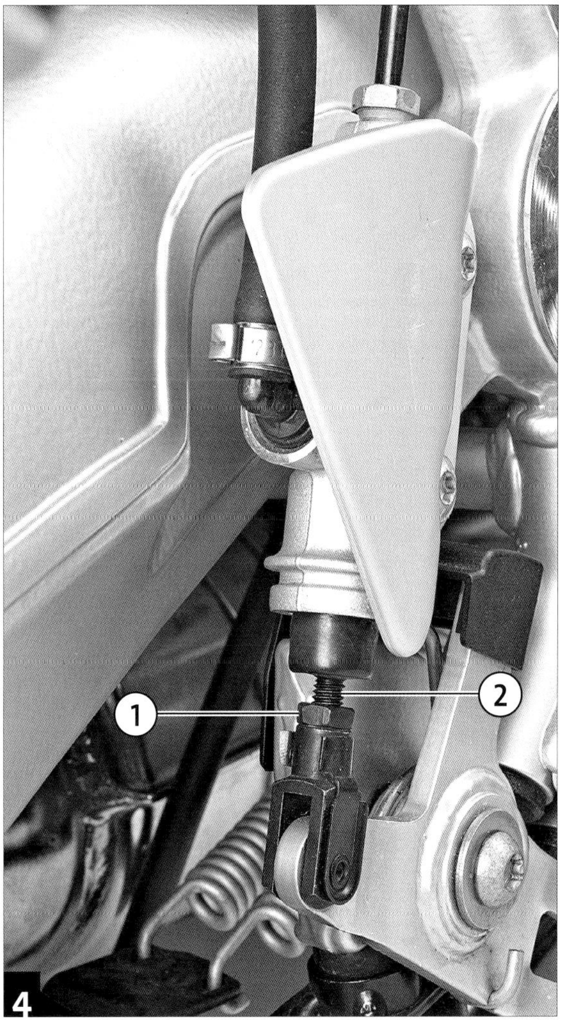

Druckstange
1 Druckstange
2 Gegenmutter **Anzugsmoment** M6............ 8 Nm

18.4 Bremsscheibe und Sensorring

- Verschleiß- (Seite 49) und Verzug-Messung (folgender Abschnitt) in eingebautem Zustand vornehmen.
- Vorderrad ausbauen (Seite 144).
- Schrauben **1** Bild 1 ausdrehen und Bremsscheibe ggf. mit Sensorring abnehmen.

! Es werden Sensorräder mit unterschiedlicher Teilung verbaut. Immer nur ursprüngliche Teilung verbauen, da es sonst zu Störungen des ABS kommem kann.

- Auflagefläche der Bremsscheibe und Muttergewinde im Rad reinigen und neue Schrauben (mikroverkapselt) eindrehen.
- Schrauben schrittweise **über Kreuz** anziehen.

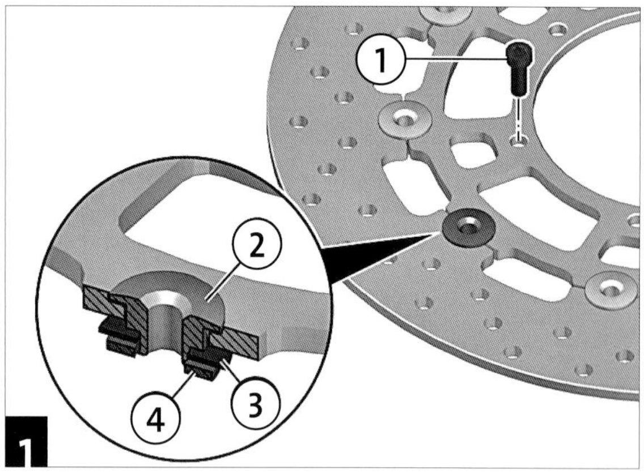

Bremsscheibe und Sensorring vorn

- Mit **neuen** Schrauben montieren.

👁 Nietbördel **2** liegt bei montierter Scheibe außen.

1 **Anzugsmoment** M8 x 27 - 10.9 (mikroverkapselt) . . 19 Nm
3 Federscheibe **4** Scheibe

18.5 Prüfen und Vermessen

- Verschmierte Bremsscheiben mit Aceton oder Bremsenreiniger reinigen.

👁 Die Messung des Scheibenverzugs ist nur sinnvoll, wenn die Befestigung der Bremsscheibe unbeschädigt ist (z. B. gebrochene Federscheibe; Bild 1 oben).

- Maschine so aufbocken, dass Vorderrad freikommt.
- Bremssattel ausbauen und Messuhr samt Halter an Bremssattelaufnahme montieren (Bild 1).

👁 Verzug an eingebauter Bremsscheibe mit Messuhr messen.
Verschleißgrenze . . . . 0,15 mm

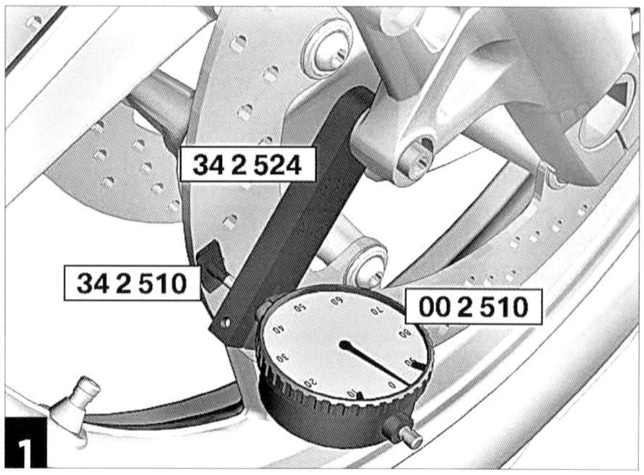

Bremsscheiben-Verzug

- Messschuh nahe der Außenkante ansetzen.
- Eine Rad-Umdrehung messen (langsam drehen).
- Summe der +/--Ausschläge ergibt Verschleißmaß.
Verschleißgrenze . . . . 0,15 mm

18.6 Bremsanlage befüllen

- Hydrauliksystem nach dargestelltem Ablauf-Schema befüllen.
Dabei Schlauch vom Entlüftungsventil in Behälter mit Bremsflüssigkeit enden (damit keine Luft »rückwärts« wieder angesaugt wird).
Wie auf Seite 53 erwähnt muss mit ABS wesentlich länger gepumpt werden.
- Anlage entlüften (Seite 53).

! Vor Teilnahme am Straßenverkehr unbedingt Funktionsprobe der Bremse durchführen.

! Erst wenn Druckpunkt und Bremswirkung deutlich spürbar sind, ist Bremse betriebsbereit.

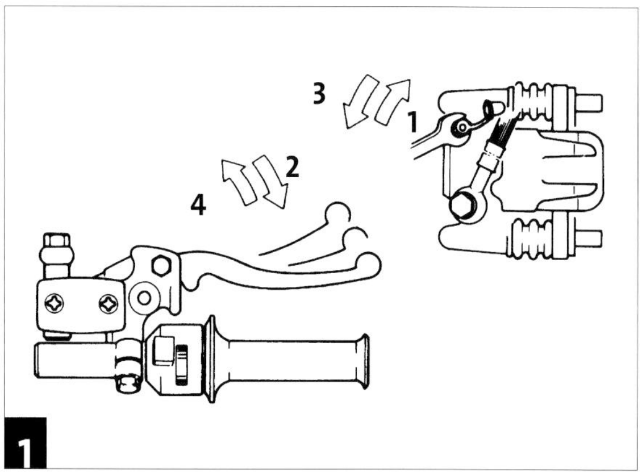

Ablaufschema zum Befüllen des Hydrauliksystems

1 Entlüfterventil öffnen
2 Hebel anziehen
3 Entlüfterventil schließen
4 Hebel schnell rauslassen

18.7 Bremsmodulator

- Tank ausbauen.

Modulator-Stecker
- Kabelbinder **1** lösen.
- Stecker an Schieber **2** entriegeln und abziehen.

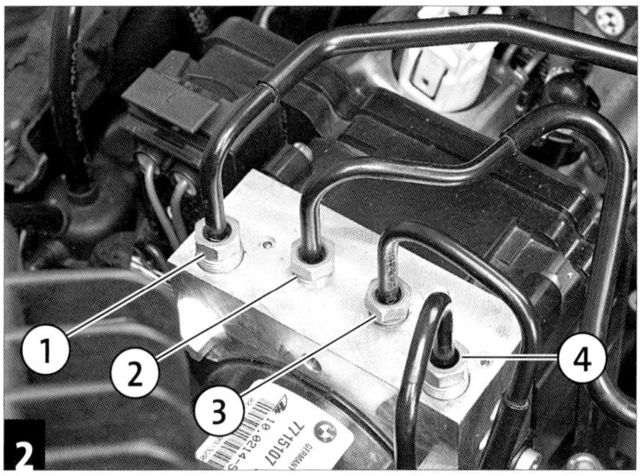

Hydraulikanschlüsse
- Verspannte oder falsch verlegte Bremsleitungen können scheuern und undicht werden.
- Auf Freigängigkeit gegenüber den anderen Bauteilen achten.
- Überwurfmuttern Bild 2 zuerst alle locker von Hand eindrehen, dann festziehen.

1 zur Handpumpe
2 zum Vorderrad
3 zum Hinterrad
4 zur Fußpumpe

Anzugsmoment M10 x 1, M12 x 1 .... 14 Nm

Modulator-Befestigung
- Schraube links vorn aus-/einbauen (Pfeil).

Modulator-Befestigung
- Schrauben links und rechts (Pfeile) aus-/einbauen.

19 Frontpartie-Rad

19.1 Aus- und Einbau

- Bremssättel abnehmen.
- ! Handbremse bei ausgebautem Rad nicht mehr betätigen! Die Kolben im Bremssattel fahren sonst heraus!
- ! Maschine sicher aufbocken.

Einbau

- Dichtlippen des Wellendichtrings und Radachse reinigen. Beide dünn mit MoS_2-Fett balsamieren (Optimoly TA).
- Rad vorsichtig in Gabel einführen (Bild 6). Dabei auf das richtige Einfädeln der Bremsscheibe zwischen den Bremsbelägen achten (Beläge nicht beschädigen)
- Distanzhülse einsetzen und Achse durchschieben.
- Achse bzw. Achsschraube anziehen (Bilder 1 und 3).
- Motorrad vom Ständer nehmen und bei blockiertem Vorderrad Gabel mehrmals »zusammenstauchen« (nicht mit Bremse blockieren, sondern gegen festen Widerstand/Mauer), damit sich Achse setzt.
- Achsklemmschraube anziehen (Bild 1).
- ! Bremsdruck durch Pumpen am Hebel aufbauen, bevor Fahrzeug in Bewegung gesetzt wird.
- ! Bremse ist erst betriebsbereit, wenn Druckpunkt spürbar ist.

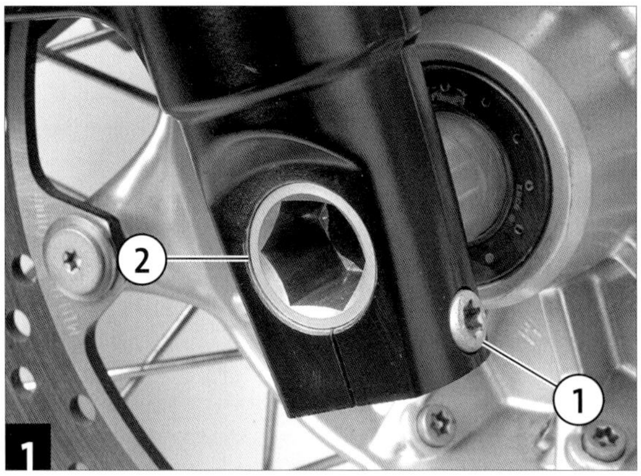

Vorderrad-Befestigung rechts
- Klemmschraube **1** lockern und Achse **2** ausdrehen.
- Rad nach vorn herausrollen.
- Auf Verbleib der Distanzhülse achten.

Distanzhülse links
- Beim Einbau Dichtlippe des Wellendichtrings fetten.

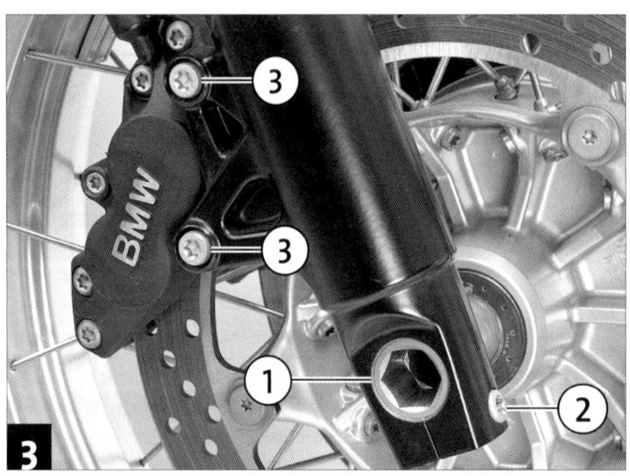

Vorderrad einbauen – Anzugsreihenfolge1

1	Achse **Anzugsmoment** M24 x 1,5	50 Nm
2	Klemmschraube **Anzugsmoment** M8 x 35	19 Nm
3	Bremssattel **Anzugsmoment** M10 x 1,25 - 10.9	30 Nm

ABS-/Raddrehzalsensor vorn
- **Anzugsmoment** M4 x 10 .... 4 Nm

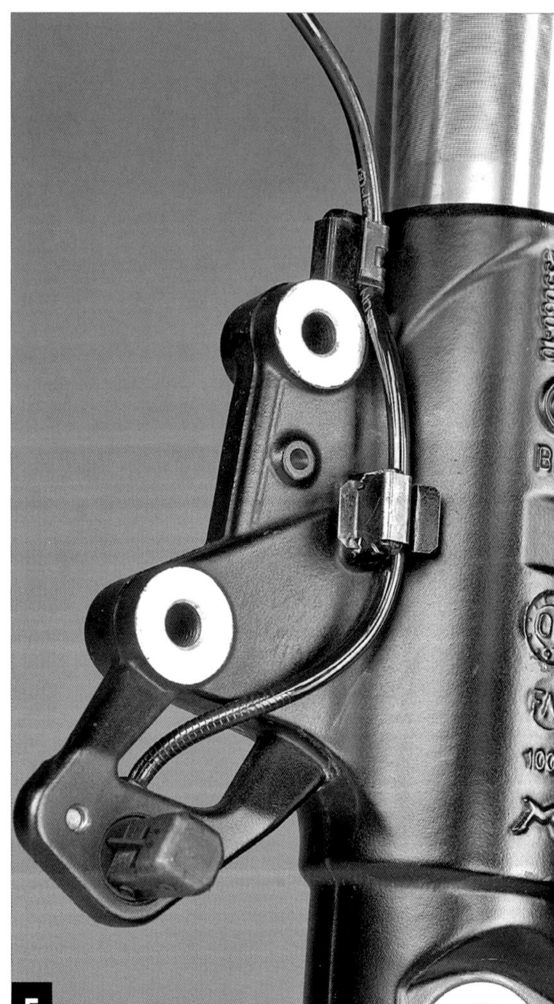

ABS-Sensor vorn
- Kabel eng am Holm verlegen.
- Einbaulage Stecker siehe Seite 164.

Einbau Laufrad

- Letzte Zweifel über das "Wierum" räumt ein Gusspfeil in der Nabe aus, der die Drehrichtung vorgibt. Ansonsten: Sensorrad sitzt links

19.2 Prüfen und Vermessen

- **Felgenschlag-Prüfung** siehe auch Seite 62/Wartung.

Lagertest – Fingerprobe

- Innenlaufringe mit Finger auf spielfreien und geräuschlosen Lauf und festen Sitz prüfen.
- Außenlaufring muss fest in der Nabe sitzen.

- **Wellendichtringe** erneuern, wenn sie erkennbar sabbern.
  Bei ausgebautem Rad Dichtlippen auf Geschmeidigkeit prüfen.
  Ausgehärtete Dichtringe ersetzen.
- Auf Zentrierständer **Schlag der Radfelge** feststellen (einen solchen Stützbock kann man leicht improvisieren oder selbst herstellen).
  Ein stabiler Schraubstock reicht oft schon aus, um die verschraubte Radachse einzuspannen.
  Seiten- und Höhenschlag mit Messuhr prüfen.

! Unrunde Felgen/Räder erneuern.

! Radunwuchtung nach jedem Reifenwechsel prüfen.

! An der Vorderradfelge nicht mehr als 80 Gramm Wuchtgewichte anbringen.

- Radachsen in Prismenblöcke legen und Achsschlag mit Messuhr messen.

! Bei Verzug Achse erneuern.
Niemals versuchen, Achse gerade zu richten!

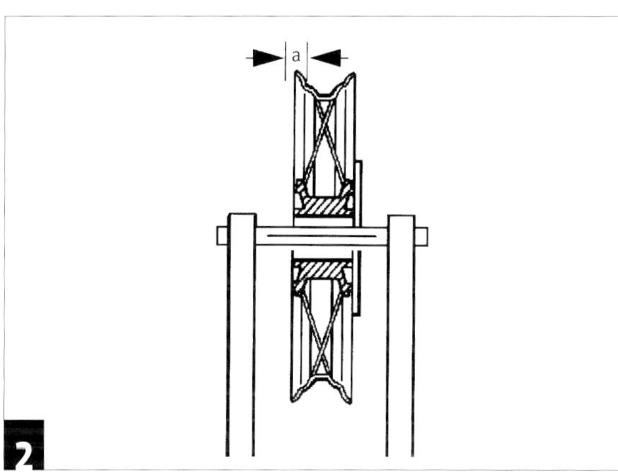

Seitenschlag

- **Verschleißgrenze** .... 1,7 mm

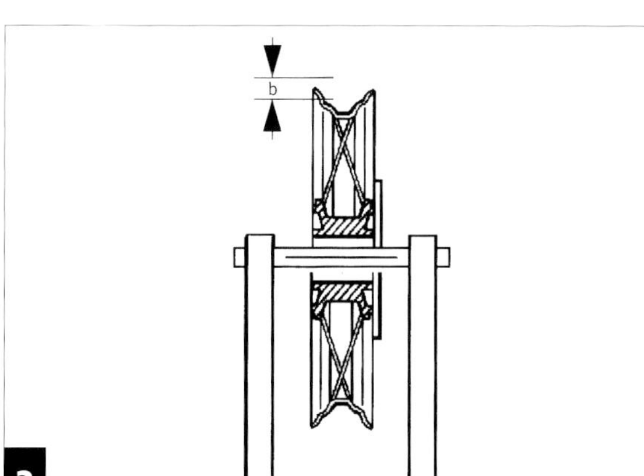

Höhenschlag

- **Verschleißgrenze** .... 1,7 mm

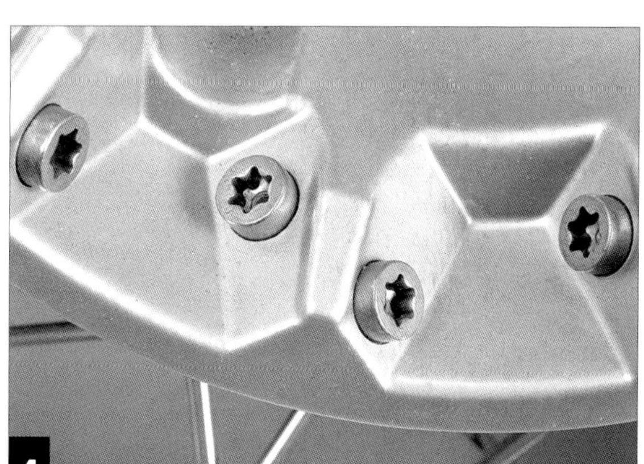

Speichenspann-Nippel

- Madenschrauben ausdrehen (kontern mit 1 Nm).
- Neue Speichen mit Minimum-**Anzugsmoment** montieren (Voranzug 1 Nm; Endanzug........ 4 Nm).

19 Frontpartie-Rad

19.3 Wellendichtringe und Radlager

- **Wellendichtringe** mit passendem Schraubendreher o. Ä. aushebeln (Seite 16).
- Dichtring trocken mit passender Stecknuss ohne Verkanten bis zum Aufsitzen einschlagen.
- 👁 Auf **Einbaulage der Wellendichtringe** achten: **links**: großer Innendurchmesser **rechts**: kleinerer Innendurchmesser
- → Falsche Einbaulage führt zu Lagerschaden.
- **Radlager** nur bei Beschädigung oder Verschleiß ausbauen (Prüfung siehe Bild 1 Seite 145). Einmal ausgebaut wandern Radlager auf den Schrott!
- Radnabe auf einer Heizplatte oder mit Industriefön auf 100 °C erwärmen (erleichtert Aus- und Einbau).
- Am weitesten verbreitet ist die folgende Methode: Distanzhülse zwischen den Innenringen der Lager mit langem Dorn zur Seite drücken und Lager am Innenring schrittweise über Kreuz austreiben, um das Aufweiten der Lagersitze zu vermeiden (Bild 1).
- Distanzhülse entnehmen und gegenüberliegendes Lager schrittweise über Kreuz austreiben.
- Die schonendste Methode des Lagerausbaus ist ab Bild 2 beschrieben.

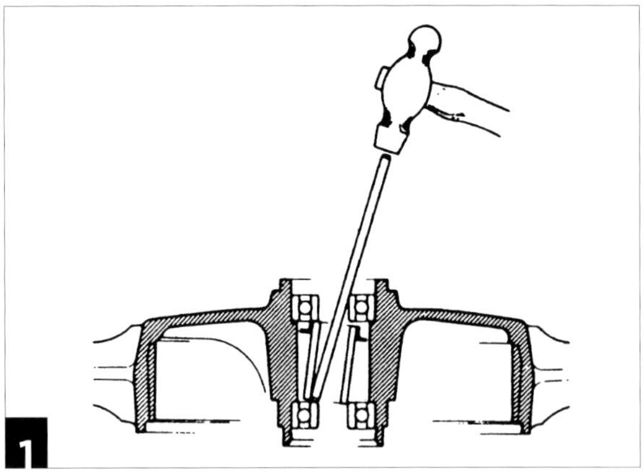

Ausbau der Radlager
- Traditionelle Methode: Schrittweise über Kreuz austreiben, sonst weiten bei ungestümem Vorgehen die Lagersitze auf!

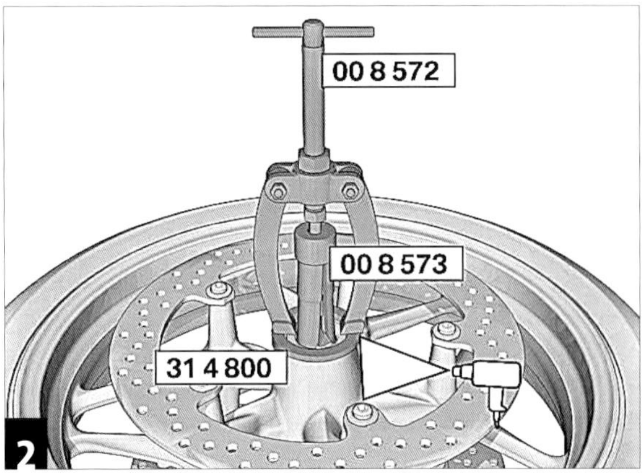

Ausbau der Radlager/rechts
- Rechtes Radlager mit Stützring, Gegenstütze und Innenauszieher ausbauen.
- Radnabe auf 100 °C erwärmen (erleichtert Aus- und Einbau).

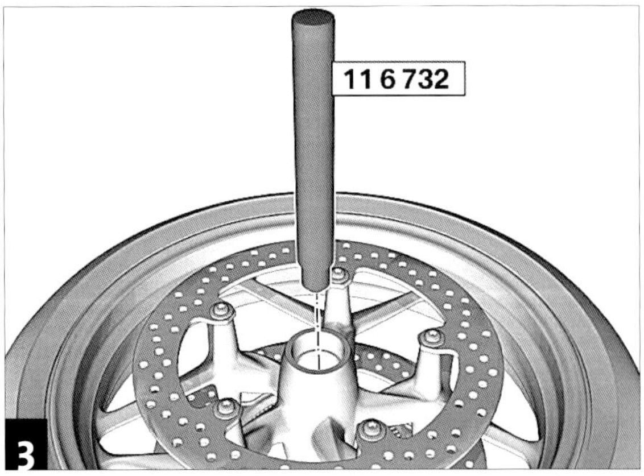

Ausbau der Radlager/links
- Linkes Radlager mit Schlagdorn ausbauen (BMW-Nr. 11 6 732).

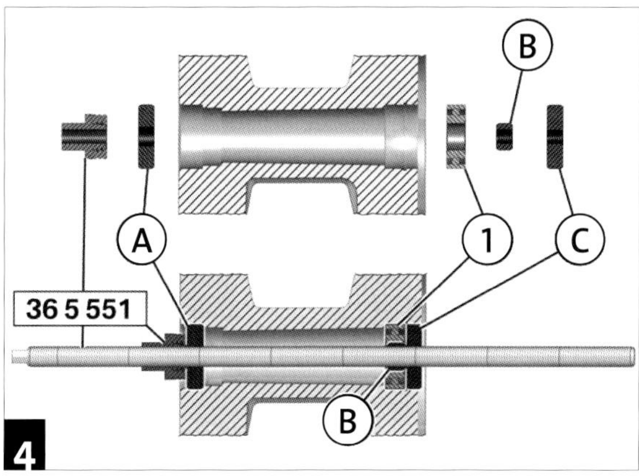

Einbau der Radlager/links

1 Linkes Lager
A Scheibe Ø ....52 mm
B Scheibe mit Gewinde Ø....................25 mm
C Scheibe mit Gewinde Ø....................52 mm

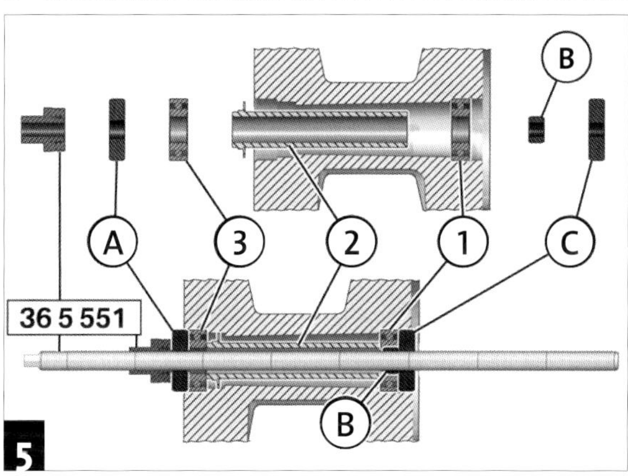

Einbau der Radlager/rechts

1 Linkes Lager
2 Distanzhülse
3 Rechtes Lager
- **A**, **B** und **C** siehe Bild 5

Einbau

TIPP

- Neue Radlager über Nacht ins Tiefkühlfach legen.
- Mit warmer Radnabe (100 °C) schlupft das Lager dann fast von selbst in seinen Sitz.
  Die gegensätzliche Materialveränderung schont die Lagersitze!

- Die Radlager entweder folgendermaßen einbauen oder mit entsprechendem Spezialwerkzeug, das relativ leicht selbst angefertigt werden kann, einbauen (Bild 4).
- Lagersitze reinigen.
- Radnabe auf einer Heizplatte oder mit Industriefön auf 100 °C erwärmen.

! Lager nur am Außenring eintreiben, nicht auf Innenring oder gar Kugeln schlagen!

- Radlager mit passender Stecknuss ohne Verkanten bis zum Aufsitzen einschlagen.
- Distanzhülse einsetzen und gegenüberliegendes Lager soweit eintreiben, bis Distanzhülse praktisch spielfrei zwischen den Lagern sitzt.

! Distanzhülse darf kein Spiel haben (Fingerprobe).

- Die BMW-Werkstatt treibt einen höheren Aufwand, und zwar aus gutem Grund: Mit der langen Spindel mit Einziehmutter (BMW-Nr. 36 5 551), der Scheibe **A** (BMW-Nr. 36 5 554) und den Scheiben **B** , **C** (BMW-Nr. 36 5 553) ist das Einziehen der Lager ohne Verkanten bei höchster Lager- und Lagersitz-Schonung gewährleistet.
  Diese Wekzeuge können günstig mit Gewindestangen und passenden Unterlagscheiben improvisiert werden.
- Lagersitze reinigen.
- Radnabe auf einer Heizplatte oder mit Industriefön auf 100°C erwärmen.
- **Zuerst linkes Lager** in Lagersitz einsetzen und mit langer Spindel sowie Einziehmutter, Scheibe **A**, **B** und **C** bis zum Aufsitzen einziehen (Bild 5).
- Distanzhülse **2** Bild 5 einsetzen.

👁 Darauf achten, dass Distanzhülse plan und ohne zu verkanten auf Lager sitzt.

! Beim Einziehen des rechten Lagers genau darauf achten, dass sich das linke Lager nicht von seinem Sitz löst und verkantet. Sonst können Radachse, Felge oder Bremssattel beschädigt werden. Beim ABS-System kann es zu fehlerhafter Signalgebung des Sensors führen.

- Rechtes Lager in Lagersitz einsetzen.
- Scheibe A und Einziehmutter einbauen.
- Lager bis zum Anliegen an der Distanzhülse einziehen.
- Radnabe abkühlen lassen und Wellendichtringe einbauen.

20 Frontpartie-Lenker

20.1 Aus- und Einbau

! Verbogenen Lenker nicht versuchen wieder gerade zu richten, sondern umgehend ersetzen! Gefahr des Dauerbruchs!
- Zuerst Schalter und Armaturen ausbauen, dann Lenker aus Klemmböcken nehmen und einbauen (Seite 150).

Schalter und Armaturen

! Maschine sicher aufbocken, ggf. mit improvisiertem Hilfsständer.
! Ggf. Bremsflüssigkeit absaugen.
! Falls nur der Lenker gewechselt werden muss, Bremsschlauch nicht trennen, sondern Bremsarmatur abnehmen und waagrecht festlegen, dass keine Luft in den Bremsschlauch gelangen kann. Genauso auch mit Kupplungs-Hydraulik verfahren.
- Handpumpe und Lenkerschraube abnehmen. Klemmbock mit Spiegel abnehmen.
- Kabelbinder am Lenker trennen.

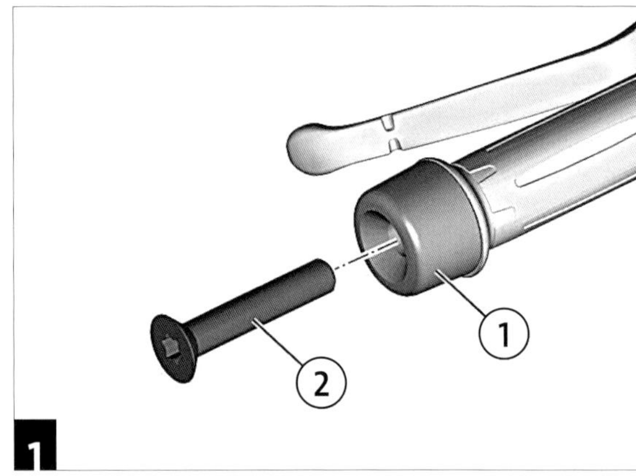

Lenkergewicht aus- und einbauen
1 Lenkergewicht
2 Schraube (mikroverkapselt)
Anzugsmoment M12 x 80 x 1,5 .... 21 Nm

Armaturen ausbauen/Kupplung und Bremse
- Schrauben ausdrehen, Klemmbock abnehmen und Armatur nach vorn ablegen.
- **Anzugsmoment** M5 x 20 .... 5 Nm

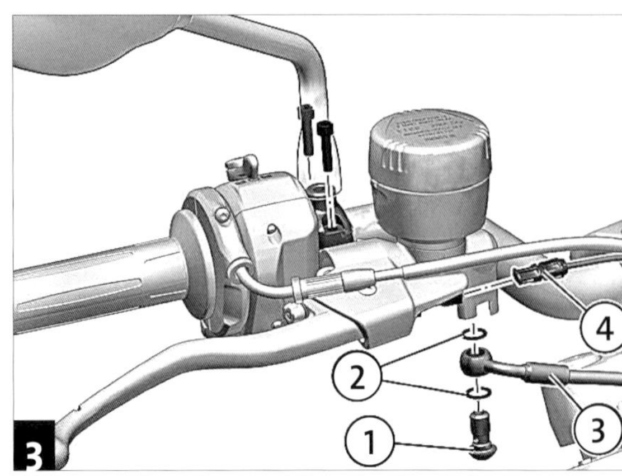

Bremsarmaturen aus- und einbauen
- Ggf. Schlauch **3** abnehmen und Bremslichtschalter **4** trennen.

1 Hohlschraube **Anzugsmoment** mit neuen Scheiben **2** M10 x 1 .... 24 Nm

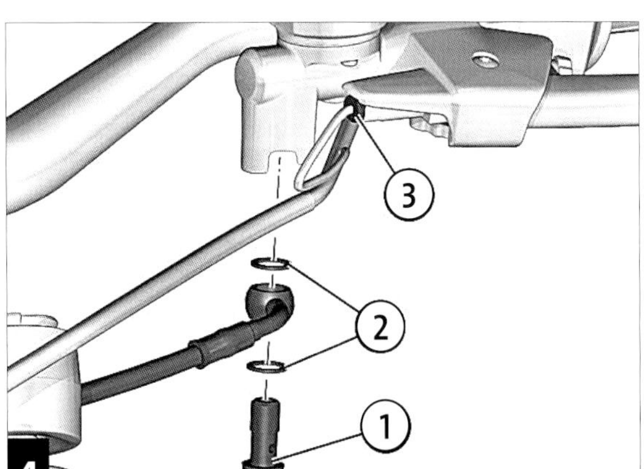

Hydraulik-Anschluss Kupplung
1 Hohlschraube **Anzugsmoment** mit neuen Scheiben **2** M10 x 1 .... 18 Nm
- Kupplungsschalter **3** trennen.

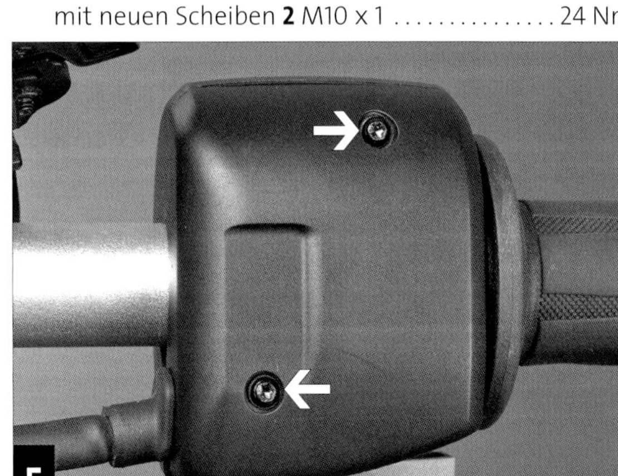

Deckel des Lenkerschalters links und rechts
- Zwei Schrauben ausdrehen und Deckel abnehmen.

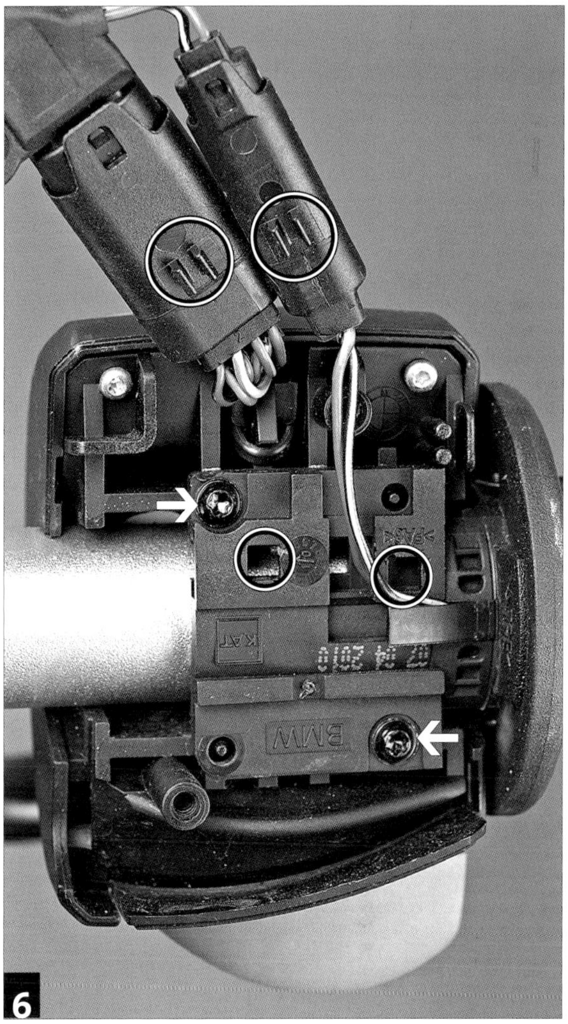

Schaltergehäuse rechts

- Schrauben (Pfeile) ausdrehen.
- Schalter abnehmen und trennen. Beim Einbau darauf achten, dass Haltenasen der Stecker (Kreise) sauber in Öffnungen (Kreise) einrasten.

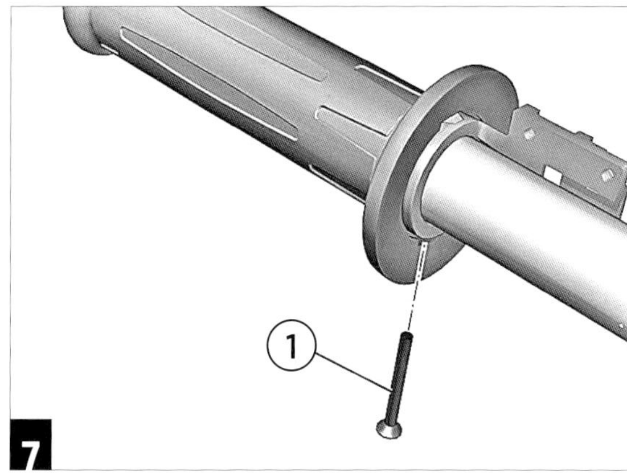

Griff links ausbauen

- Schraube **1** ausdrehen.
- Griff abziehen.
- **Anzugsmoment** M3,5 x 32 .... 2 Nm

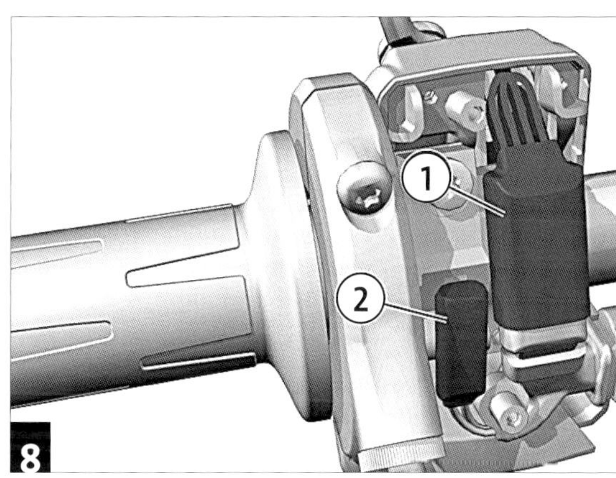

Schaltergehäuse rechts

- Stecker **1** und **2** in Einbaulage.

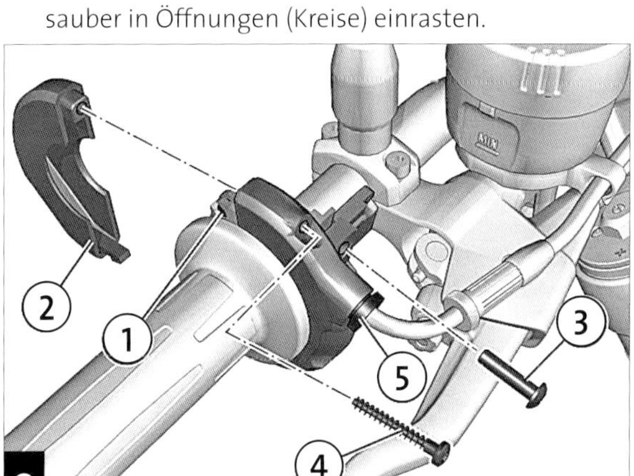

Gasdrehgriff

- Schraube **4** ausdrehen und Deckel **2** abnehmen.
- Seilzug **1** aushängen. Schraube **5** ausdrehen und Seilzug abnehmen.
- Schraube **3** Ausdrehen und Griff abnehmen.

Markierungen aufeinander ausrichten

- Lenkergriff (Bild 6) sowie Gehäuse **1** provisorisch montieren und Nase/Klemmspalt auf Lenkermarkierung ausrichten.

20 Frontpartie-Lenker

20.1
Aus- und Einbau
Fortsetzung

- Zur Anpassung an den Fahrer können die Klemmböcke um 180° gedreht eingebaut werden (Klemmspalt schließen).
- Die langen Schrauben zuerst anziehen, dann die kurzen.

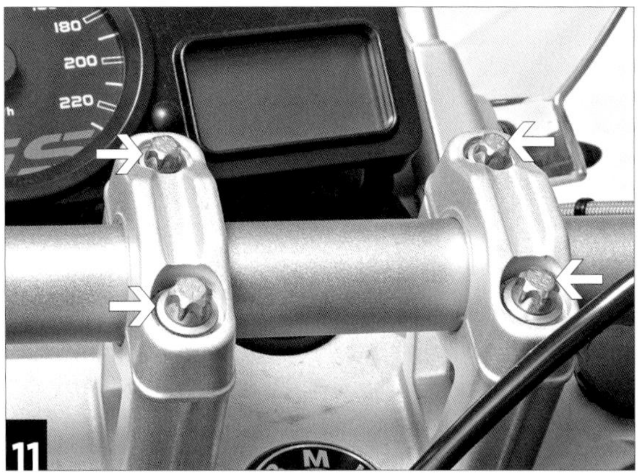

Lenkerklemmbock
- Vier Schrauben ausdrehen. Lenker abnehmen.
- **Anzugsmoment** M10 x 90 - 10.9 .... 36 Nm
- **Anzugsmoment** M8 x 30 .... 16 Nm

Lenkermarkierung/Klemmspalt
- Klemmspalt weist nach hinten.
- Markierung auf Klemmspalt ausrichten.

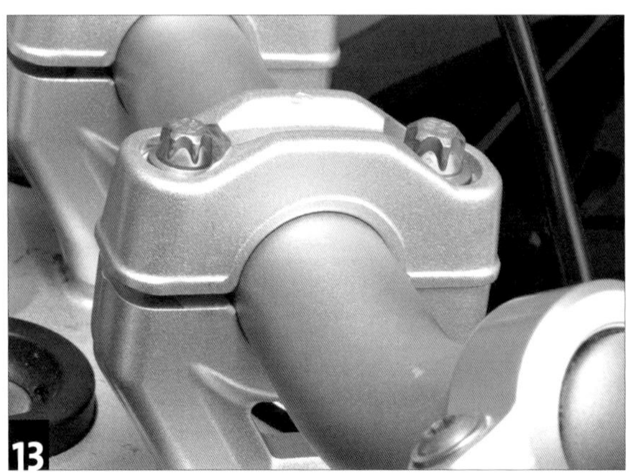

Klemmspalt
- Klemmspalt ist auf der Seite der kurzen Schrauben.

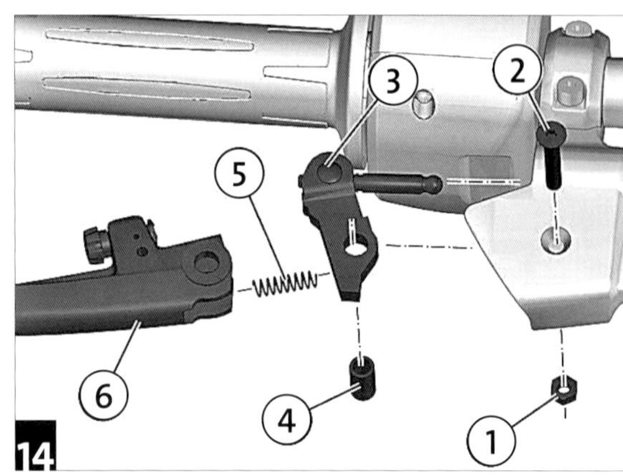

Brems- und Kupplungshebel
- Mutter **1** ausdrehen und Schraube **2** nach oben herausziehen. Hebeleinheit herausziehen, dabei auf Gummimuffe achten. Hülse **4** aus Hebel **6** herausdrücken. Hebelaufnahme mit Druckstange **3** abnehmen, dabei auf Feder **5** achten.

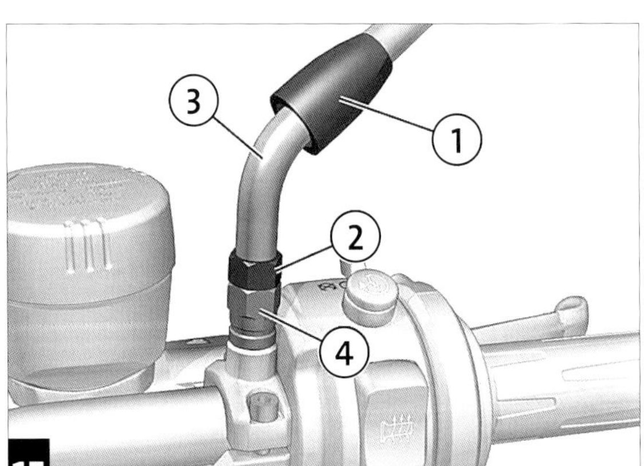

Spiegel
- Staubschutz **1** hochziehen und Gegenmutter **2** (Linksgewinde) lockern. Spiegel **3** aus-/eindrehen/ausrichten. Ggf. Links-/Rechtsadapter **4** aus-/eindrehen.

Anzugsmomente

2	M10 x 1,25 Linksgewinde	36 Nm
4	M10 x 14 - 4.8	25 Nm

Frontpartie-Ölkühler 21

Ölleitungen am Motorblock

- Zulauf und Rücklauf siehe Bilder 4, 5 und 6 Seiten 90/91.

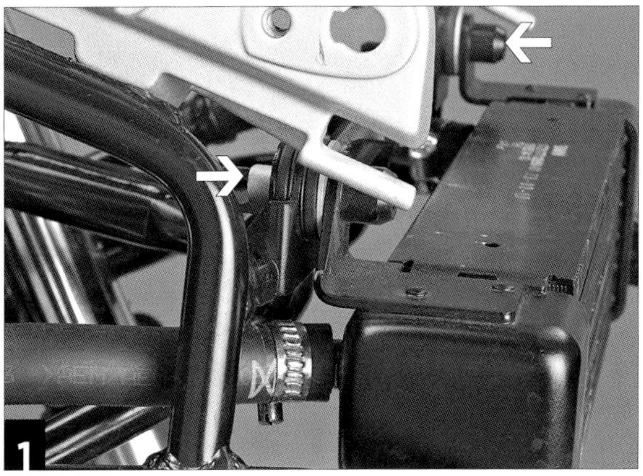

Ölkühler

- Schellen lösen und zwei Schrauben ausdrehen. Ölkühler nach vorn abnehmen. Mit beidseitigen Gummischeiben montieren.
- **Anzugsmoment** M6 x 30 .... 8 Nm

Ölleitung

- Befestigung der Rücklaufleitung links am Motor.

Ölleitung

- Befestigung der Ölleitungen links am Verkleidungsträger.

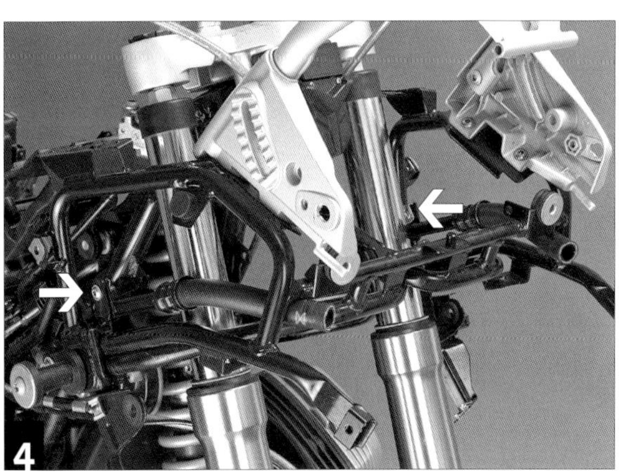

Ölleitungen verlegen

- Ölleitungen wie gezeigt verlegen und Ölkühler ansetzen.
- Pfeile weisen auf die Schrauben Bild 3 hin.

Ölleitungen verlegen

- Zwischen Längslenker (Telelever) und Motor geht's eng zu. Abdeckung des Riementriebs abnehmen hilft!

22 Frontpartie-Gabel

22.1 Aus- und Einbau

- Lenker ausbauen.
- Fahrzeugheck soweit abspannen, bis das Vorderrad gerade entlastet ist.

1

Abdeckung Ringantenne
- Zwei Schrauben ausdrehen und Deckel abnehmen.

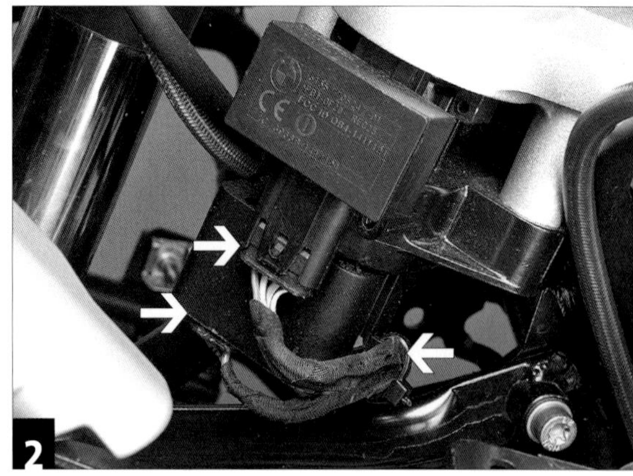

2

Ringantenne Stecker
- Kabelbinder trennen und zwei Stecker trennen.

3

Abdeckkappen
- Abdeckkappen abnehmen.

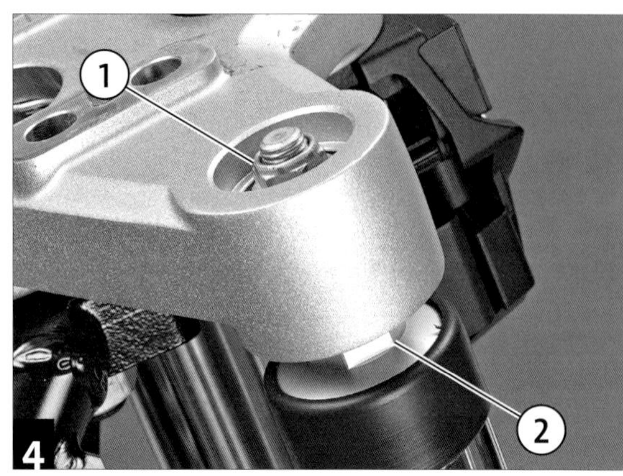

4

- Mutter **1** ausdrehen, dabei am Sechskant **2** gegenhalten.
- Beim Einbau neue Mutter verwenden.
- **Anzugsmoment** M10 x 1,25 .... 40 Nm

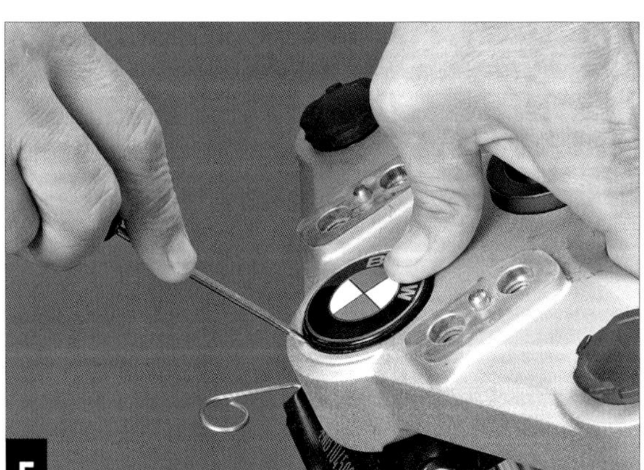

5

Emblem
- Emblem vorn eindrücken und von hinten aushebeln.

6

Lenkkopfverschraubung
- Verschraubung gegenhalten und Mutter von unten lösen (Bild 7).

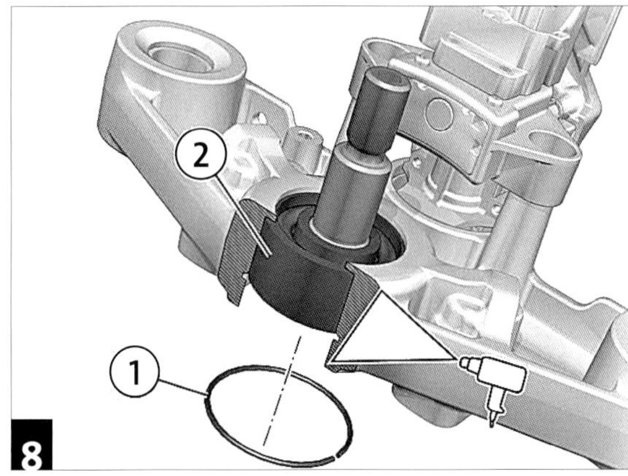

Lenkkopfverschraubung

- Mutter von unten ausdrehen.
- Beim Einbau neue Mutter (mechanische Schraubensicherung) verwenden.
- **Anzugsmoment** M14 x 1,5. . . . . 130 Nm

Schrägkugellager ersetzen

- Sicherungsring **1** ausfedern und Gabelbrücke auf 100 °C erwärmen.
- Beim Einbau erwärmen (100 °C) und mit passendem Rundmaterial eindrücken.

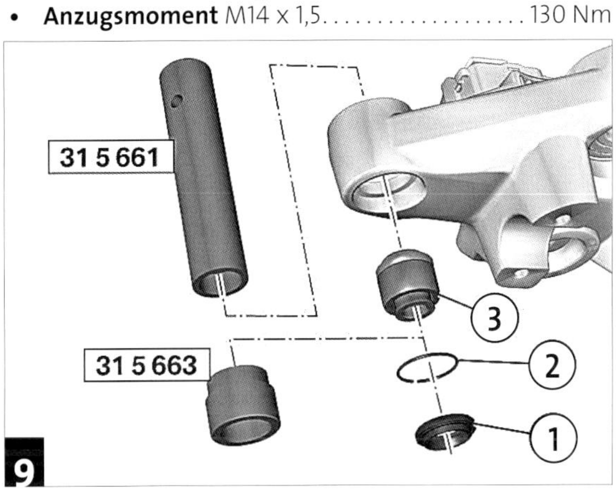

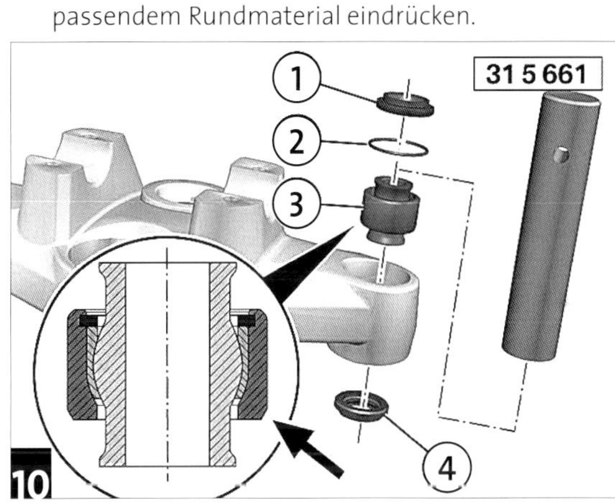

Topfgelenke ausbauen

- Manschette **1** und Sprengring **2** ausbauen.
- Buchse 31 5 663 unterlegen und Gelenk **3** mit Schlagdorn 31 5 661 von unten auspressen.

Topfgelenke einbauen

- Schutzmanschetten **1** und **4** vom neuen Topfgelenk abnehmen. Gelenk leicht schmieren und mit großer Fase (Pfeil) nach unten ansetzen.
- Gelenk mit Schlagdorn von oben einpressen.
- Sprengring **2** einbauen.
- Manschetten **1** und **4** mit passendem Werkzeug einsetzen.

22 Frontpartie-Gabel

22.1
Aus- und Einbau
Fortsetzung

Federbein aus- und einbauen
- Motorheber/ Scherenheber unter Motor stellen.

Federbein-Befestigung oben
- Mutter ausdrehen und dabei Innensechskant am Federbeinbolzen gegenhalten.
- Mutter mit Scheibe und Distanzpuffer abnehmen.
- Untere Befestigungsschraube ausdrehen (Bild 12).
- Fahrzeug mit Scherenheber anheben und Federbein nach vorn herausnehmen.
- **Anzugsmoment** Mutter M10 x 1,25. . . . . 34 Nm

Federbein-Befestigung unten
- Beim Einbau neue Schraube verwenden oder mittelfeste Schraubensicherung beigeben.
- Schraubenkopf schmieren.
- **Anzugsmoment** M10 x 50 x 1,25 - 10.9. . . . . 34 Nm

Längslenker aus- und einbauen
- Motorheber/Scherenheber unter Motor stellen.
- Gabel mit Spanngurt gegen Ausfedern sichern. Untere Federbein-Befestigung (Bild 12) ausdrehen.
- Längslenker-Mutter ausbauen (Bild 13).
- Beim Einbau neue Mutter verwenden (mikroverkapselt).
- Längslenker vom Motor lösen (ab Seite 91).
- Gabel nach vorn ziehen und Längslenker vorsichtig herausführen, bzw. einsetzen. Gleitrohre dabei nicht zu weit ausfedern (Spanngurtsicherung).

Längslenker Mutter
- Mutter auf 120 °C erwärmen und Mutter ausdrehen. Dabei am Innensechskant gegenhalten.
- **Anzugsmoment** Mutter M14 x 1,5 . . . . 130 Nm

14

Gabelholm Klemmschrauben

- Gabelholm von unten abstützen und zwei Schrauben ausdrehen. Holm nach unten ausbauen.
- Neue Schrauben (mikroverkapselt) verbauen.
- **Anzugsmoment** M8 x 2 .... 25 Nm

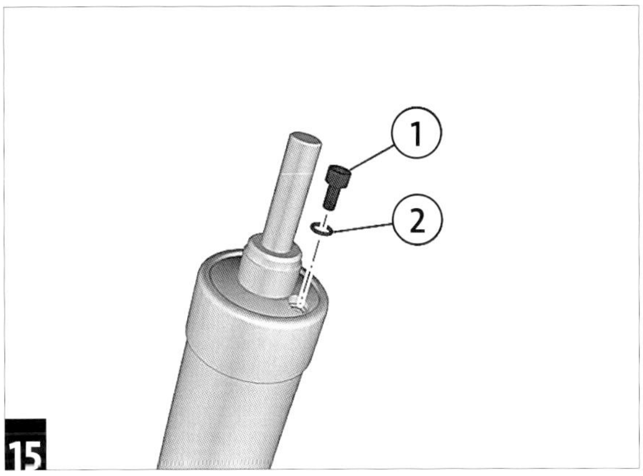

15

Gabelholm belüften

- Verschlussschraube **1** und Dichtring **2** ausbauen.
- Neuen Dichtring verwenden.

1 **Anzugsmoment** M4 x 8 ....2,3 Nm

Gabelholm ausbauen

- Bremssättel vorn lösen.
- Vorderrad ausbauen.
- Abdeckkappen aushebeln und Mutter **1** Bild 4 Seite 152 ausdrehen.

! Standrohr nur soweit aus dem Gleitrohr herausziehen, wie der normale Arbeitsbereich reicht. Wenn Standrohr weiter herausgezogen wird, kann die Dichtlippe des Wellendichtrings im Gleitrohr durch scharfkantige Entüftungsbohrung beschädigt werden.

- Gabelöl über die Belüftungsschraube Bild 15 ablassen und befüllen.
  Füllmenge Teleskopgabelöl SAE 10 ....650 ml

Gabelholme einbauen

- Gewinde Bild 14 reinigen.
- Einen Gabelholm von unten einschieben
- Klemmschrauben Bild 14 locker eindrehen.
- Gabelholm belüften: Gabelholm bis zum Anschlag in die Gabelbrücke schieben.
  Klemmschrauben Bild 14 handfest anziehen.
  Verschlussschraube **1** Bild 15 ausdrehen und Dichtring **2** entsorgen.
  Verschlussschraube mit neuem Dichtring lose eindrehen.
  Standrohr bis Anschlag in obere Gabelbrücke einschieben und Verschlussschraube anziehen
- Zweiten Gabelholm einsetzen. Steckachse **1** Bild 16 eindrehen und damit Gleitrohr ausrichten.
- Gabelholm entlüften und Klemmschrauben festziehen wie oben beschrieben.
- Topfgelenke befestigen (Seite 153).

22 Frontpartie-Gabel

22.1 Aus- und Einbau

Fortsetzung

! Schraube in der Bohrung an der Achsführung nicht ausdrehen! Dadurch wird das Gleitrohr dauerhaft undicht. Die Schraube dient der Befestigung eines Verdrängungskörpers. Schraube ist keine Ölablassschraube.

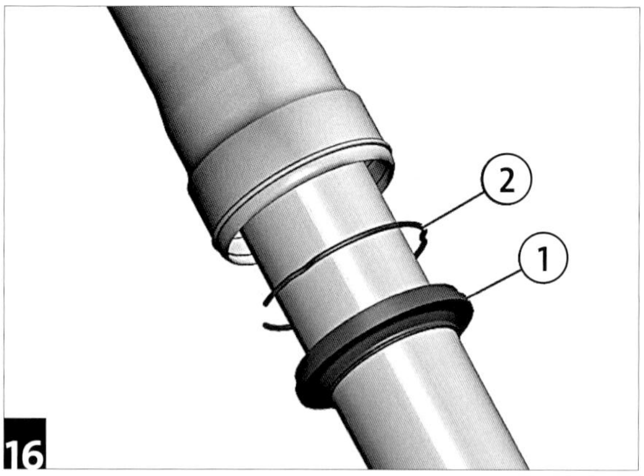

Staubschutzkappe

- Staubschutzkappe **1** mit kleinem Schraubendreher loshebeln und Sicherungsring **2** ausfedern.

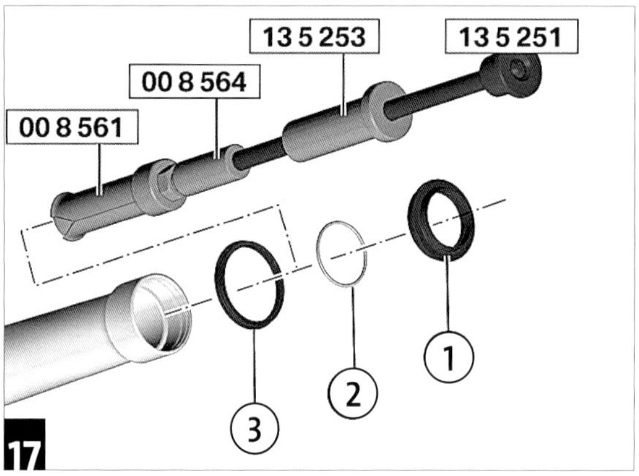

Dichtring ausbauen

- Dichtring **3** mit BMW-Werkzeug nach dem Ziehhammer-Prinzip ausbauen.

1 Staubschutzkappe
2 Sicherungsring

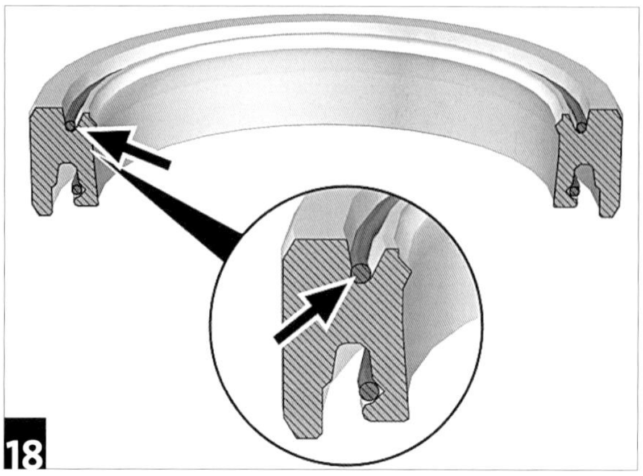

Dichtring einbauen

- Dichtring leicht ölen und mit der kleinen Vertiefung (Pfeil) nach oben weisend auf Standrohr schieben.
- Standrohr mit Dichtring in Tauchrohr einsetzen.

! Standrohr nur soweit aus dem Gleitrohr herausziehen, wie der normale Arbeitsbereich reicht. Wenn Standrohr weiter herausgezogen wird, kann die Dichtlippe des Wellendichtrings im Gleitrohr durch scharfkantige Entüftungsbohrung beschädigt werden.

- Gabelholm Befüllen und Entlüften siehe Seite 155.

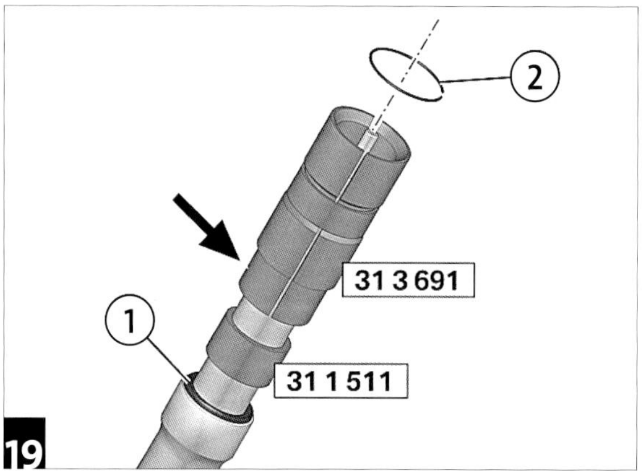

Dichtring einbauen

- Dichtring **1** mit passendem Rundmaterial bis auf Sitzgrund eintreiben. Sicherungsring **2** einsetzen.
- Staubschutzkappe aufdrücken.

22.2 Prüfen und Vermessen

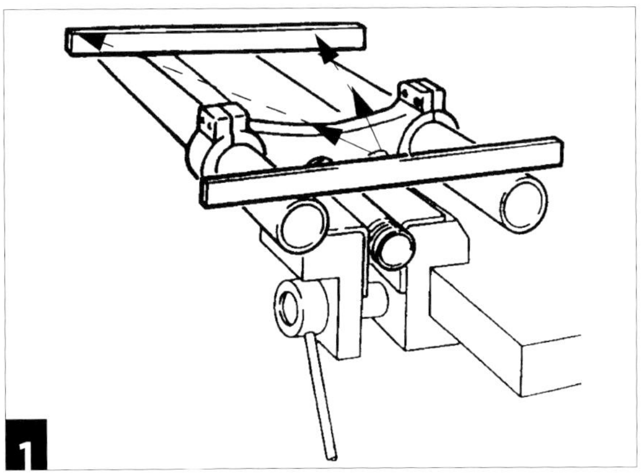

Prüfen und Vermessen

- Genau geschliffene Messlineale (z. B. BMW-Nr. 31 4 620) anlegen und durch Visieren auf Verzug kontrollieren.

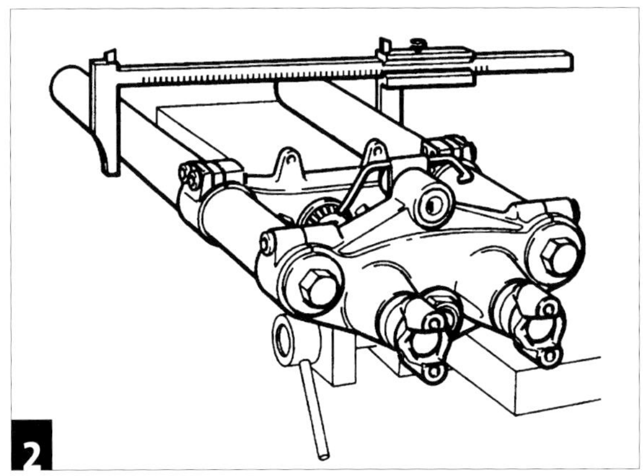

Prüfen und Vermessen

- Klemmschrauben anziehen.
- Topfgelenke einbauen (Seite 153).
- Parallelität der Standrohre mit passendem Messschieber prüfen.

Prüfen und Vermessen

- Verzugfreien Einbau mit geschliffener Metallplatte prüfen.
- Platte darf nicht kippeln.
  Im Bild F 650 GS. Bei der Boxer-GS sollte am besten der Verkleidungshalter ausgebaut werden.

- Nach Unfällen Gabel, Längslenker und Gabelbrücken auf Risse, Verzug oder Beschädigung untersuchen.

! Defekte und/oder angerissene Teile nicht richten, sondern durch Neuteile ersetzen.

23 Rad, Federbein & Schwinge

23.1
Aus- und Einbau

Hinterrad

- Fahrzeug sicher auf Hauptständer aufbocken.
- Felgenschlag prüfen siehe Seite 62 bzw. Seite 145.
- Schrauben (Bild 1) schrittweise über Kreuz ausdrehen. Ggf. Rad mit Bremse blockieren.

Einbau

- In umgekehrter Reihenfolge montieren.
- Radflansch und Anlagefläche der Radnabe reinigen.
- ! Unterschiedliche Länge der Schrauben für Gussrad und Drahtspeichenrad beachten. Keinesfalls Schrauben vermischen oder vertauschen!
- Schrauben zuerst locker eindrehen, dann schrittweise über Kreuz anziehen.
  Anzugsmoment
  Gussrad M10 x 40 x 1,25 .... 60 Nm
  Drahtspeiche M10 x 53 x 1,25 .... 60 Nm

Fünf Radschrauben
- Radschrauben nicht schmieren.

Federbein
- Fahrzeug sicher auf Hauptständer aufbocken.
- Schalldämpfer ausbauen (Seite 80).
- Sitzbank abnehmen.
- Befestigungen unten und oben ausdrehen und Federbein herausführen (Bilder 2 und 3).
- In umgekehrter Reihenfolge montieren.

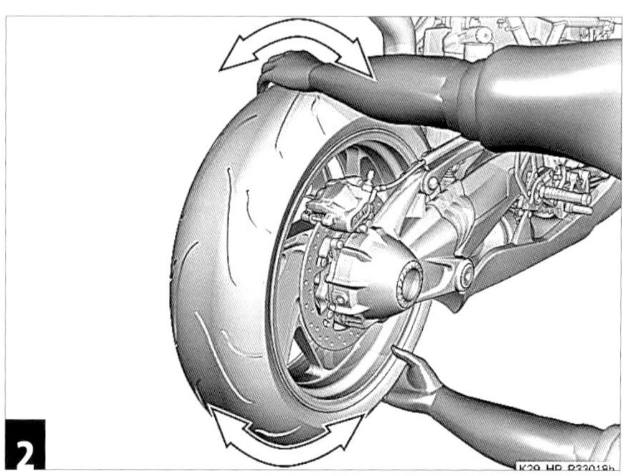

Hinterrad-Kippspiel
- Hinterrad steht frei. Bremssattel gegen Scheibe drücken, damit Freigang besteht. Falls beim Kippen um die Radachse Spiel (Knacken) spürbar ist, Spiel messen lassen. **Maximal** an der Felge .... 0,5 mm

Federbein-Befestigung unten
- Schraube ausdrehen.
  Anzugsmoment mit Schraubensicherung mittelfest
  M10 x 80 - 10.9 .... 58 Nm

Schwinge
- ! Schwinge je nach Bedarf **mit oder ohne** Hinterachsgetriebe aus- und einbauen.
- Fahrzeug sicher auf Hauptständer aufbocken.
- Hinterrad ausbauen.
- Schalldämpfer ausbauen (Seite 80).
- Federbein unten lösen.
- Bremssattel hinten und ABS-Sensor lösen (Seite 139).

Federbein-Befestigung oben
- Schraubenkopf beim Einbau schmieren.
  Anzugsmoment neue Schraube
  M10 x 1,25 x 65 - 10.9......................... 50 Nm

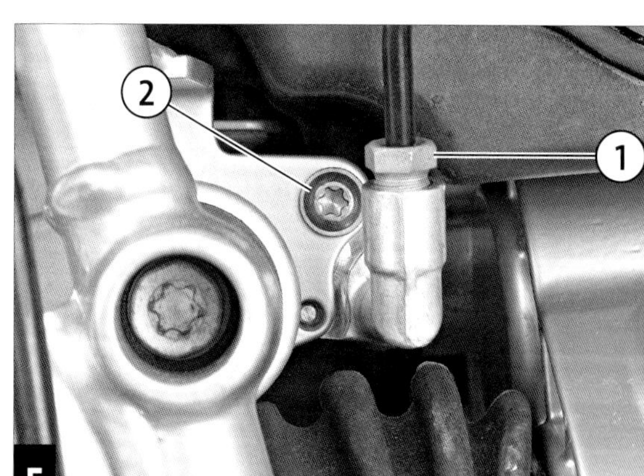

Bremsleitung
- Ggf. Überwurfmutter **1** ausdrehen und Winkelstück **2** vom Rahmen abnehmen. (Hydrauliksystem ist entleert!)

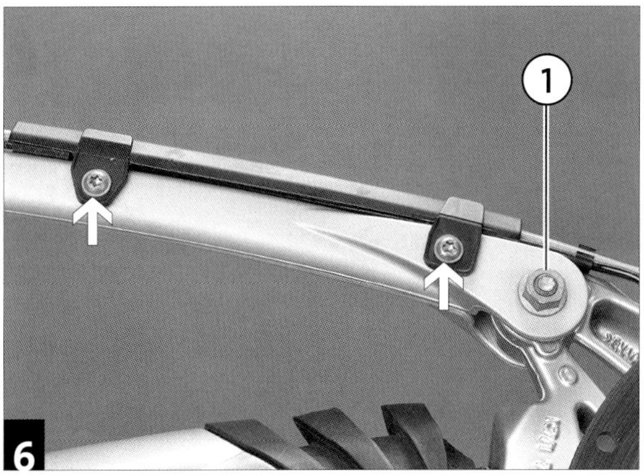

Paraleverstrebe hinten
- Ggf. Bremsschlauchführung (ABS-Sensorkabel verläuft mit) abnehmen (Pfeile).
- Mutter innen am Rahmen ausdrehen und Schraube ausbauen (Strebe dabei zugentlasten; Bild 7).

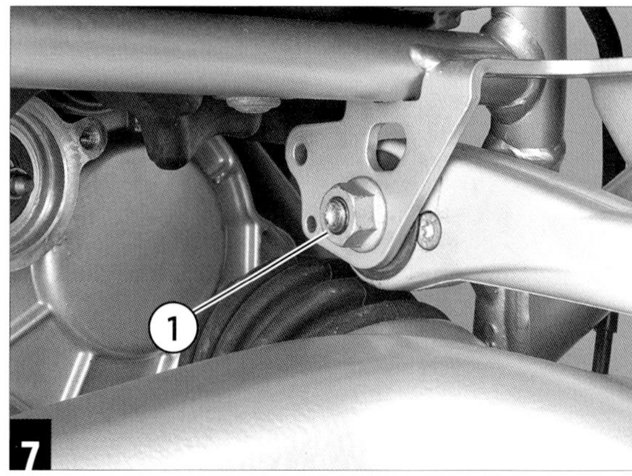

Paraleverstrebe vorn
- Mutter **1** innen am Rahmen ausdrehen und Schraube ausbauen (Strebe dabei zugentlasten).

1 **Anzugsmoment** Bilder 6 und 7 (neue Schraube/Mutter)
M10 x 55 x 10.9 .... 42 Nm

Gelenk-Abdeckung
- Abdeckung mit kleinem Schraubendreher aushebeln.

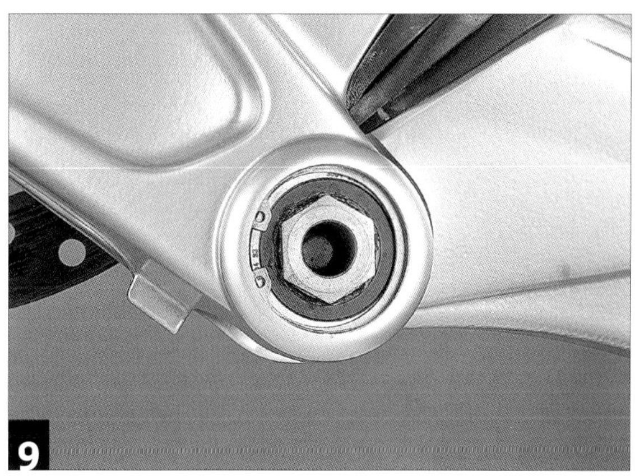

Lagerzapfen
- Lagerzapfen gegenhalten.

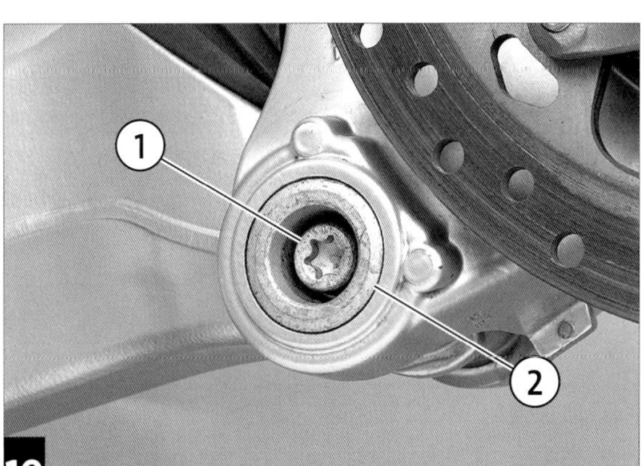

Lagerzapfen
- Schraube **1** ausdrehen und Lagerzapfen **2** ausbauen.
- Lagerzapfen Bild 12 Seite 160 mit passendem Dorn herausschlagen.

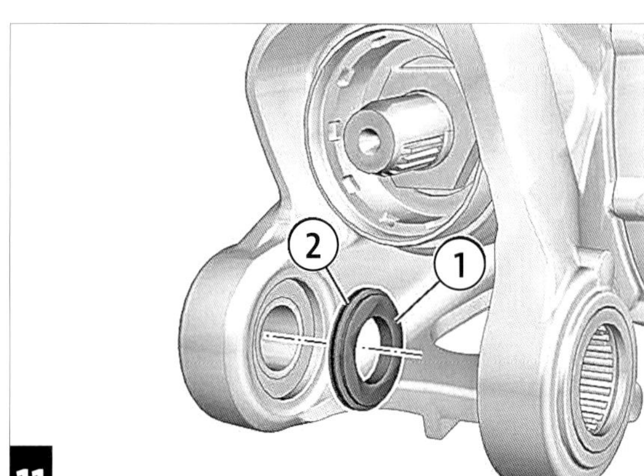

Winkeltrieb-Lagerung
- Auf Verbleib der Distanzscheibe **1** mit O-Ring **2** achten.

→

23 Rad, Federbein & Schwinge

23.1 Aus- und Einbau

Fortsetzung

- Lagerzapfen immer im Satz mit Nadellager erneuern (lassen). Andernfalls (Verbau von Alt- und Neuteil-Mix) verschleißt sich Lagerung extrem schnell.
- Beim Einbau des Hinterachsgetriebes darauf achten, dass Distanzscheibe und O-Ring korrekt positioniert sind (Bild 11 Seite 159; O-Ring weist zum Lager).
- Gewinde des Lagerzapfens **1** Bild 10 reinigen.
- Antriebsgehäuse ansetzen.
- **Bild 12**: Inneren Lagerzapfen **4** mit Celastoring **5** bestücken.
- Innerem Lagerzapfen **4** und äußeren Lagerzapfen **1** einsetzen.
- **Neue** Schraube **3** eindrehen (mikroverkapselt). Dabei am Lagerzapfen **1** gegenhalten.
  Anzugsmoment M12 x 1,5 .... 100 Nm
- Abeckung **2** einsetzen.

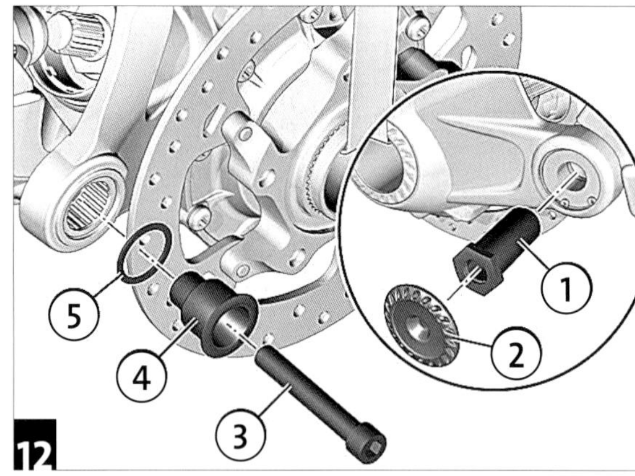

Hinterachsgetriebe-Lagerung
1 Äußerer Lagerzapfen mit Abdeckung **2**
3 Befestigungsschraube (Neuteil)
4 Innerer Lagerzapfen
5 Celastoring

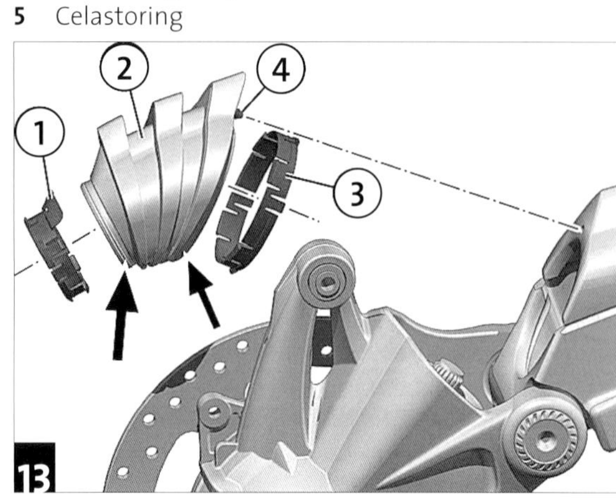

- **Bild 12**: Verzahnung der Welle schmieren (Optimoly TA).
- Kunststoff-Einsätze **1** und **3** auf korrekten Sitz am Faltenbalg **2** prüfen.
- Zapfen **4** auf entsprechende Bohrung an der Schwinge ausrichten.
- Ggf. beim Hochklappen des Hinterachsgetriebes Radflansch leicht hin- und herdrehen, damit sich die Verzahnungen der Wellen leichter zentrieren.

- Kabelbinder trennen und Faltenbalg vom Getriebegehäuse abziehen (Bild 9 Seite 85).

Schwingenlager links (Loslagerzapfen)
- Abdeckung aushebeln.

Schwingenlager links (Loslagerzapfen)
- Gegenmutter locker und Zapfen (Pfeil) ausdrehen.
  Anzugsmoment Gewinde und Lagersitz schmieren
  M24 x 1,25 Voranzug .... 20 Nm (wieder lösen)
  Endanzug .... 7 Nm

Schwingenlager rechts (Festlagerzapfen)

- Äussere Schrauben (Pfeile) ausdrehen.
- Innere Schraube ausdrehen und Gewindestange o.ä. eindrehen und Zapfen herausziehen.
  Anzugsmoment M6 x 16/M6 x 8. . . . . 9 Nm

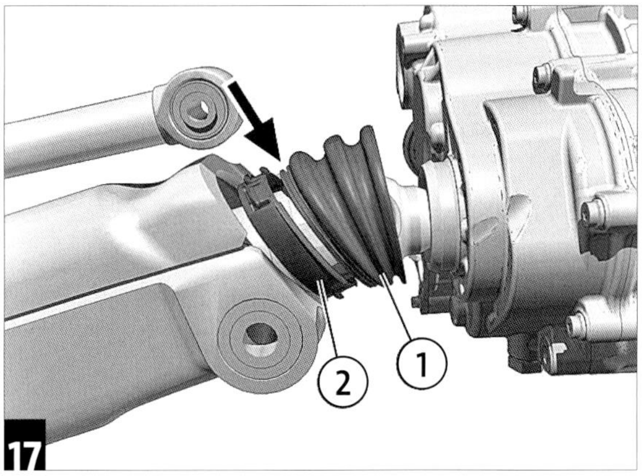

Schwinge/Faltenbalg einbauen

- Balg **1** am Sitz der Schwinge (Pfeil) schmieren und auf Getriebe schieben. Balg auf Schwinge schieben.
- 👁 Sitz auf Kunststoffring **2** prüfen.

- Schwinge anheben und nach hinten herausführen, bzw. Aufschieben (Montage).
- Beim Einbau Radflansch von Hand drehen, um das Einfädeln der Verzahnung zu erleichtern.

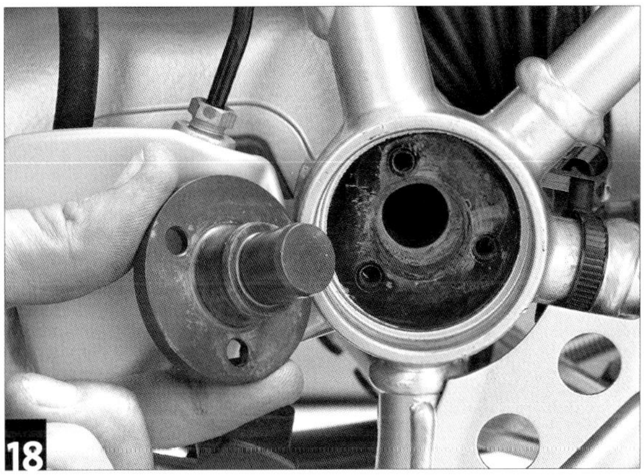

Schwingenlager-Zapfen

- Beide Zapfen an den Drehflächen vollständig schmieren (Optimoly TA).
- Festlagerzapfen einbauen (Bild 16).

Schwingenlager links (Loslagerzapfen)

- Schwinge ausrichten und Loslagerzapfen eindrehen (Bild 15). Gegenmutter (Pfeil) anziehen. Dabei Lagerzapfen nicht verdrehen!
  Anzugsmoment M24 x 1,25 . . . . 145 Nm

Wellendichtring der Radachse im Gehäuse

- Abdeckung mit kleinem Schraubendreher aushebeln.

Wellendichtring der Radachse im Gehäuse

- Sicherungsring ausfedern, Dichtring **mittig** anbohren und á la Ziehhammer ausbauen (Seite 16).
  Bohrtiefe max. 3 mm **Bohrer-Ø** 2,5 mm

Wellendichtring der Radachse im Gehäuse

- Endantriebsöl ablassen (Seite 61).
- Bild 21: Bohranschlag verwenden.
- Lagerbohrung auf Bohrspäne untersuchen.
- Neues Lager mit geölter Dichtlippe bis Sitzgrund einschlagen.
- Sicherungsring und Abdeckung wieder einsetzen.

24 Elektrik

24.1 Aus- und Einbau/Einbaulage

Steuergeräte

! Der Probetausch der ZFE-Steuergeräte und der Motorsteuerung ist nicht möglich (Fehlfunktionen) und dürfen **keinesfalls** durchgeführt werden.

- Fahrzeug sicher auf Hauptständer aufbocken.
- Tank ausbauen (Seite 68).

Stecker ZFE (Zentrale Fahrgestell-Elektronik)
- Riegel (Pfeil) ziehen und Stecker abziehen.

Stecker Sonderausstattung
- Stecker mit kleinem Schraubendreher entriegeln und abziehen.

Stecker ZFE (Zentrale Fahrgestell-Elektronik)
- Nasen mit kleinem Schraubendreher aushebeln.

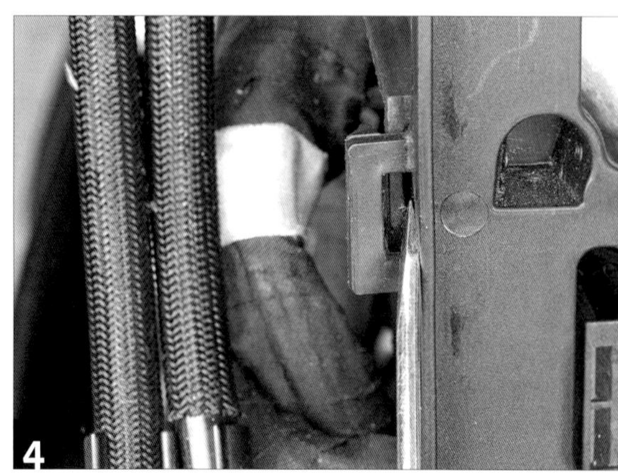

Stecker ZFE (Zentrale Fahrgestell-Elektronik)
- Nasen mit kleinem Schraubendreher aushebeln.
- Halter hochklappen und ZFE-Steuerteil entnehmen.

Stecker Motorsteuerung (BMS)
- Riegel (Pfeile) ziehen und Stecker abziehen.

Stecker-Einbau
- Stifte und Nuten aufeinander ausrichten, Stecker aufdrücken und gleichzeitig Riegel einschieben.

Kabelbaum

Kabelbaum
- Weiße Markierung am Kabelbaum soll auf Höhe der Haltelasche (Pfeil) liegen.

Kabelbaum
- Kabelbaum in der Führungsschale links am Rahmen verlegen.

Kabelbaum
- Abzweig für Zylinder-/Zylinderkopf und Drosselklappe unter Heckrahmenstrebe verlegen.

24 Elektrik

24.1
Aus- und Einbau/Einbaulage
Fortsetzung

Stecker, Schalter und Sensoren

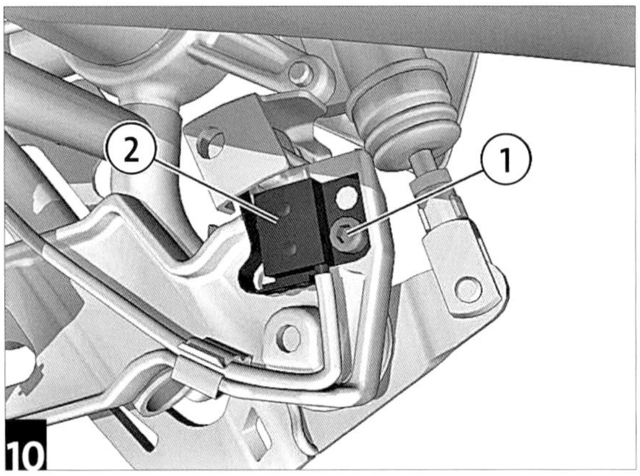

Bremslichtschalter Fuß

- Schraube **1** lockern. Schalter **2** so drehen, dass er vor Druckaufbau schaltet, jedoch so spät wie möglich, um nicht Bremslichtflackern bei Stößen auszulösen.

1 **Anzugsmoment** M5 x 10 .... 5 Nm

Thermosensor (Umgebungstemperatur)

- Einbaulage vorn links Nähe Tankaufnahme.

ABS-Sensorstecker vorn

- Einbaulage rechts am Motorsteuerungsgerät.

ABS-Sensorstecker hinten

- Einbaulage rechts am Motorsteuerungsgerät.

Diagnosestecker

- Einbaulage unter Soziussitz.

Diebstahlwarnanlage

- Einbaulage auf Radabdeckung hinten (Heck).

GS911 25

Der Computer hält Einzug in die heimische Bastelbude

OnBoardDiagnose funktioniert natürlich auch mit dem Smartphone.
Einbaulage des Diagnosesteckers siehe Bild 14 Seite 164 (gegenüber unten)

Elektrische Sicherungen dienen der Absicherung elektrischer Schaltkreise, werden aber zunehmend von kleinen schwarzen oder silbrigen Kästchen abgelöst, die selbsttätig den entsprechenden Schaltkreis bei Fehlfunktion lahmlegen.
Das funktioniert natürlich nur in entsprechend ausgelegten Schaltkreissystemen, den CAN-Bus-Systemen. Und der mit der Wartung betraute Mensch lässt sich per USB-Kabel oder Bluetooth-Verbindung zum seinem Computer die entsprechenden Fehlermeldungen anzeigen. Ohne weiteres werden so Steckverbindungen, Spulen, Stellmotoren und Potentiometer, die ihren Zweck nicht erfüllen, aufgezeigt. Denn bei der gebotenen Verbindungssicherheit der aktuell verbauten Stecker ist die Möglichkeit gammeliger elektrischer Übergänge nahezu ausgeschlossen. Womit eine Grundvoraussetzung für so ein System erfüllt ist. In der Regel verfügt aber eben nur der Mensch in der »Vertragswerkstatt« über entsprechendes Gerät und Software zum Auslesen der Daten. Mittlerweile vertreibt jedoch die MFT – Milewski Fahrzeugtechnik GmbH in Berlin einen Adapter des südafrikanischen Herstellers Hexacode (www.hex.co.za), der mittels USB-Kabel und/oder Bluetooth eine Verbindung zum heimischen Rechner herstellt. Die zugehörige Software wird von der Homepage des Herstellers heruntergeladen. Ein entsprechendes Handy vorausgesetzt (Bluetooth-Handy mit Symbian- oder WindowsMobile-Betriebssystem) können die Fehlermeldungen auch unterwegs ausgelesen werden. Die Software wird übrigens ständig weiterentwickelt und kostenlose Updates werden für die Dauer von einem Jahr gewährt.
Das Adapterkästchen wird in Hobby- und Profiversion angeboten. Beide Versionen haben den gleichen Leistungsumfang, lediglich bestimmte Wartungsfunktionen, wie z. B. »Service Intervall zurückstellen« sind bei der Hobbyversion auf zehn Fahrzeug-Ident-Nummern (FIN) beschränkt, bei der Profiversion unbeschränkt. Alle anderen Funktionen sind gleich bzw. nicht eingeschränkt. Tipps und Tricks hierzu werden auf einer entsprechenden Internetseite diskutiert, auf der auch der Hersteller selbst Stellung bezieht.
Das kleine gelbe Kästchen ist also nicht nur Spielzeug für Kontroll-Freaks, sondern auch ein ernsthaftes Werkzeug, um nach getaner Arbeit die Fehlermeldungen zu überprüfen.

Bezug:
www.gs911.de
www.motorradzubehoer-hornig.de
www.touratech.de
www.hexcode.co.za/products/gs-911/support/faq

→

25 GS911

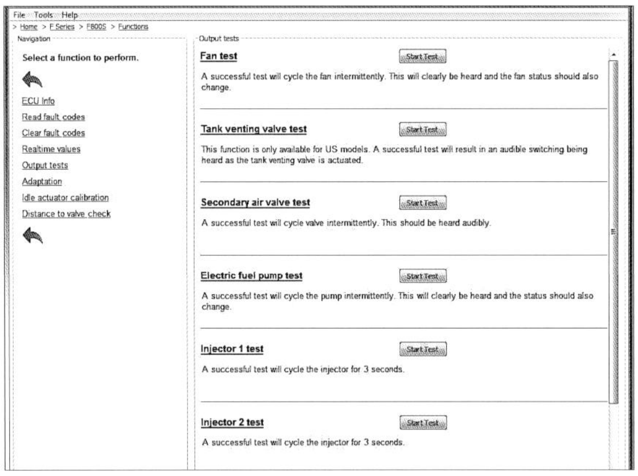

Funktionstest
Solche Tests sind schwerlich mit einem Prüflämpchen durchzuführen.

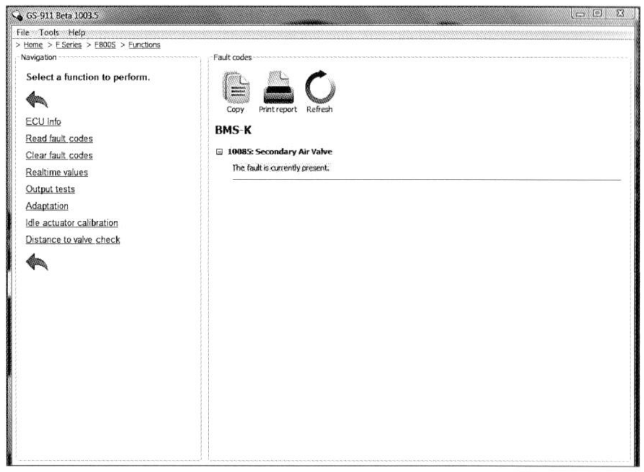

Fehlerspeicher auslesen
Brav wird der abgezogene Stecker des Sekundärluft-Ventils angezeigt

26 Schaltpläne

Erläuterungen

Achtung:
Die 1200er-GS-Modelle von BMW sind mit einer digitalen Motorelektronik und einem leistungsgesteigerten Zündsystem ausgestattet.
Arbeiten an der elektrischen Anlage nur bei unterbrochenem Stromkreis (Zündung und Licht AUS) durchführen.
Sicherer ist das Abklemmen und Isolieren des Minus-(Masse-)Pols der Batterie.

Keine spannungsführenden Teile bei laufendem Motor oder eingeschalteter Zündung berühren!
Lebensgefahr!

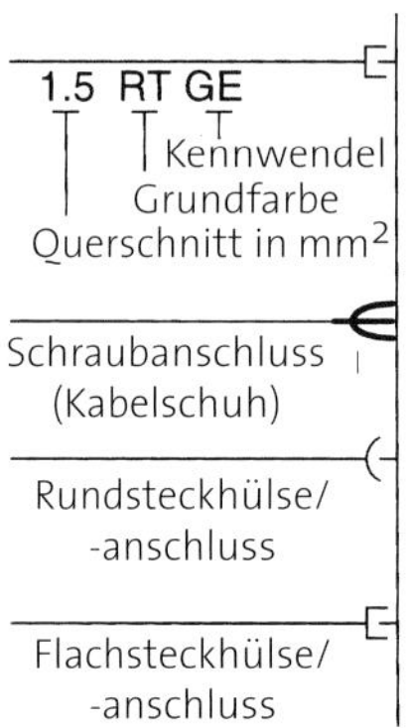

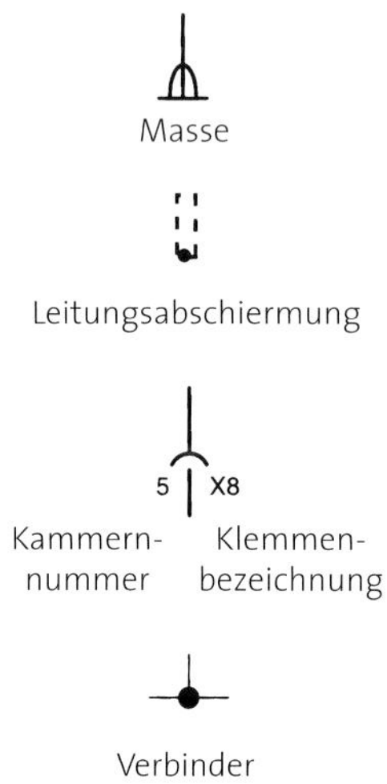

Abkürzungen
STVB Steckverbindung
DRS Doppelrelaissockel

Steckdose, Heizgriffe, Diagnosestecker und SZ-Stecker Bj. 2004 - 2006

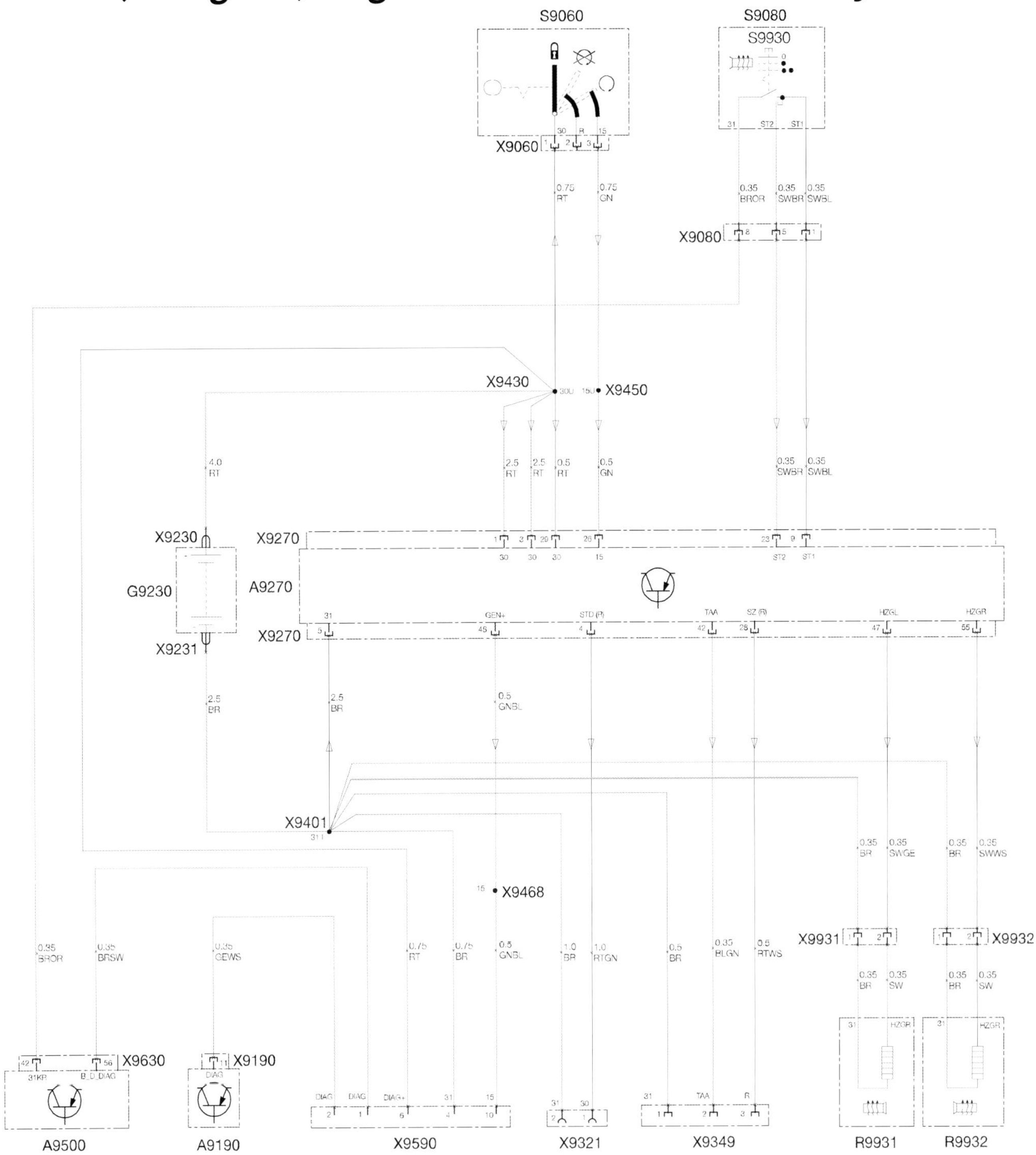

Legende

A9190 Steuergerät ABS
A9270 Steuergerät Zentrale Fahrgestell Elektronik (ZFE)
A9500 Steuergerät Motorelektronik
G9230 Batterie
R9931 Heizgriff links
R9932 Heizgriff rechts
S9060 Zündschloss
S9080 Kombischalter rechts
S9930 Heizgriffschalter
X9060 STVB Zündschloss
X9080 STVB Kombischalter rechts
X9190 Steuergerät ABS
X9230 Plus Batterie
X9231 Masse Batterie
X9270 STVB J1 Steuergerät Zentrale Fahrgestell Elektronik (ZFE)
X9321 STVB Bordsteckdose 1
X9349 SZ-Stecker
X9401 Verbinder 31 I
X9450 Verbinder 15U
X9468 Verbinder 15
X9590 Diagnosestecker
X9630 STVB Steuergerät Motorelektronik II
X9931 STVB Heizgriff links
X9932 STVB Heizgriff rechts

Kabelfarben

BL	blau
BR	braun
GE	gelb
GN	grün
GR	grau
OR	orange
RT	rot
SW	schwarz
TR	transparent
VI	violett
WS	weiß
RS	pink

Steckdose, Heizgriffe, Diagnosestecker und SZ-Stecker ab 2007

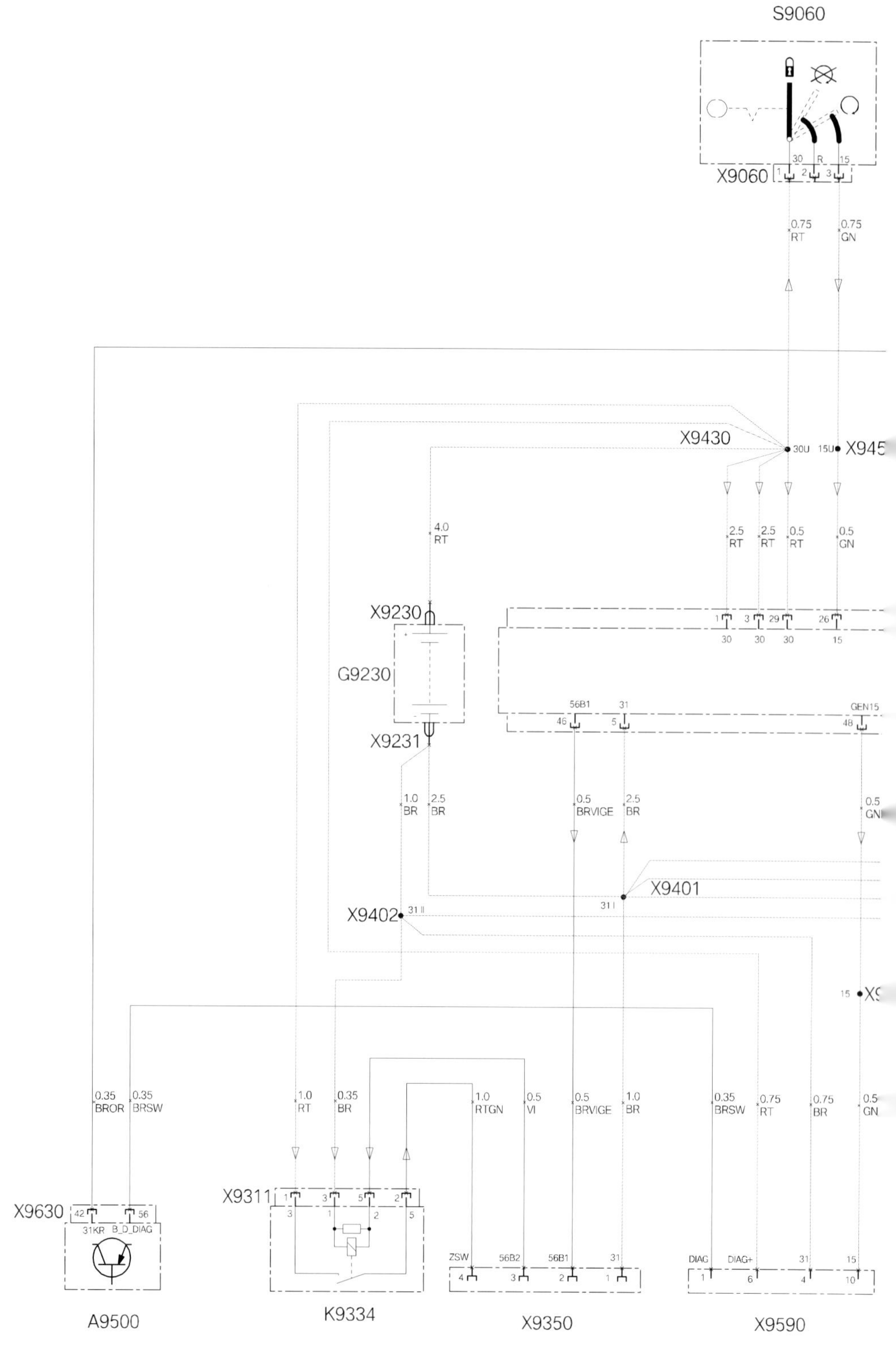

Legende

A9270 Steuergerät Zentrale Fahrgestell Elektronik (ZFE)
A9500 Steuergerät Motorelektronik
G9230 Batterie
K9334 Zusatzscheinwerferrelais
R9931 Heizgriff links
R9932 Heizgriff rechts
S9060 Zündschloss
S9080 Kombischalter rechts
S9930 Heizgriffschalter
X9060 STVB Zündschloss
X9080 STVB Kombischalter rechts
X9230 Plus Batterie
X9231 Masse Batterie
X9270 STVB J1 Steuergerät Zentrale Fahrgestell Elektronik (ZFE)
X9311 DRS Starter-/Zusatzscheinwerferrelais
X9321 STVB Bordsteckdose 1
X9322 STVB Bordsteckdose 2

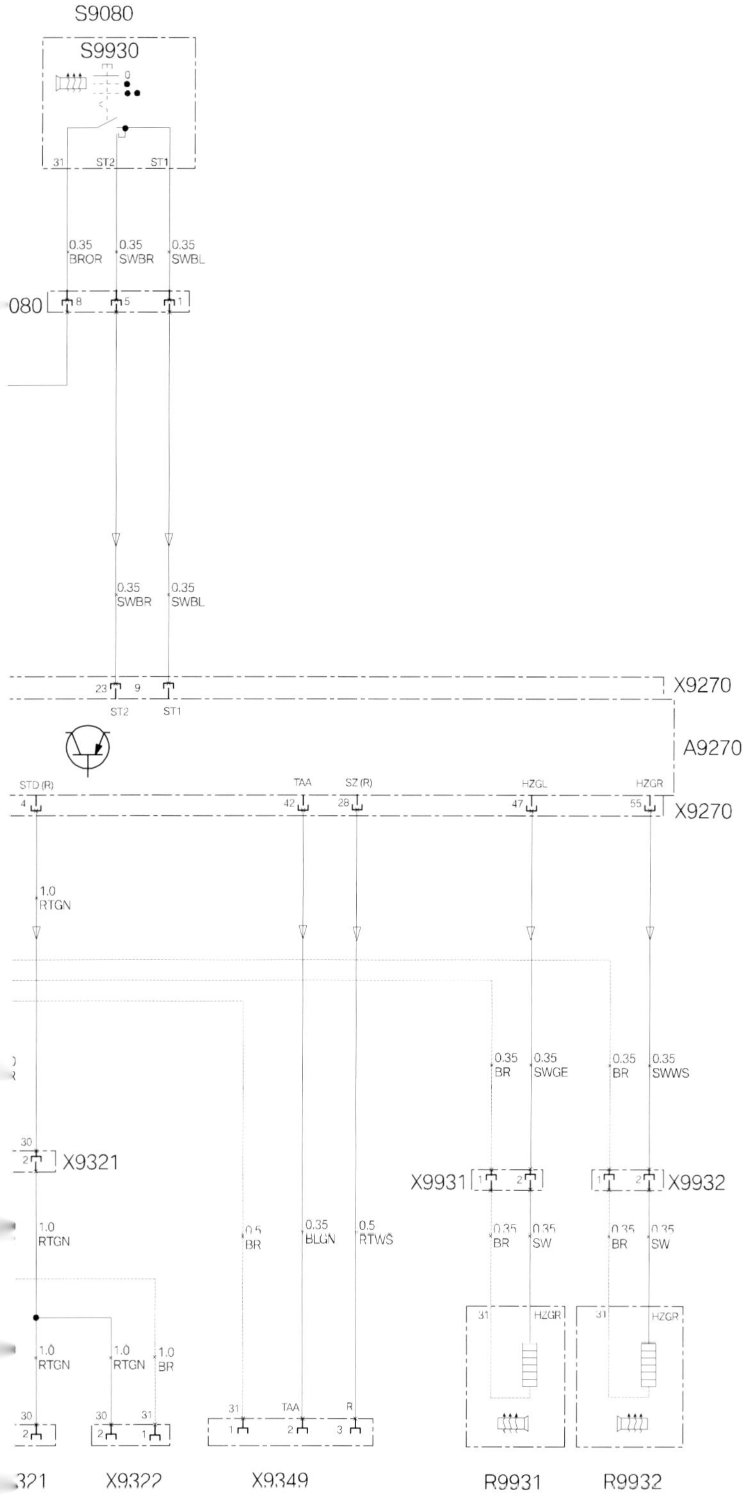

X9349	SZ-Stecker
X9350	SA-Stecker
X9401	Verbinder 31 I
X9402	Verbinder 31 II
X9430	Verbinder 30U
X9450	Verbinder 15U
X9468	Verbinder 15
X9590	Diagnosestecker
X9630	STVB Steuergerät Motorelektronik II
X9931	STVB Heizgriff links
X9932	STVB Heizgriff rechts

Kabelfarben

BL	blau
BR	braun
GE	gelb
GN	grün
GR	grau
OR	orange
RT	rot
SW	schwarz
TR	transparent
VI	violett
WS	weiß
RS	pink

ABS und Kombiinstrument 2004 – 2006

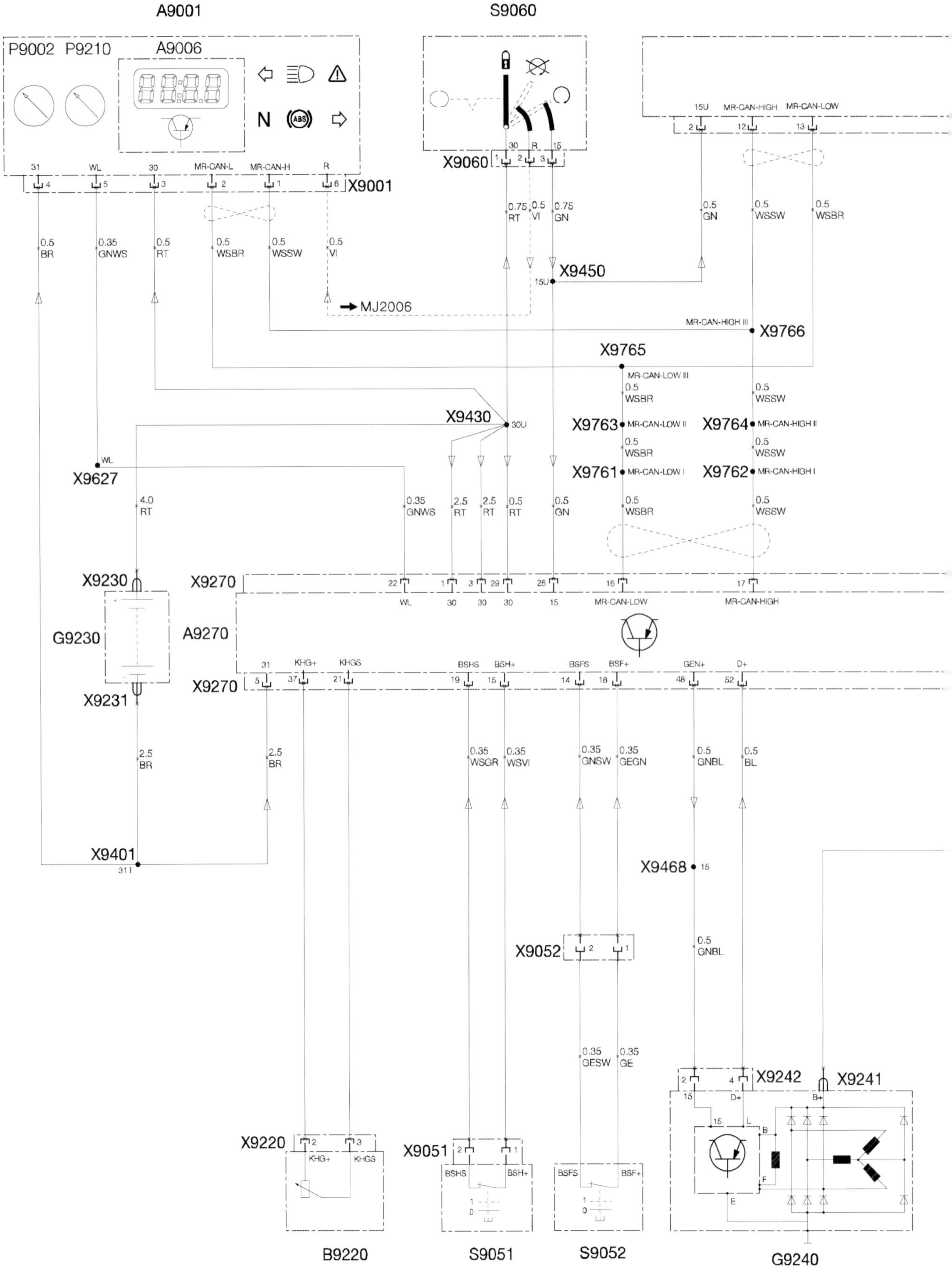

Legende

A9001 Steuergerät Kombiinstrument
A9006 Bordcomputer (BC)
A9190 Steuergerät ABS
A9270 Steuergerät Zentrale Fahrgestell Elektronik (ZFE)
B9193 Raddrehzahlsensor vorne
B9194 Raddrehzahlsensor hinten
B9220 Benzinstandgeber
G9230 Batterie
G9240 Generator
P9002 Drehzahlmesser
P9210 Tachometer
S9051 Bremslichtschalter Hand
S9052 Bremslichtschalter Fuß
S9060 Zündschloss
S9063 Geber Bremsflüssigkeitsstand hinten
S9064 Geber Bremsflüssigkeitsstand vorne
S9070 Kombischalter links
S9075 Schalter für BC
S9195 ABS-Schalter
X9001 STVB Steuergerät Kombiinstrument
X9051 STVB Bremslichtschalter Hand
X9052 STVB Bremslichtschalter Fuß
X9060 STVB Zündschloss
X9063 STVB Geber Bremsflüssigkeitsstand hinten
X9064 STVB Geber Bremsflüssigkeitsstand vorne
X9070 STVB Kombischalter links
X9190 STVB Steuergerät ABS
X9193 STVB Raddrehzahlsensor vorne
X9194 STVB Raddrehzahlsensor hinten

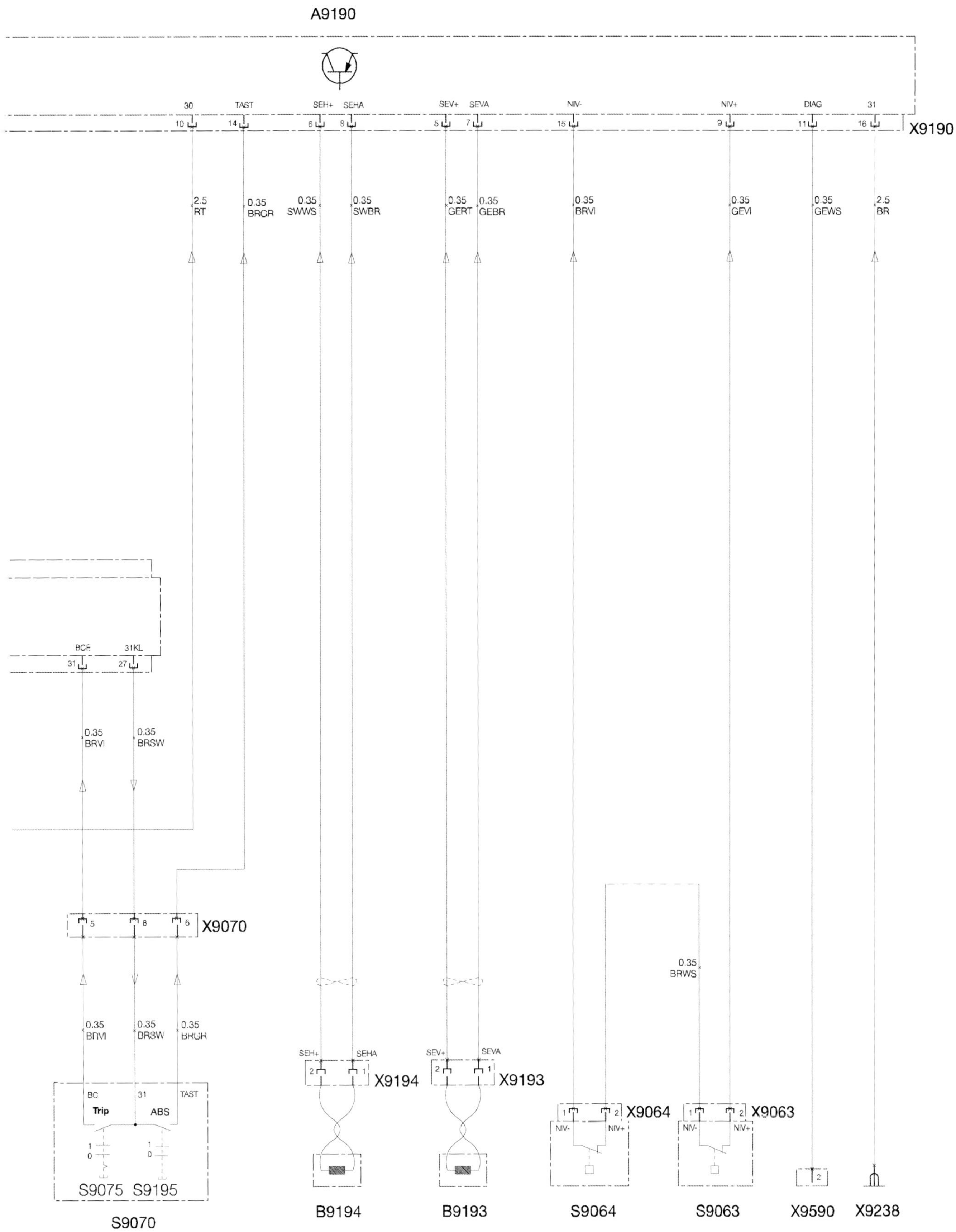

X9220 STVB Benzinstandgeber
X9230 Plus Batterie
X9231 Masse Batterie
X9238 Masse
X9241 STVB Generator +
X9242 STVB Generator
X9270 STVB J1 Steuergerät Zentrale Fahrgestell Elektronik (ZFE)
X9401 Verbinder 31 I
X9430 Verbinder 30U
X9450 Verbinder 15U
X9468 Verbinder 15
X9590 Diagnosestecker
X9627 Verbinder WL
X9761 Verbinder M-CAN-LOW I
X9762 Verbinder M-CAN-HIGH I
X9763 Verbinder M-CAN-LOW II
X9764 Verbinder M-CAN-HIGH II
X9765 Verbinder M-CAN-LOW III
X9766 Verbinder M-CAN-HIGH III

Kabelfarben

BL	blau
BR	braun
GE	gelb
GN	grün
GR	grau
OR	orange
RT	rot
SW	schwarz
TR	transparent
VI	violett
WS	weiß
RS	pink

ABS und Kombiinstrument mit ESA ab 2007

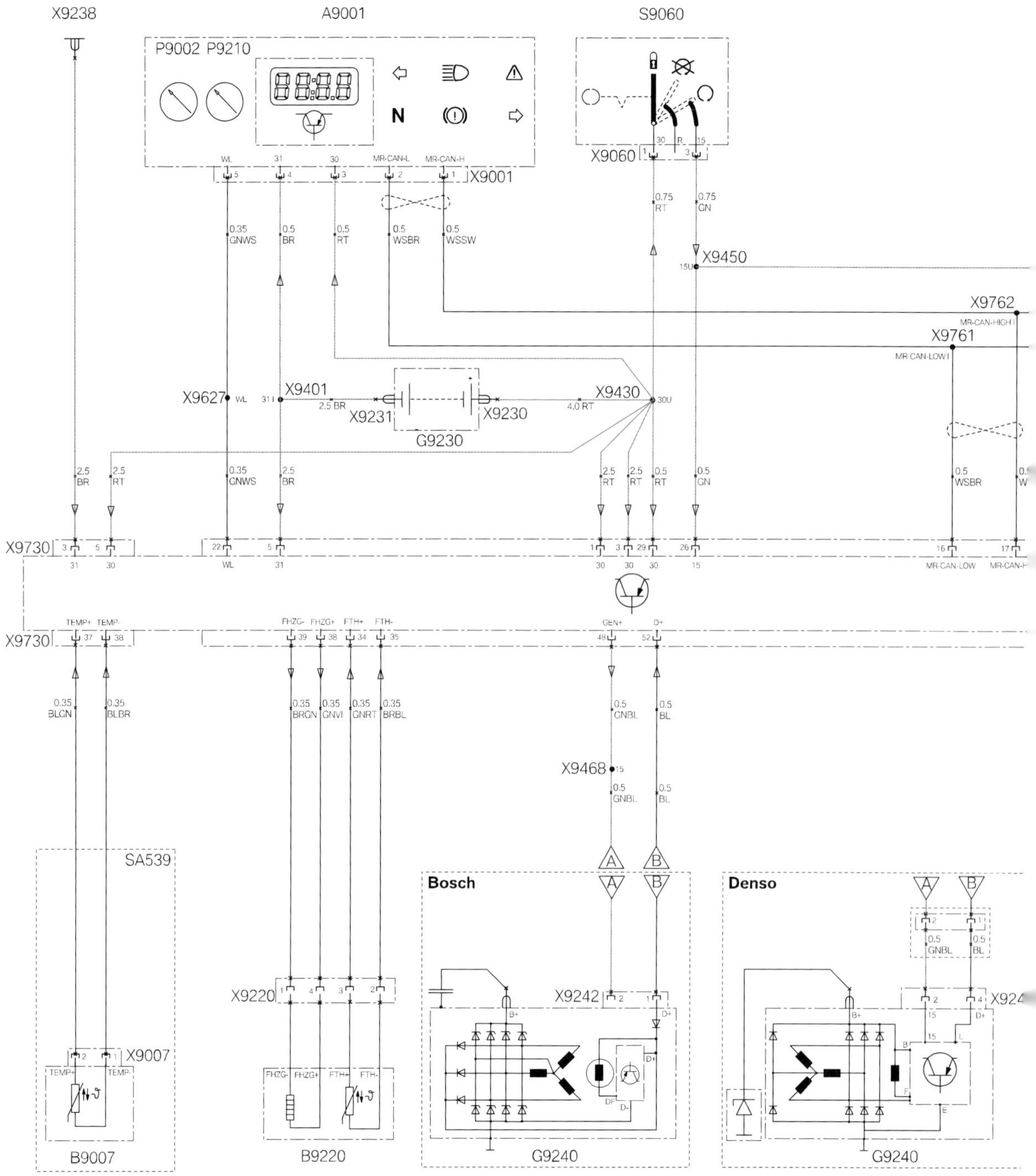

Legende

A9001 Steuergerät Kombiinstrument
A9190 Steuergerät ABS
A9270 Steuergerät Zentrale Fahrgestell Elektronik (ZFE)
A9500 Steuergerät Motorelektronik
B9007 Temperaturfühler Luft BC
B9193 Raddrehzahlsensor vorn
B9194 Raddrehzahlsensor hinten
B9220 Benzinstandgeber
G9230 Batterie
G9240 Generator
P9002 Drehzahlmesser
P9210 Tachometer
S9060 Zündschloss
S9070 Kombischalter links
S9203 Schalter ASC
S9556 Ölniveau-Schalter
X9001 STVB Steuergerät Kombiinstrument
X9007 STVB Temperaturfühler Luft BC
X9060 STVB Zündschloss
X9070 STVB Kombischalter links
X9190 STVB Steuergerät ABS
X9193 STVB Raddrehzahlsensor vorne
X9194 STVB Raddrehzahlsensor hinten
X9220 STVB Benzinstandgeber
X9230 Plus Batterie
X9231 Masse Batterie
X9238 Masse
X9241 STVB Generator +
X9242 STVB Generator
X9270 STVB J1 Steuergerät Zentrale Fahrgestell Elektronik (ZFE)
X9401 Verbinder 31 I
X9430 Verbinder 30U
X9450 Verbinder 15U
X9468 Verbinder 15

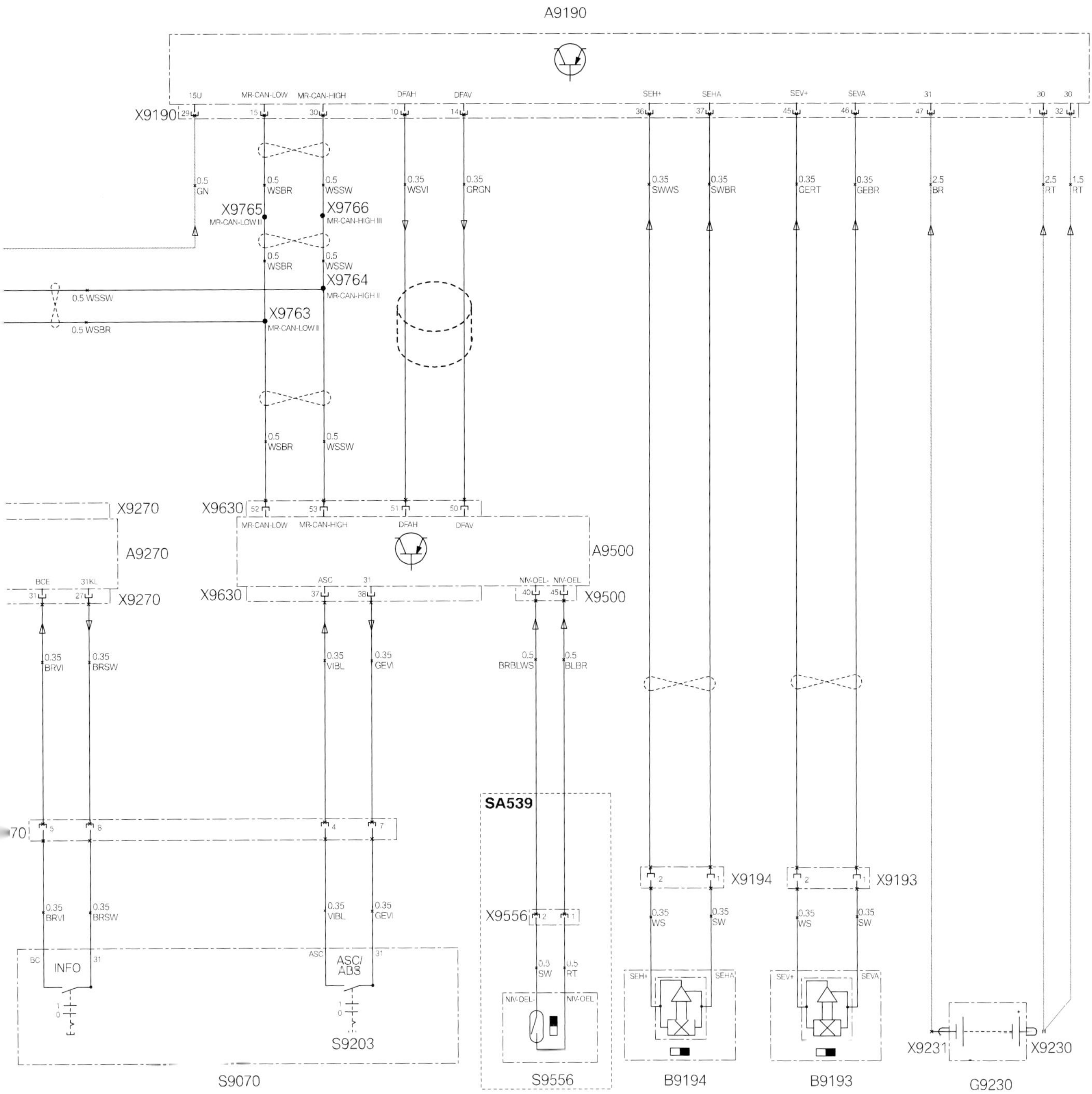

X9500 STVB Steuergerät Motorelektronik
X9556 STVB Ölniveau-Schalter
X9627 Verbinder WL
X9630 STVB Steuergerät Motorelektronik II
X9730 STVB J2 Steuergerät Zentrale Fahrgestell Elektronik (ZFE)
X9761 Verbinder M-CAN-LOW I
X9762 Verbinder M-CAN-HIGH I
X9763 Verbinder M-CAN-LOW II
X9764 Verbinder M-CAN-HIGH II
X9765 Verbinder M-CAN-LOW III
X9766 Verbinder M-CAN-HIGH III

Kabelfarben

BL	blau
BR	braun
GE	gelb
GN	grün
GR	grau
OR	orange
RT	rot
RS	pink
SW	schwarz
TR	transparent
VI	violett
WS	weiß

Plus- und Masseverteilung 2004 – 2006

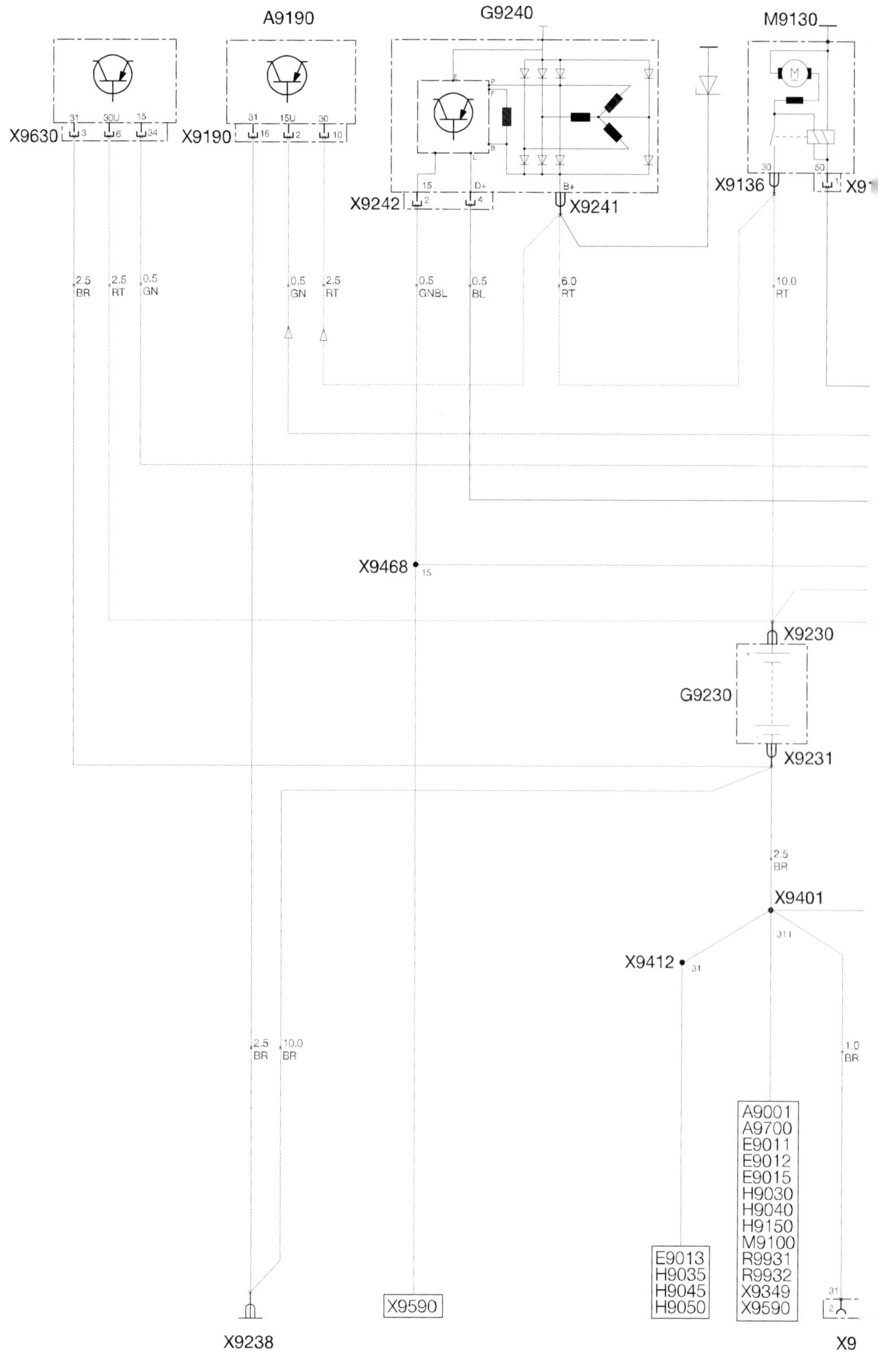

Legende

A9001 Steuergerät Kombiinstrument
A9190 Steuergerät ABS
A9270 Steuergerät Zentrale Fahrgestell Elektronik (ZFE)
A9500 Steuergerät Motorelektronik
A9700 Steuergerät Diebstahlwarnanlage (DWA)
E9011 Abblendlicht
E9012 Fernlicht
E9013 Schlusslicht
E9015 Standlicht
G9230 Batterie
G9240 Generator
H9030 Blinker vorn links
H9035 Blinker hinten links
H9040 Blinker vorn rechts
H9045 Blinker hinten rechts
H9050 Bremslicht
H9150 Hupe
K9130 Starterrelais
M9100 Kraftstoffpumpe
M9130 Starter
R9931 Heizgriff links
R9932 Heizgriff rechts
S9060 Zündschloss
X9060 STVB Zündschloss
X9130 STVB Starterrelais
X9135 STVB Starter Kl. 50
X9136 STVB Starter Kl. 30
X9190 STVB Steuergerät ABS
X9230 Plus Batterie
X9231 Masse Batterie
X9238 Masse

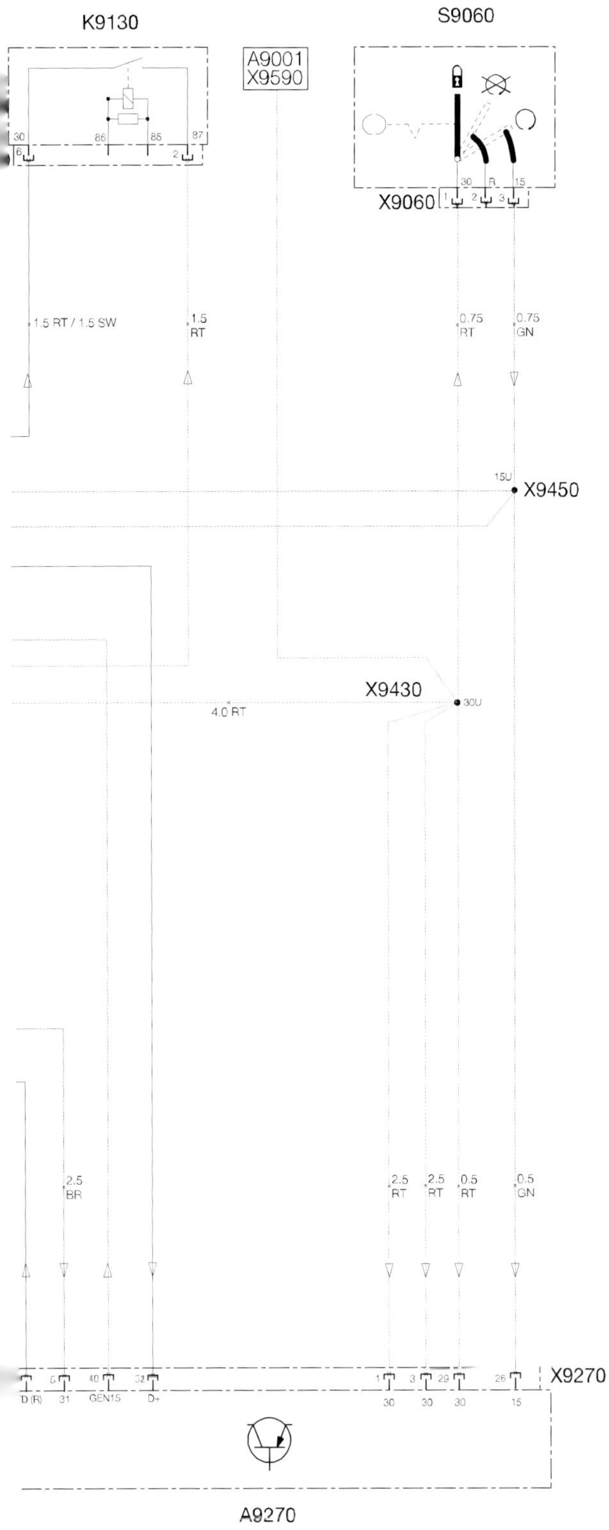

X9241 STVB Generator +
X9242 STVB Generator
X9270 STVB J1 Steuergerät Zentrale Fahrgestell Elektronik (ZFE)
X9321 STVB Bordsteckdose 1
X9349 SZ-Stecker
X9401 Verbinder 31 I
X9412 Verbinder 31
X9430 Verbinder 30U
X9450 Verbinder 15U
X9468 Verbinder 15
X9590 Diagnosestecker
X9630 STVB Steuergerät Motorelektronik

Kabelfarben

BL	blau
BR	braun
GE	gelb
GN	grün
GR	grau
OR	orange
RT	rot
SW	schwarz
TR	transparent
VI	violett
WS	weiß

Plus- und Masseverteilung ab 2007

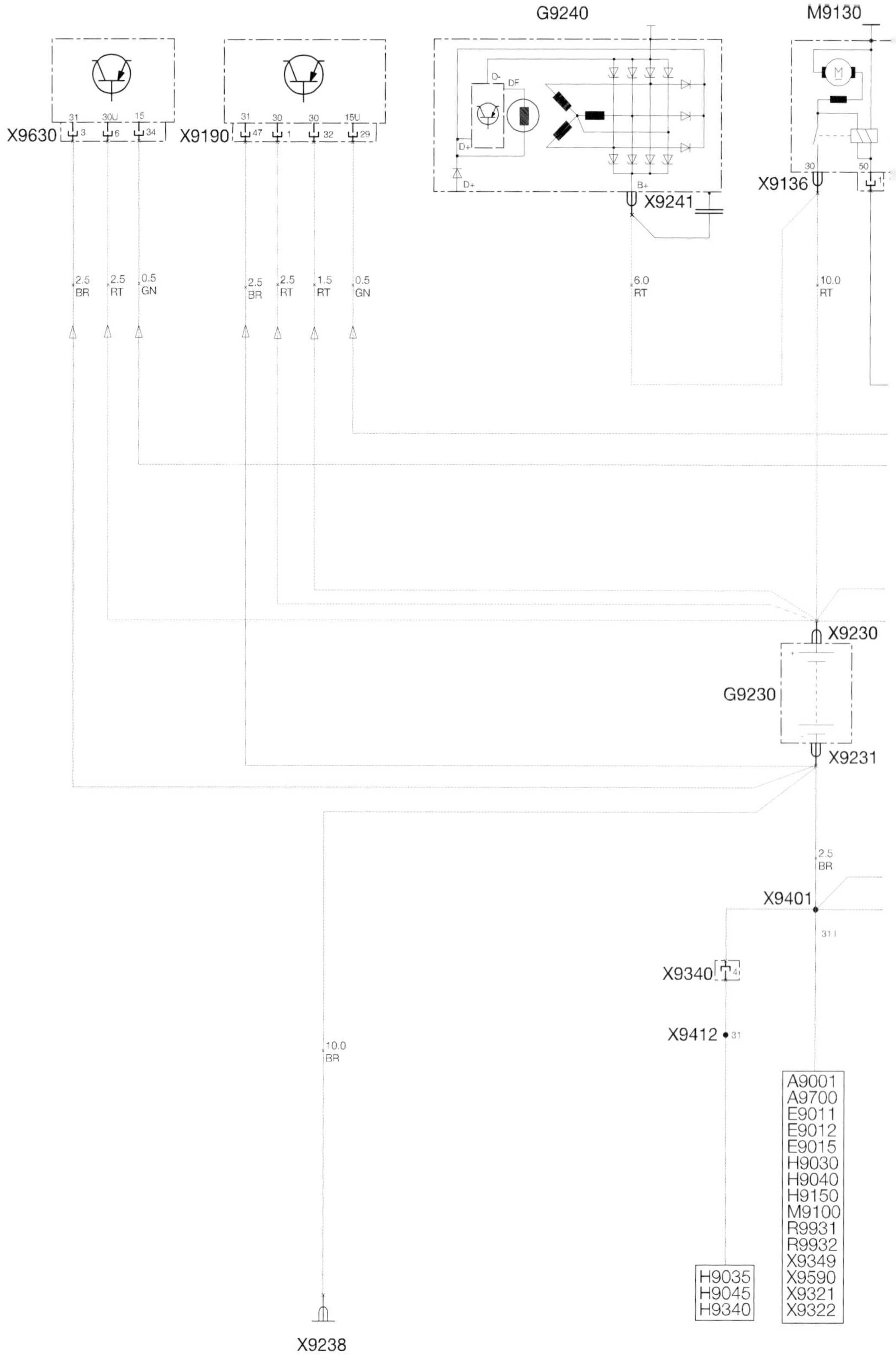

Legende

A9001 Steuergerät Kombiinstrument
A9190 Steuergerät ABS
A9270 Steuergerät Zentrale Fahrgestell Elektronik (ZFE)
A9500 Steuergerät Motorelektronik
A9700 Steuergerät Diebstahlwarnanlage (DWA) / Reifendruckkontrolle (RDC)
E9011 Abblend-/Fahrlicht
E9012 Fernlicht
E9015 Standlicht
E9337 Zusatzscheinwerfer
E9338 Zusatzscheinwerfer II
F9200 Sicherungskasten I
G9240 Generator

H9030 Blinker vorn links
H9035 Blinker hinten links
H9040 Blinker vorn rechts
H9045 Blinker hinten rechts
H9150 Hupe
H9340 Heckleuchte
K9130 Starterrelais
K9334 Zusatzscheinwerferrelais
M9100 Kraftstoffpumpe
M9130 Starter
R9931 Heizgriff links
R9932 Heizgriff rechts
S9060 Zündschloss
S9061 Schalter Zusatzscheinwerfer

X9060 STVB Zündschloss
X9130 STVB Starterrelais
X9135 STVB Starter Kl. 50
X9136 STVB Anlasser Kl. 30
X9190 STVB Steuergerät ABS
X9200 STVB Sicherungskasten I
X9230 Plus Batterie
X9231 Masse Batterie
X9238 Masse
X9241 STVB Generator +
X9270 STVB J1 Steuergerät Zentrale Fahrgestell Elektronik (ZFE)
X9321 STVB Bordsteckdose 1
X9322 STVB Bordsteckdose 2

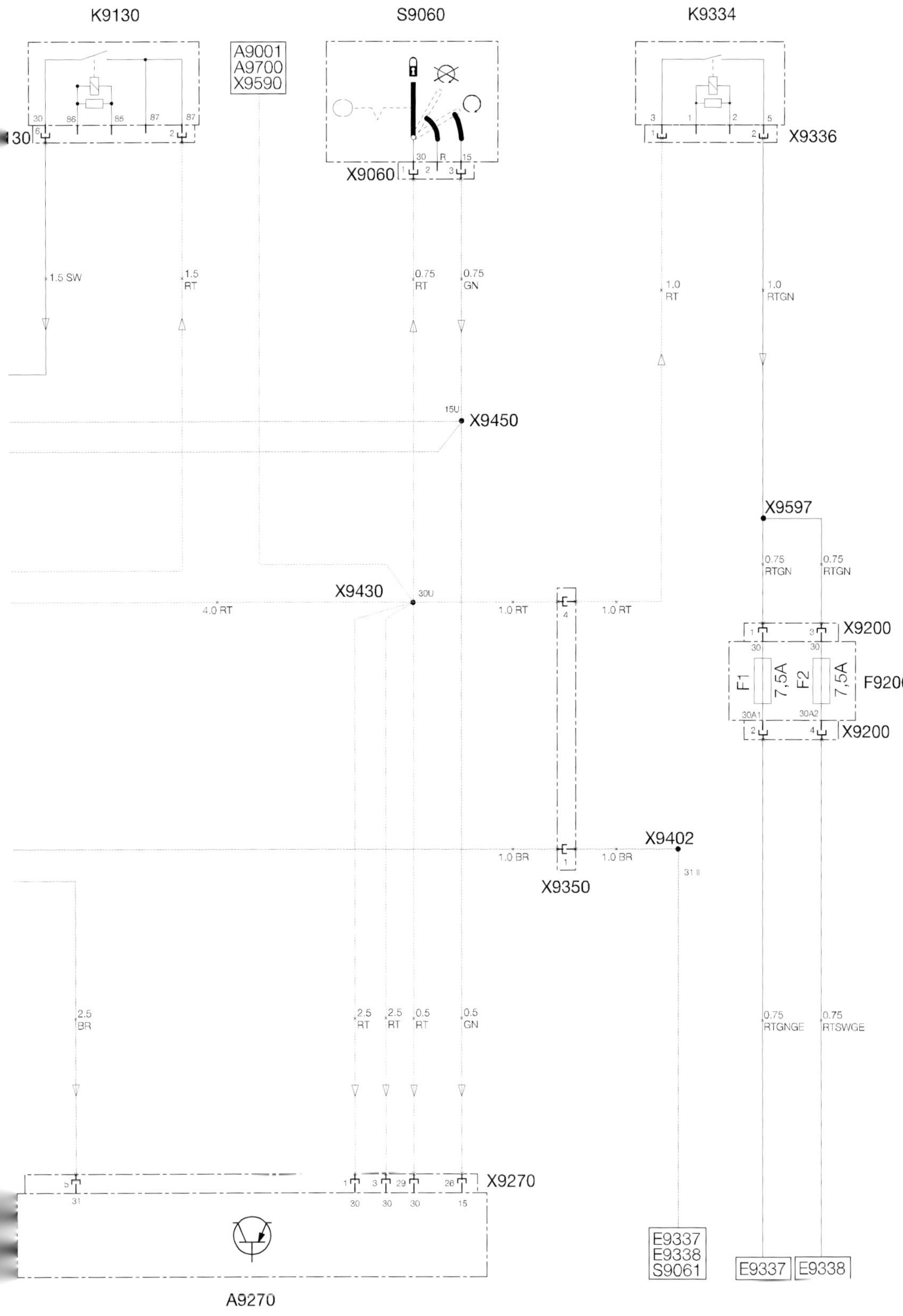

X9336	DRS Hupe-/Nebelscheinwerferrelais		**Kabelfarben**	
X9340	STVB Beleuchtung/Blinker hinten		BL	blau
X9349	SZ-Stecker		BR	braun
X9350	SA-Stecker		GE	gelb
X9401	Verbinder 31 I		GN	grün
X9402	Verbinder 31 II		GR	grau
X9412	Verbinder 31		OR	orange
X9430	Verbinder 30U		RT	rot
X9450	Verbinder 15U		SW	schwarz
X9590	Diagnosestecker		TR	transparent
X9597	Verbinder Nebelscheinwerfer		VI	violett
X9630	STVB Steuergerät Motorelektronik II		WS	weiß

Beleuchtung, Blinker und Hupe 2004 – 2006

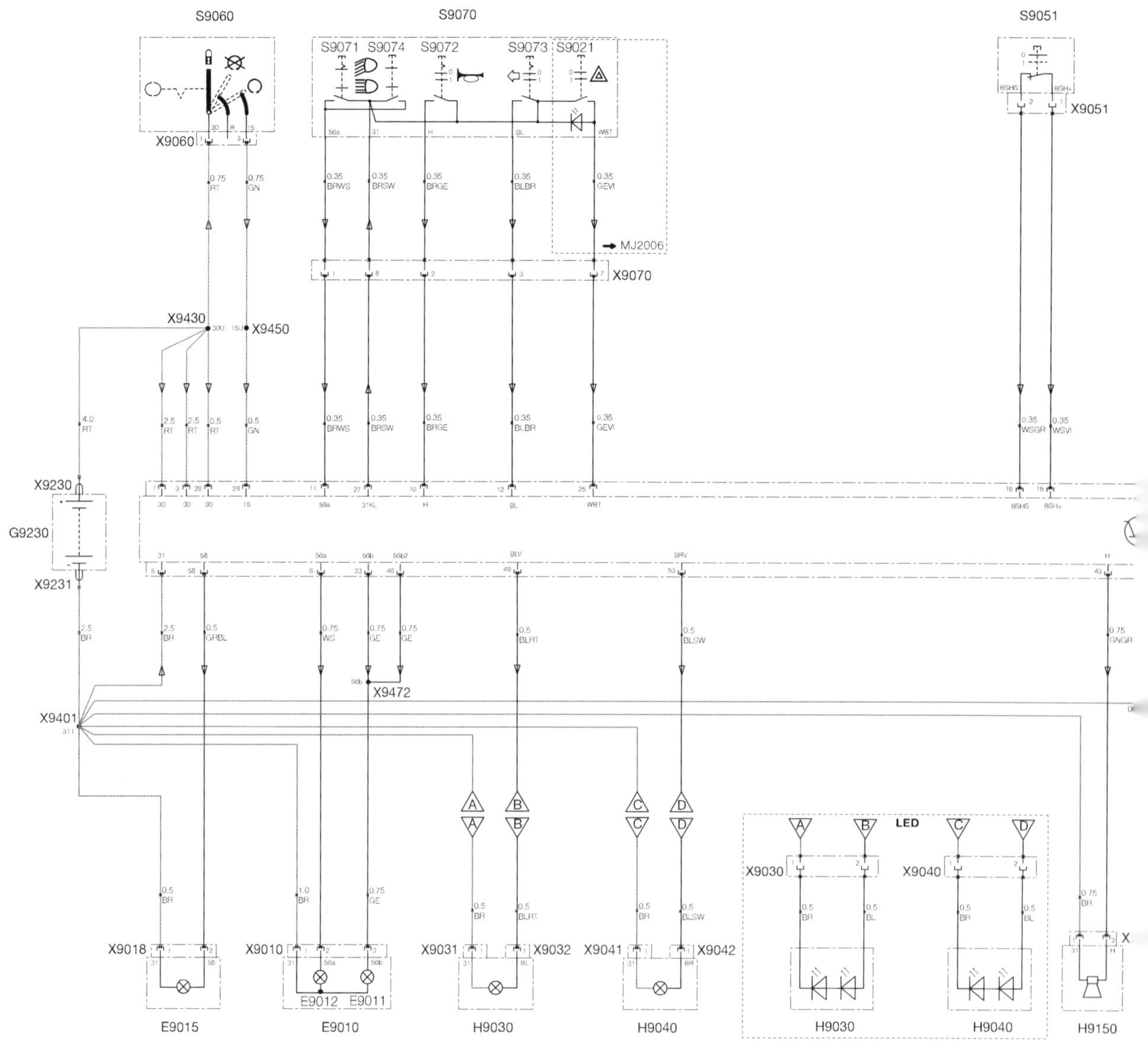

Legende

A9270	Steuergerät Zentrale Fahrgestell Elektronik (ZFE)
A9500	Steuergerät Motorelektronik
E9010	Scheinwerfer
E9011	Abblendlicht
E9012	Fernlicht
E9013	Schlusslicht
E9015	Standlicht
G9230	Batterie
H9030	Blinker vorn links
H9035	Blinker hinten links
H9040	Blinker vorn rechts
H9045	Blinker hinten rechts
H9050	Bremslicht
H9150	Horn
H9340	Heckleuchte
S9021	Warnblinkschalter
S9051	Bremslichtschalter Hand
S9052	Bremslichtschalter Fuß
S9060	Zündschloss
S9070	Kombischalter links
S9071	Fernlichtschalter
S9072	Hornschalter
S9073	Blinkerschalter links
S9074	Lichthupe
S9080	Kombischalter rechts
S9082	Blinkerschalter rechts
S9085	Blinkerrückstellschalter
X9010	STVB Scheinwerfer
X9013	STVB Heckleuchte -
X9014	STVB Schlusslicht
X9018	STVB Standlicht
X9030	STVB Blinker vorn links
X9031	STVB Blinker vorn links -
X9032	STVB Blinker vorn links +
X9035	STVB Blinker hinten links
X9036	STVB Blinker hinten links -
X9037	STVB Blinker hinten links +
X9040	STVB Blinker vorn rechts

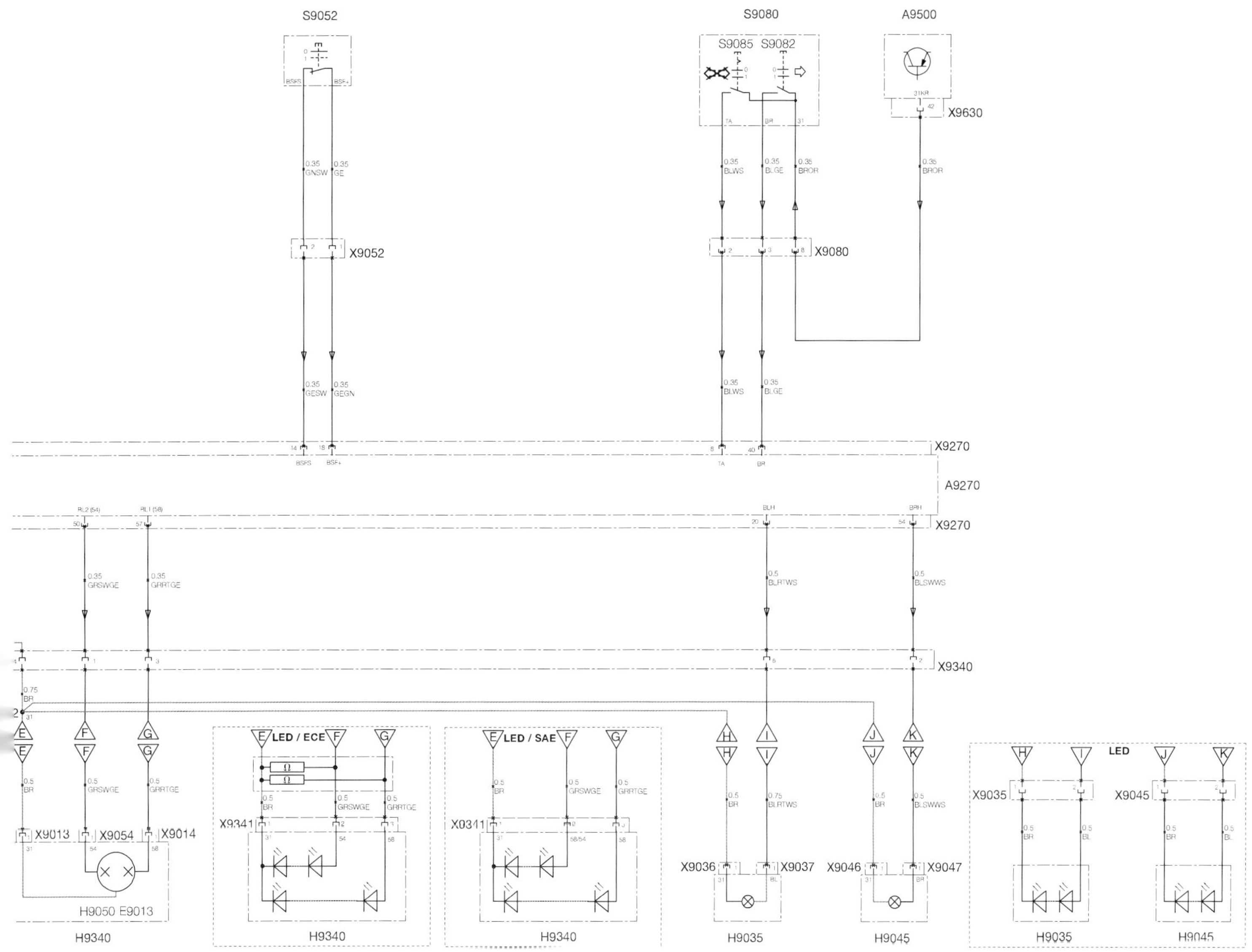

X9041	STVB Blinker vorn rechts -	X9231	Masse Batterie
X9042	STVB Blinker vorn rechts +	X9270	STVB J1 Steuergerät Zentrale Fahrgestell Elektronik (ZFE)
X9045	STVB Blinker hinten rechts	X9340	STVB Beleuchtung/Blinker hinten
X9046	STVB Blinker hinten rechts -	X9341	STVB Heckleuchte
X9047	STVB Blinker hinten rechts +	X9401	Verbinder 31 I
X9051	STVB Bremslichtschalter Hand	X9412	Verbinder 31
X9052	STVB Bremslichtschalter Fuß	X9430	Verbinder 30U
X9054	STVB Bremslicht +	X9450	Verbinder 15U
X9060	STVB Zündschloss	X9472	Verbinder Abblendlicht
X9070	STVB Kombischalter links	X9630	STVB Steuergerät Motorelektronik II
X9080	STVB Kombischalter rechts		
X9157	STVB Horn		
X9230	Plus Batterie		

Kabelfarben

BL blau
BR braun
GE gelb
GN grün
GR grau
OR orange
RT rot
SW schwarz
TR transparent
VI violett
WS weiß
RS pink

Beleuchtung, Blinker und Hupe mit ABS ab 2007

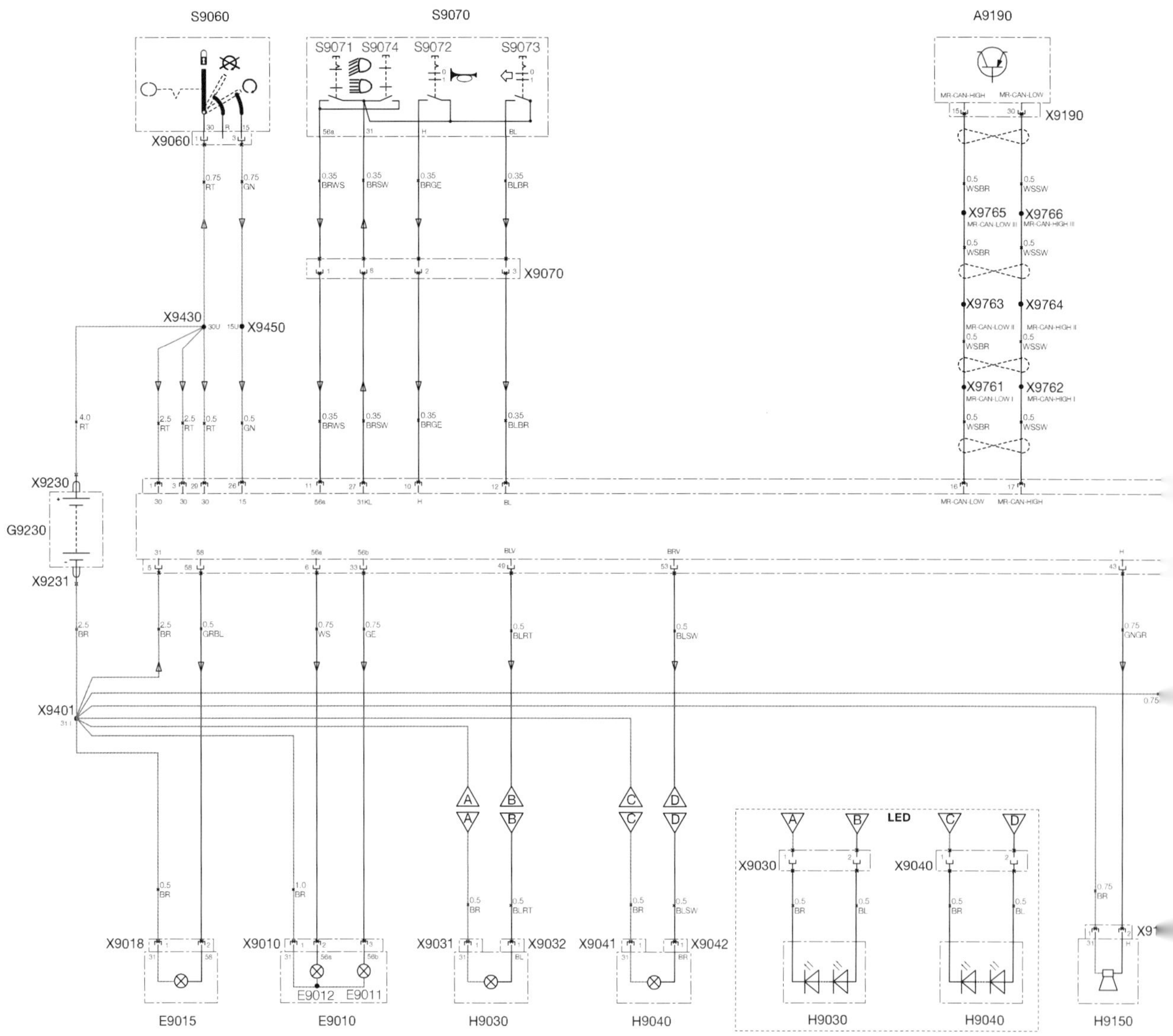

Legende

A9190 Steuergerät ABS
A9270 Steuergerät Zentrale Fahrgestell Elektronik (ZFE)
A9500 Steuergerät Motorelektronik
E9010 Scheinwerfer
E9011 Abblendlicht
E9012 Fernlicht
E9013 Schlusslicht
E9015 Standlicht
G9230 Batterie
H9030 Blinker vorn links
H9035 Blinker hinten links
H9040 Blinker vorn rechts
H9045 Blinker hinten rechts
H9050 Bremslicht
H9150 Horn
H9340 Heckleuchte G9230 Batterie
S9060 Zündschloss
S9070 Kombischalter links
S9071 Fernlichtschalter
S9072 Hornschalter
S9073 Blinkerschalter links
S9074 Lichthupe
S9080 Kombischalter rechts
S9082 Blinkerschalter rechts
S9085 Blinkerrückstellschalter
X9010 STVB Scheinwerfer
X9013 STVB Heckleuchte -
X9014 STVB Schlusslicht
X9018 STVB Standlicht
X9030 STVB Blinker vorn links
X9031 STVB Blinker vorn links -
X9032 STVB Blinker vorn links +
X9035 STVB Blinker hinten links
X9036 STVB Blinker hinten links -
X9037 STVB Blinker hinten links +
X9040 STVB Blinker vorn rechts
X9041 STVB Blinker vorn rechts -
X9042 STVB Blinker vorn rechts +

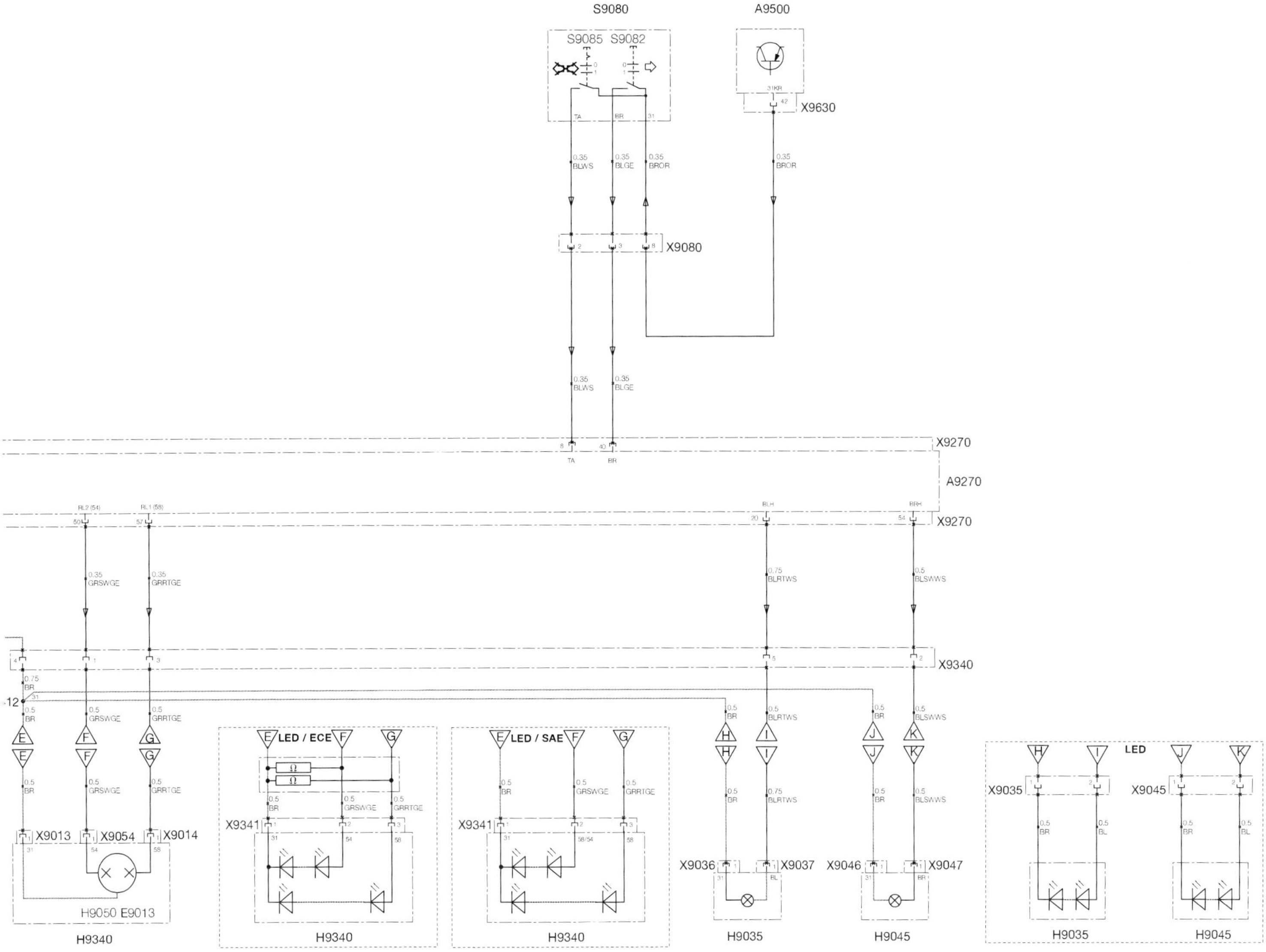

X9045 STVB Blinker hinten rechts
X9046 STVB Blinker hinten rechts -
X9047 STVB Blinker hinten rechts +
X9054 STVB Bremslicht +
X9060 STVB Zündschloss
X9070 STVB Kombischalter links
X9080 STVB Kombischalter rechts
X9157 STVB Hupe
X9190 STVB Steuergerät ABS
X9230 Plus Batterie
X9231 Masse Batterie
X9270 STVB J1 Steuergerät Zentrale Fahrgestell Elektronik (ZFE)

X9340 STVB Beleuchtung/Blinker hinten
X9341 STVB Heckleuchte
X9401 Verbinder 31 I
X9412 Verbinder 31
X9430 Verbinder 30U
X9450 Verbinder 15U
X9630 STVB Steuergerät Motorelektronik II
X9761 Verbinder M-CAN-LOW I
X9762 Verbinder M-CAN-HIGH I
X9763 Verbinder M-CAN-LOW II
X9764 Verbinder M-CAN-HIGH II
X9765 Verbinder M-CAN-LOW III
X9766 Verbinder M-CAN-HIGH III

Kabelfarben

BL blau
BR braun
GE gelb
GN grün
GR grau
OR orange
RT rot
SW schwarz
TR transparent
VI violett
WS weiß
RS pink

Starter und Generator ab 2007

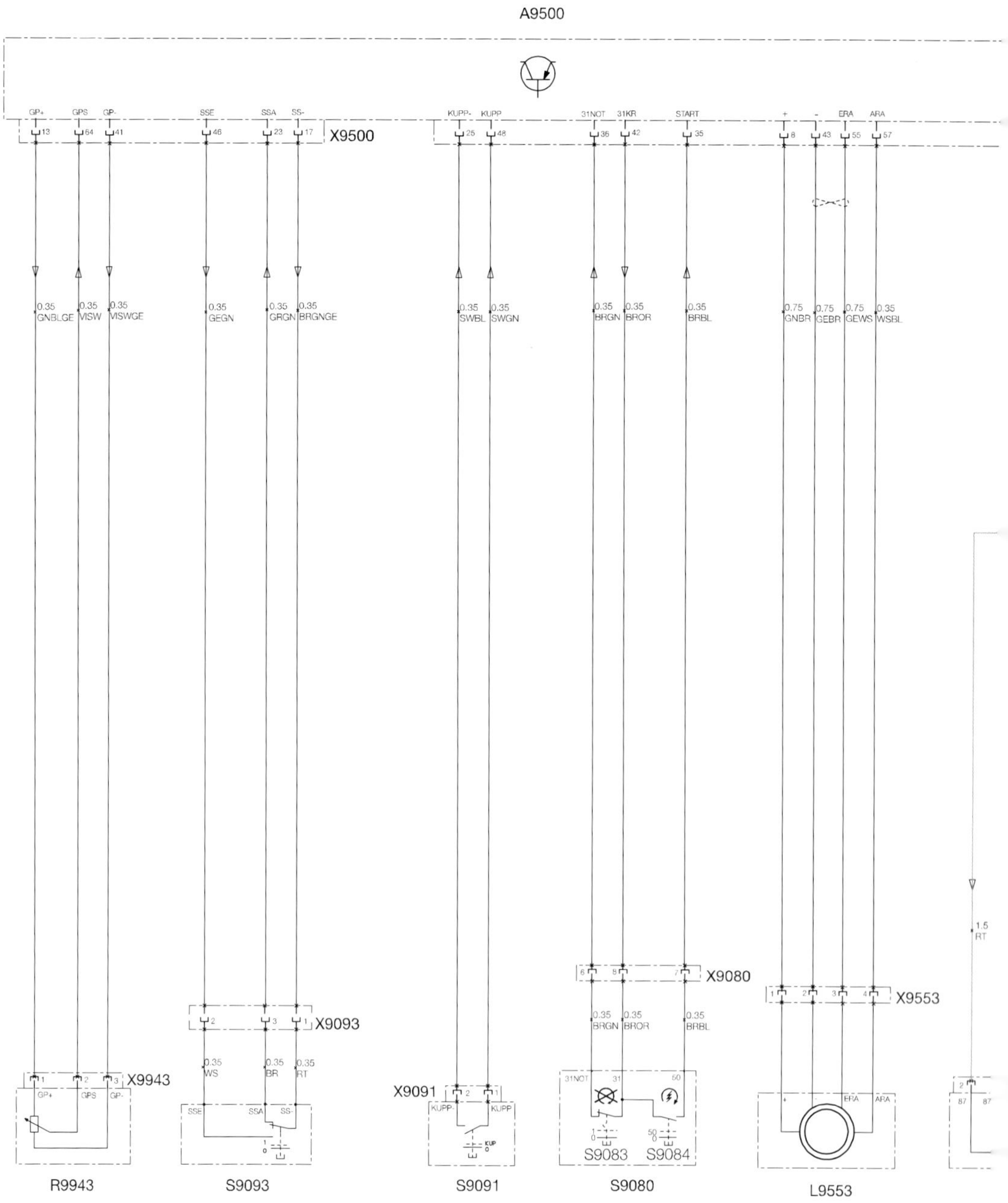

Legende

A9270 Steuergerät Zentrale Fahrgestell Elektronik (ZFE)
A9500 Steuergerät Motorelektronik
G9230 Batterie
G9240 Generator
K9130 Starterrelais
L9553 EWS-Ringantenne
M9130 Starter
R9943 Getriebe-Schaltwalzen Potentiometer
S9060 Zündschloss
S9080 Kombischalter rechts
S9083 Not-Aus-Schalter
S9084 Starterschalter
S9091 Kupplungsschalter
S9093 Seitenstützenschalter
X9060 STVB Zündschloss
X9080 STVB Kombischalter rechts
X9091 STVB Kupplungsschalter
X9093 STVB Seitenstützenschalter
X9130 STVB Starterrelais
X9135 STVB Starter Kl. 50
X9136 STVB Starter Kl. 30
X9230 Plus Batterie
X9231 Masse Batterie
X9238 Masse
X9241 STVB Generator +
X9242 STVB Generator
X9270 STVB J1 Steuergerät Zentrale Fahrgestell Elektronik (ZFE)
X9401 Verbinder 31 I
X9430 Verbinder 30U
X9450 Verbinder 15U

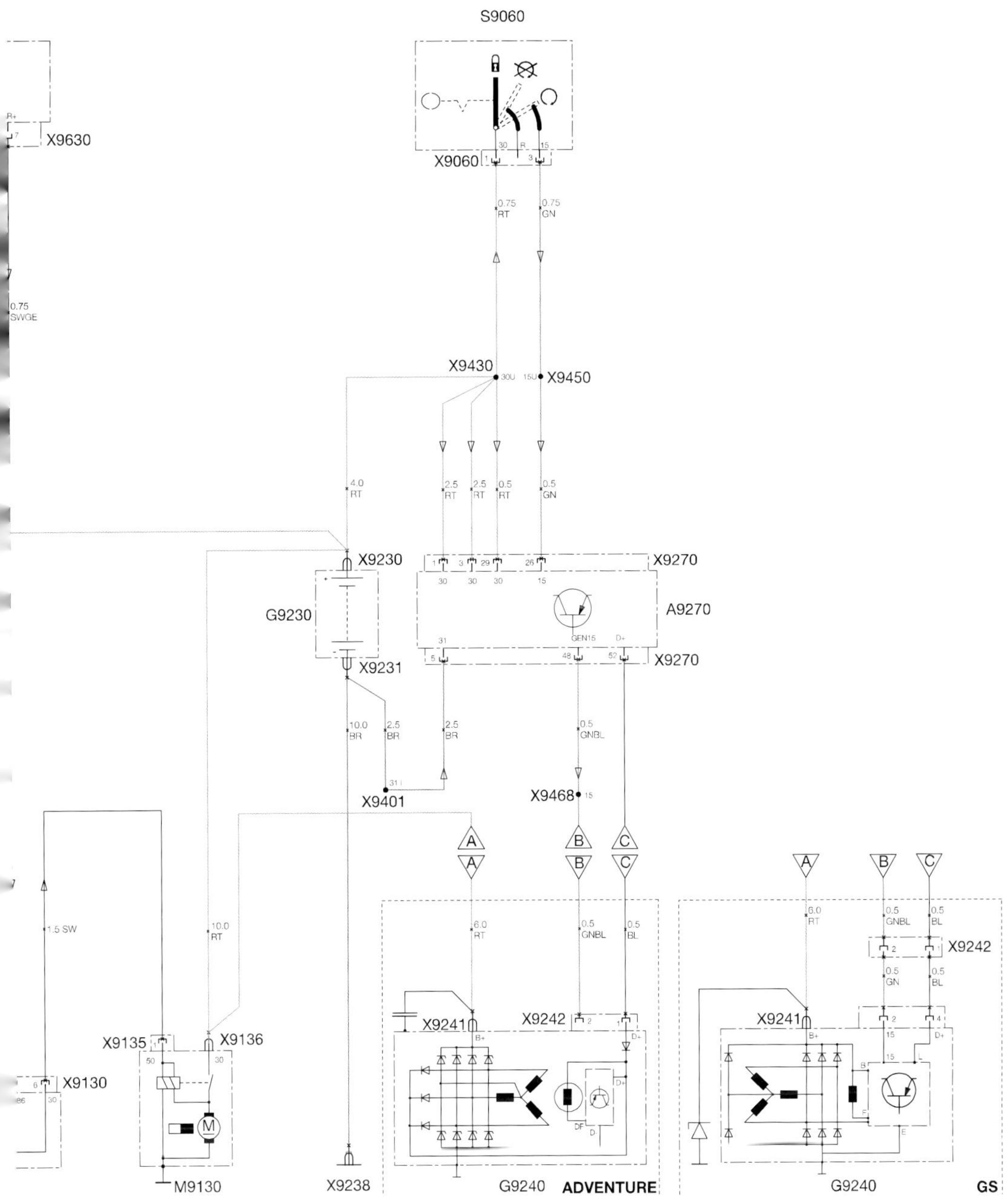

X9468 Verbinder 15
X9500 STVB Steuergerät Motorelektronik
X9553 STVB EWS-Ringantenne
X9630 STVB Steuergerät Motorelektronik II
X9943 STVB Getriebe-Schaltwalzen-Potentiometer

Kabelfarben

BL	blau
BR	braun
GE	gelb
GN	grün
GR	grau
OR	orange
RT	rot
SW	schwarz
TR	transparent
VI	violett
WS	weiß
RS	pink

Motorelektronik bis 2005

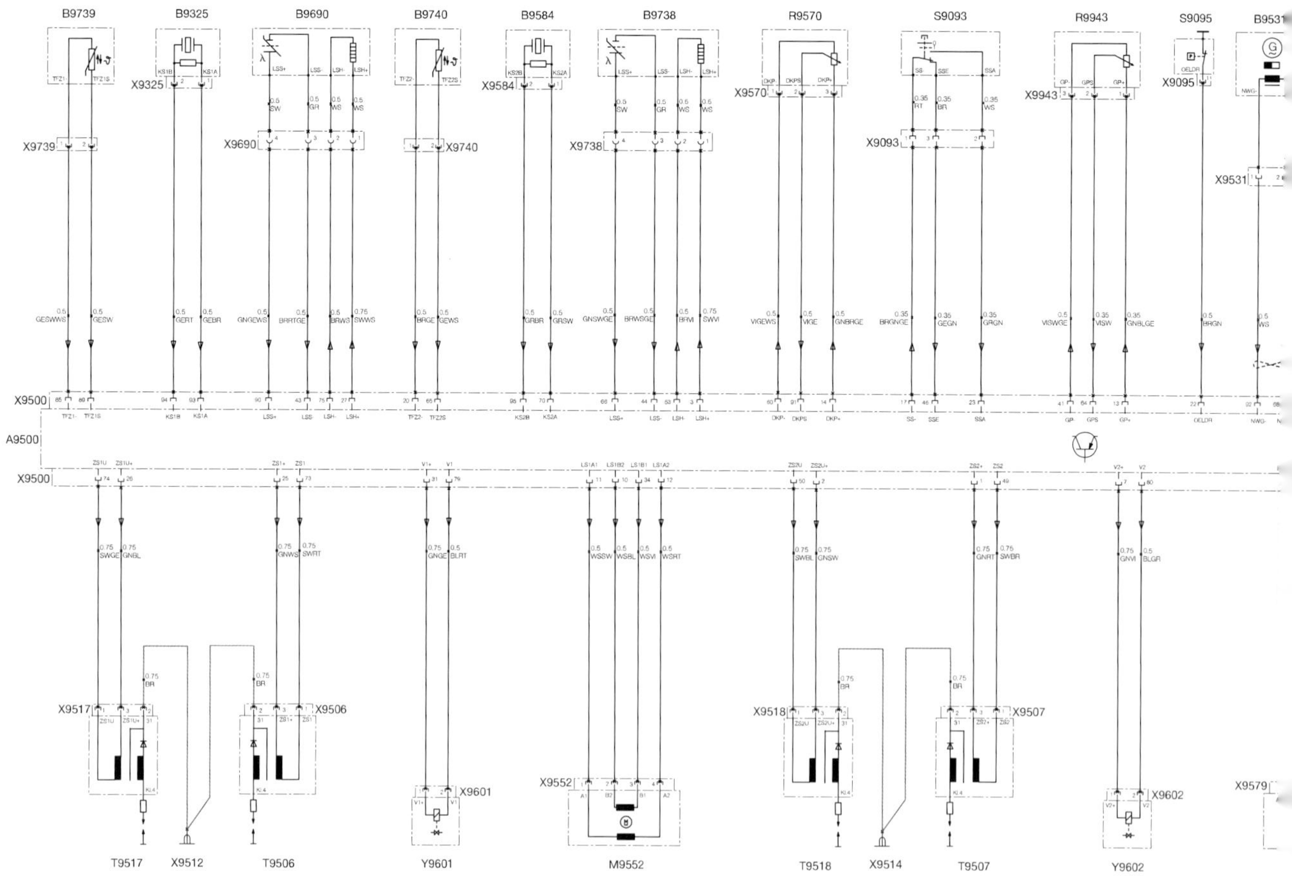

Legende

A9270 Steuergerät Zentrale Fahrgestell Elektronik (ZFE)
A9500 Steuergerät Motorelektronik
B9325 Klopfsensor 1
B9326 Kurbelwellengeber
B9531 Nockenwellengeber
B9550 Temperaturfühler Ansaugluft
B9562 Temperaturfühler Kühlmittel (Motorelektronik)
B9584 Klopfsensor 2
B9690 Lambdasonde (Zylinder 1)
B9738 Lambdasonde (Zylinder 2)
B9739 Temperaturfühler Zylinderkopf (Zylinder 1)
B9740 Temperaturfühler Zylinderkopf (Zylinder 2)
G9230 Batterie
K9130 Starterrelais
L9553 EWS-Ringantenne
M9100 Kraftstoffpumpe
M9552 Leerlaufsteller (Zylinder 1)
M9579 Leerlaufsteller (Zylinder 2)
R9570 Drosselklappen-Potentiometer (DKP)
R9943 Getriebe-Schaltwalzen-Potentiometer
S9060 Zündschloss
S9080 Kombischalter rechts
S9083 Not-Aus-Schalter
S9084 Starterschalter
S9091 Kupplungsschalter
S9093 Seitenstützenschalter
S9095 Öldruckschalter
T9506 Kerzenschacht-Zündspule (Zylinder 1)
T9507 Kerzenschacht-Zündspule (Zylinder 2)
T9517 Winkel-Zündspule (Zylinder 1)
T9518 Winkel-Zündspule (Zylinder 2)
X9060 STVB Zündschloss
X9080 STVB Kombischalter rechts
X9091 STVB Kupplungsschalter
X9093 STVB Seitenstützenschalter
X9095 STVB Öldruckschalter
X9100 STVB Kraftstoffpumpe
X9130 STVB Anlasserrelais
X9230 Plus Batterie
X9231 Masse Batterie
X9270 STVB J1 Steuergerät Zentrale Fahrgestell Elektronik (ZFE)
X9325 STVB Klopfsensor 1
X9326 STVB Kurbelwellengeber
X9401 Verbinder 31 I
X9430 Verbinder 30U
X9450 Verbinder 15U
X9500 STVB Steuergerät Motorelektronik
X9506 STVB Kerzenschacht-Zündspule (Zylinder 1)
X9507 STVB Kerzenschacht-Zündspule (Zylinder 2)

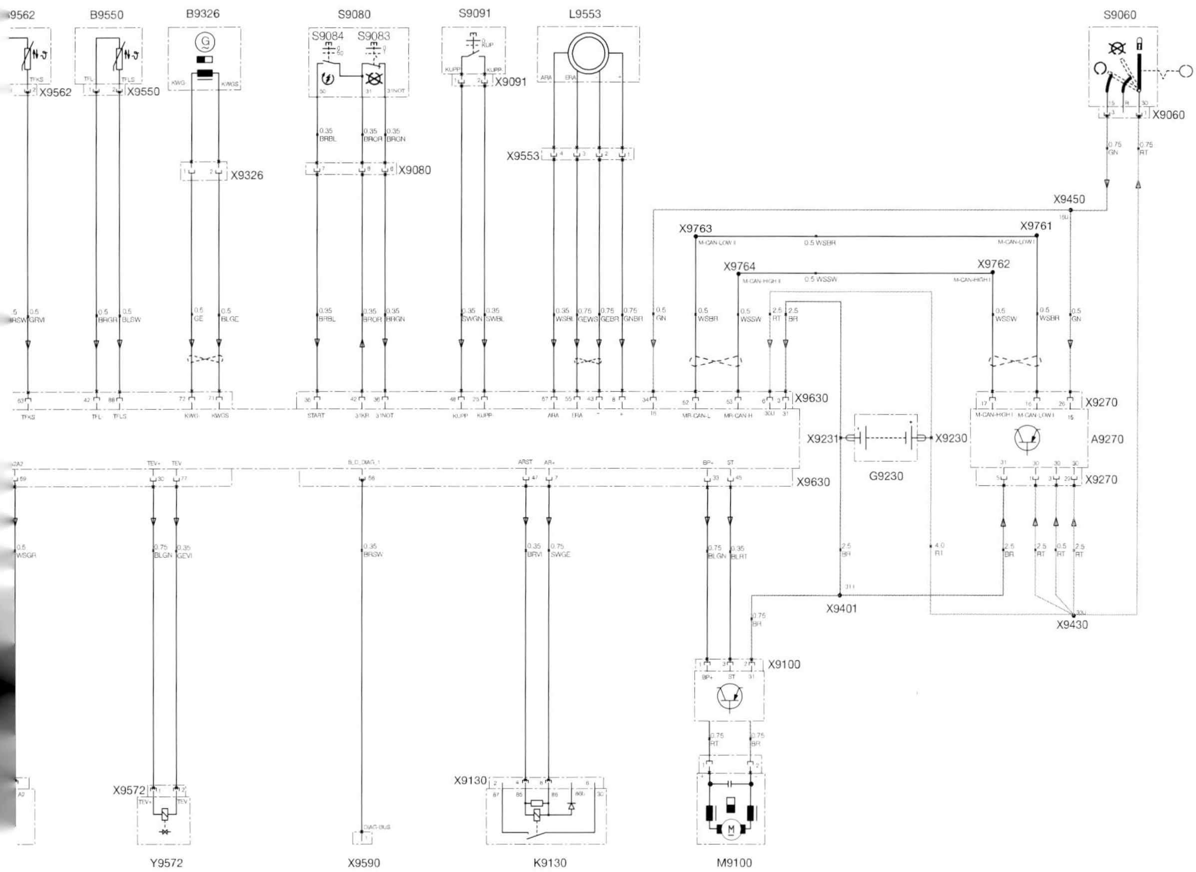

X9512	Masse Zündspule (Zylinder 1)	X9739	STVB Temperaturfühler Zylinderkopf (Zylinder 1)
X9514	Masse Zündspule (Zylinder 2)	X9740	STVB Temperaturfühler Zylinderkopf (Zylinder 2)
X9517	STVB Winkel-Zündspule (Zylinder 1)	X9761	Verbinder M-CAN-LOW I
X9518	STVB Winkel-Zündspule (Zylinder 2)	X9762	Verbinder M-CAN-HIGH I
X9531	STVB Nockenwellengeber	X9763	Verbinder M-CAN-LOW II
X9550	STVB Temperaturfühler Ansaugluft	X9764	Verbinder M-CAN-HIGH II
X9552	STVB Leerlaufsteller (Zylinder1)	X9943	STVB Getriebe-Schaltwalzen-Potentiometer
X9553	STVB EWS-Ringantenne	Y9572	Tankentlüftungsventil (nur US)
X9562	STVB Temperaturfühler Kühlmittel (Motorelektronik)	Y9601	Einspritzventil 1
X9570	STVB Drosselklappen-Potentiometer	Y9602	Einspritzventil 2
X9572	STVB Tankentlüftungsventil		
X9579	STVB Leerlaufsteller (Zylinder 2)		
X9584	STVB Klopfsensor 2		
X9590	Diagnosestecker		
X9601	STVB Einspritzventil 1		
X9602	STVB Einspritzventil 2		
X9630	STVB Steuergerät Motorelektronik II		
X9690	STVB Lambdasonde (Zylinder 1)		
X9738	STVB Lambdasonde (Zylinder 2)		

Kabelfarben

BL	blau
BR	braun
GE	gelb
GN	grün
GR	grau
OR	orange
RT	rot
SW	schwarz
TR	transparent
VI	violett
WS	weiß
RS	pink

Motorelektronik 2006

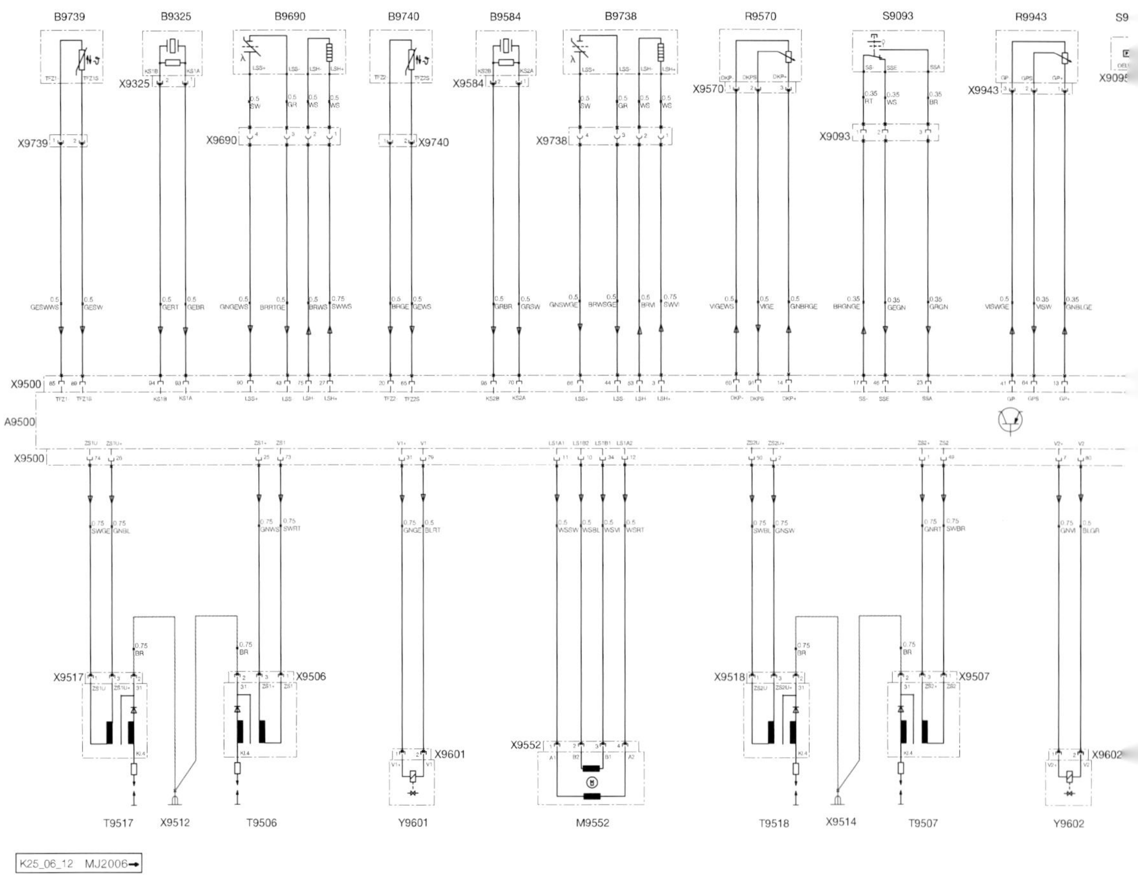

Legende

A9270 Steuergerät Zentrale Fahrgestell Elektronik (ZFE)
A9500 Steuergerät Motorelektronik
B9325 Klopfsensor 1
B9326 Kurbelwellengeber
B9531 Nockenwellengeber
B9550 Temperaturfühler Ansaugluft
B9562 Temperaturfühler Kühlmittel (Motorelektronik)
B9584 Klopfsensor 2
B9690 Lambdasonde (Zylinder 1)
B9738 Lambdasonde (Zylinder 2)
B9739 Temperaturfühler Zylinderkopf (Zylinder 1)
B9740 Temperaturfühler Zylinderkopf (Zylinder 2)
G9230 Batterie
K9130 Starterrelais
L9553 EWS-Ringantenne
M9100 Kraftstoffpumpe
M9552 Leerlaufsteller (Zylinder 1)
M9579 Leerlaufsteller (Zylinder 2)
R9570 Drosselklappen-Potentiometer (DKP)
R9943 Getriebe-Schaltwalzen-Potentiometer
S9060 Zündschloss
S9080 Kombischalter rechts
S9083 Not-Aus-Schalter
S9084 Starterschalter
S9091 Kupplungsschalter
S9093 Seitenstützenschalter
S9095 Öldruckschalter
T9506 Kerzenschacht-Zündspule (Zylinder 1)
T9507 Kerzenschacht-Zündspule (Zylinder 2)
T9517 Winkel-Zündspule (Zylinder 1)
T9518 Winkel-Zündspule (Zylinder 2)
X9060 STVB Zündschloss
X9080 STVB Kombischalter rechts
X9091 STVB Kupplungsschalter
X9093 STVB Seitenstützenschalter
X9095 STVB Öldruckschalter
X9100 STVB Kraftstoffpumpe
X9130 STVB Anlasserrelais
X9230 Plus Batterie
X9231 Masse Batterie
X9270 STVB J1 Steuergerät Zentrale Fahrgestell Elektronik (ZFE)
X9325 STVB Klopfsensor 1
X9326 STVB Kurbelwellengeber
X9401 Verbinder 31 I
X9430 Verbinder 30U
X9450 Verbinder 15U
X9500 STVB Steuergerät Motorelektronik
X9506 STVB Kerzenschacht-Zündspule (Zylinder 1)
X9507 STVB Kerzenschacht-Zündspule (Zylinder 2)

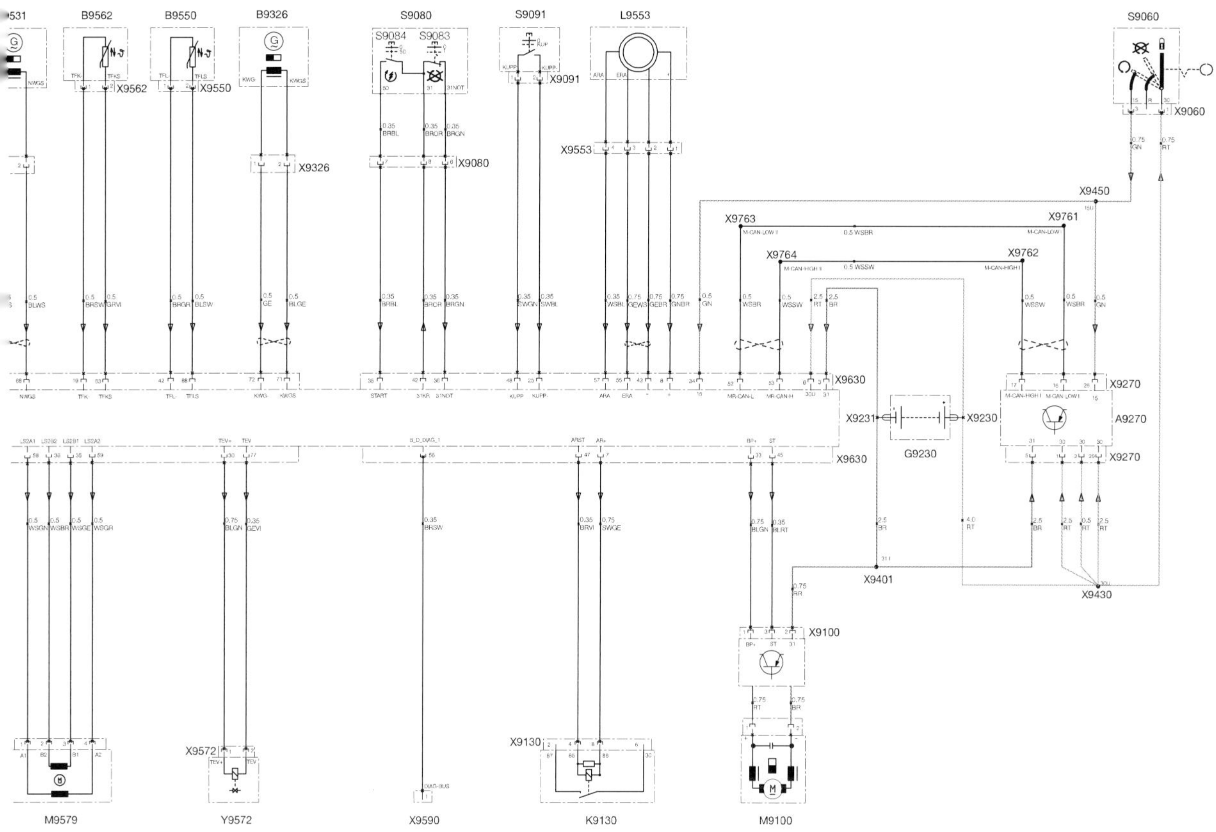

X9512	Masse Zündspule
X9514	Masse Zündspule (Zylinder 2)
X9517	STVB Winkel-Zündspule (Zylinder 1)
X9518	STVB Winkel-Zündspule (Zylinder 2)
X9531	STVB Nockenwellengeber
X9550	STVB Temperaturfühler Ansaugluft
X9552	STVB Leerlaufsteller (Zylinder 1)
X9553	STVB EWS-Ringantenne
X9562	STVB Temperaturfühler Kühlmittel (Motorelektronik)
X9570	STVB Drosselklappen-Potentiometer
X9572	STVB Tankentlüftungsventil
X9579	STVB Leerlaufsteller (Zylinder 2)
X9584	STVB Klopfsensor 2
X9590	Diagnosestecker
X9601	STVB Einspritzventil 1
X9602	STVB Einspritzventil 2
X9630	STVB Steuergerät Motorelektronik II
X9690	STVB Lambdasonde (Zylinder 1)
X9738	STVB Lambdasonde (Zylinder 2)
X9739	STVB Temperaturfühler Zylinderkopf (Zylinder 1)
X9740	STVB Temperaturfühler Zylinderkopf (Zylinder 2)
X9761	Verbinder M-CAN-LOW I
X9762	Verbinder M-CAN-HIGH I
X9763	Verbinder M-CAN-LOW II
X9764	Verbinder M-CAN-HIGH II
X9943	STVB Getriebe-Schaltwalzen-Potentiometer
Y9572	Tankentlüftungsventil (nur US)
Y9601	Einspritzventil 1
Y9602	Einspritzventil 2

Kabelfarben

BL	blau
BR	braun
GE	gelb
GN	grün
GR	grau
OR	orange
RT	rot
SW	schwarz
TR	transparent
VI	violett
WS	weiß
RS	pink

Motorelektronik ab 2007

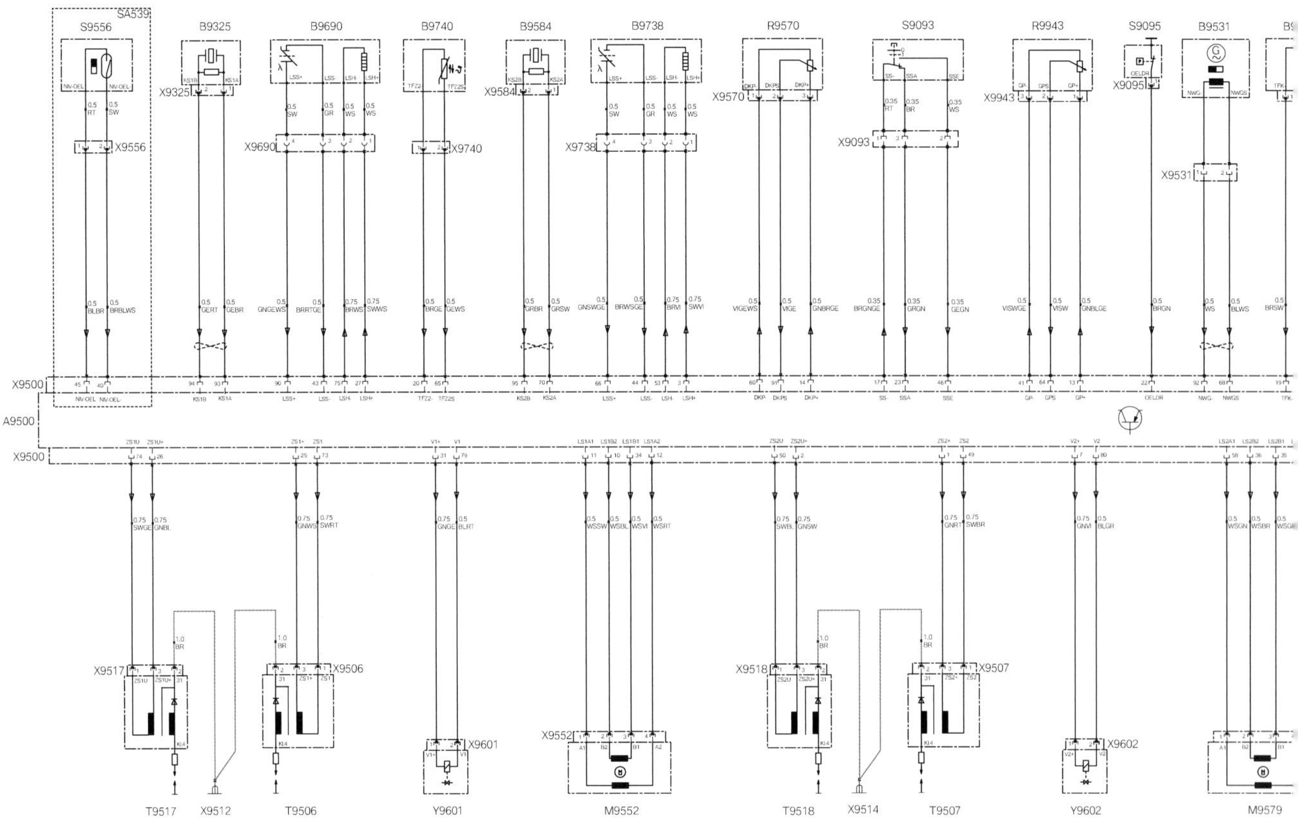

Legende

A9190 Steuergerät ABS
A9270 Steuergerät Zentrale Fahrgestell Elektronik (ZFE)
A9500 Steuergerät Motorelektronik
B9325 Klopfsensor 1
B9326 Kurbelwellengeber
B9531 Nockenwellengeber
B9550 Temperaturfühler Ansaugluft
B9562 Temperaturfühler Kühlmittel (Motorelektronik)
B9584 Klopfsensor 2
B9690 Lambdasonde (Zylinder 1)
B9738 Lambdasonde (Zylinder 2)
B9740 Temperaturfühler Zylinderkopf (Zylinder 2)
G9230 Batterie
K9130 Starterrelais
L9553 EWS-Ringantenne
M9100 Kraftstoffpumpe
M9552 Leerlaufsteller (Zylinder 1)
M9579 Leerlaufsteller (Zylinder 2)
R9570 Drosselklappen-Potentiometer (DKP)
R9943 Getriebe-Schaltwalzen-Potentiometer
S9060 Zündschloss
S9070 Kombischalter links
S9080 Kombischalter rechts
S9083 Not-Aus-Schalter
S9084 Starterschalter
S9091 Kupplungsschalter
S9093 Seitenstützenschalter
S9095 Öldruckschalter
S9203 Schalter ASC
S9556 Ölniveau-Schalter
T9506 Kerzenschacht-Zündspule (Zylinder 1)
T9507 Kerzenschacht-Zündspule (Zylinder 2)
T9517 Winkel-Zündspule (Zylinder 1)
T9518 Winkel-Zündspule (Zylinder 2)
X9060 STVB Zündschloss
X9070 STVB Kombischalter links
X9080 STVB Kombischalter rechts
X9091 STVB Kupplungsschalter
X9093 STVB Seitenstützenschalter
X9095 STVB Öldruckschalter
X9100 STVB Kraftstoffpumpe
X9190 STVB Steuergerät ABS
X9230 Plus Batterie
X9231 Masse Batterie
X9270 STVB J1 Steuergerät Zentrale Fahrgestell Elektronik (ZFE)
X9311 DRS Starter-/Zusatzscheinwerferrelais
X9325 STVB Klopfsensor 1
X9326 STVB Kurbelwellengeber
X9401 Verbinder 31 I
X9430 Verbinder 30U
X9450 Verbinder 15U

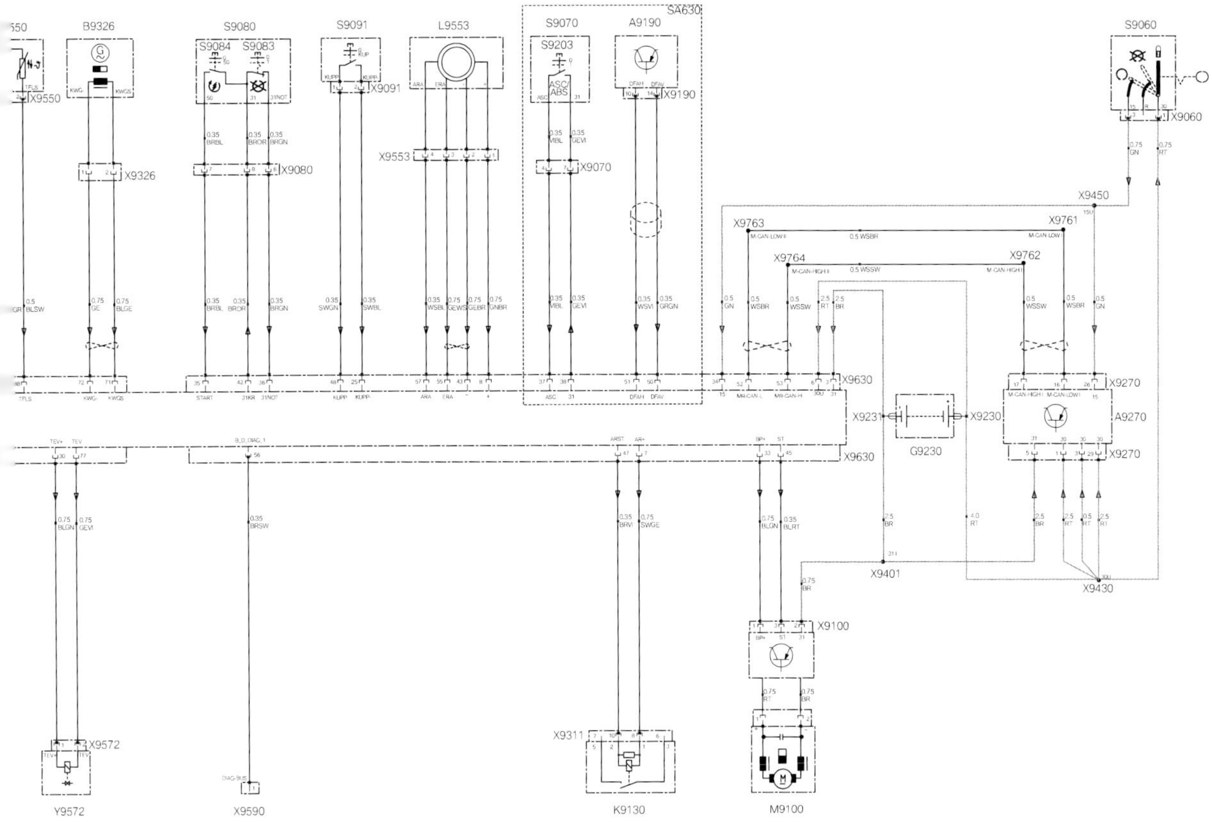

X9500	STVB Steuergerät Motorelektronik
X9506	STVB Kerzenschacht-Zündspule (Zylinder 1)
X9507	STVB Kerzenschacht-Zündspule (Zylinder 2)
X9512	Masse Zündspule (Zylinder 1)
X9512	Masse Zündspule
X9517	STVB Winkel-Zündspule (Zylinder 1)
X9518	STVB Winkel-Zündspule (Zylinder 2)
X9531	STVB Nockenwellengeber
X9550	STVB Temperaturfühler Ansaugluft
X9552	STVB Leerlaufsteller (Zylinder1)
X9553	STVB EWS-Ringantenne
X9556	STVB Ölniveau-Schalter
X9562	STVB Temperaturfühler Kühlmittel (Motorelektronik)
X9570	STVB Drosselklappen-Potentiometer
X9572	STVB Tankentlüftungsventil
X9579	STVB Leerlaufsteller (Zylinder 2)
X9584	STVB Klopfsensor 2
X9590	Diagnosestecker
X9601	STVB Einspritzventil 1
X9602	STVB Einspritzventil 2
X9630	STVB Steuergerät Motorelektronik II
X9690	STVB Lambdasonde (Zylinder 1)
X9738	STVB Lambdasonde (Zylinder 2)
X9740	STVB Temperaturfühler Zylinderkopf (Zylinder 2)
X9761	Verbinder M-CAN-LOW I
X9762	Verbinder M-CAN-HIGH I
X9763	Verbinder M-CAN-LOW II
X9764	Verbinder M-CAN-HIGH II
X9943	STVB Getriebe-Schaltwalzen-Potentiometer
Y9572	Tankentlüftungsventil (nur US)
Y9601	Einspritzventil 1
Y9602	Einspritzventil 2

Kabelfarben

BL	blau
BR	braun
GE	gelb
GN	grün
GR	grau
OR	orange
RT	rot
SW	schwarz
TR	transparent
VI	violett
WS	weiß
RS	pink

27 Sachwortregister

A

B

C

D

E

F

G

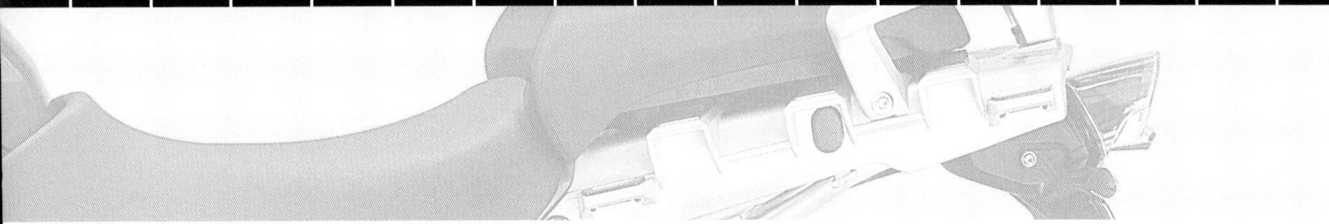

27

27 Sachwortregister

Einwintern 28

28
Einwintern

Richtiges Einwintern oder »Einmotten« für längere Zeiträume (etwa ab einem Monat) macht sich auf jeden Fall bezahlt. Und zwar nicht nur durch den Werterhalt der Maschine, sondern es erhöht auch die Lebensqualität im wichtigen Frühling ungemein, wenn die Kiste nach dem Winterschlaf ihre Arbeit wieder aufnimmt, als wäre nichts gewesen.

Als **Aufbewahrungsort** empfiehlt sich eine trockene und gut belüftete Garage oder Ähnliches. Und im Fall einer Garage bitte darauf achten, dass nicht etwa salzhaltige Feuchtigkeit durch Fahrzeuge eingeschleppt wird, die auch bei Streusalz-Einsatz bewegt werden und die Garage mitbenutzen.
Eine spezielle Abdeckplane aus dem Zubehörhandel hilft natürlich auch – und zwar der Kasse des Verkäufers. Im geschilderten Idealfall genügt ein altes Bettlaken als Staubschutz.
Anders sieht es bei einem weniger günstigen Abstellplatz aus, etwa ein überdachter Stellplatz im Freien. Hier ist eine hochwertige Abdeckplane natürlich angebracht. Hochwertig heißt in dem Fall, dass die Plane aus einer sogenannten Klimamembran aufgebaut ist, welche von außen nach innen wasser- und luftdicht abschließt und umgekehrt entsprechend durchlässig ist.
Bei Verwendung einer preisgünstigeren Kunststoffplane (oft auch innen mit Baumwolle beschichtet) unbedingt unten so weit geöffnet lassen, dass die Luftzirkulation nicht behindert wird und sich so keine Feuchtigkeitsnester bilden können.

So oder so, bevor die Maschine eingestellt wird, steht penibles Putzen und Abschmieren auf dem Programm. **Frisches Motoröl** (Seite 33) runden die letzte Huldigung ab, wo auch nach »schwitzenden« Motordeckeln, angescheuerten Kabeln und »gammeligen« Steckern Ausschau gehalten wird.

> ! Motor **keinesfalls** gelegentlich starten und kurz laufen lassen! Der Motor wird dabei nicht ausreichend erwärmt und die entstehenden Verbrennungsrückstände greifen Lager und Laufflächen an!

Batterie

- Falls im Aufbewahrungsort die Temperatur unter Null Grad Celsius fallen kann, Batterie ausbauen und frostfrei lagern. **Idealtemperatur 10 °C.** Also auch nicht an einem zu warmen Ort.
- Bei Verbleib der Batterie im Fahrzeug Masseanschluss lösen.
- Mit Ladegerät Batterie regelmäßig alle 4 bis 6 Wochen nachladen (Seite 35).
- ◉ Neben dem BMW-Ladegerät sind im Motorradzubehör-Handel ebenfalls praktische Ladungserhaltungsgeräte erhältlich, die das Nachladen erübrigen.

Kraftstoffanlage und Tank

Die Einspritzanlage bietet keine Ansatzpunkte, hier die Vergaser-übliche Vorsorge zu treiben. Dies als Indiz für die Anspruchslosigkeit der zeitgemäßen Gemischaufbereitung.
Ebenso ist der Kunststoff-Tank gegenüber den sonst üblichen Anfechtungen eines Stahlblechtanks immun.

Räder und Reifen

- Reifen 0,5 – 1,0 kg/cm² über Normaldruck aufpumpen.
- Wenn möglich Fahrzeug so an Rahmen, Schwinge oder Motor (Gehäuse nicht eindrücken!) aufbocken, dass beide Räder frei in der Luft hängen und so die Gefahr von Standschäden zusätzlich minimiert wird.

Inbetriebnahme

Wenn alles wie in den Vorkapiteln beschrieben ausgeführt wurde, heißt es – in der Regel – wenn die Sonne wieder richtig 'rauskommt: Kontrollieren und Starten!

- Bremssystem: unter Druck setzen und nach etwa 20 Sekunden System auf Leckage sichtprüfen (insbesonders an den Verbindungselementen).
- ◉ Druckpunkt immer noch deutlich fühlbar?
- Reifenluftdruck
- Hebel und Pedale
- Beleuchtungseinrichtungen
- Motorölstand

29 Technische Daten

BMW R 1200 GS/Adventure (Typ 307 und 382; abweichende sind ausgewiesen)

Wartung und Konstruktionsgruppen allgemein

Fahrzeuglänge 2210/2250 mm
Nachlauf
in Normallage, vollgetankt, mit Fahrer 85 kg 110 mm
Höchstgeschwindigkeit >200/195 km/h
Fahrersitzhöhe
bei Leergewicht 840 - 860/890 - 910 mm
Fahrzeughöhe in DIN-Normallage; ohne Spiegel,
Windschild unten 1380/1470 mm
Fahrzeugbreite über Spiegel 915/955 mm
Leergewicht
DIN Leergewicht, fahrfertig 90 % vollgetankt,
ohne SA 225/256 kg (307: 229 kg; 450: 234 kg)
maximale Zuladung 200/219 kg (307: 211 kg; 450: 206 kg)
ab Dezember 2005 mit Gutachten Nr.
E1*2002/24*0199* - »Erhöhung zulässiges
Gesamtgewicht« 210 kg
Spurversatz ohne
zulässiges Gesamtgewicht 425/475 kg (307: 440 kg)

ab Dezember 2005 mit Gutachten Nr.
E1*2002/24*0199* - »Erhöhung zulässiges
Gesamtgewicht« 435 kg
Beschleunigung 0-100 km/h 3,4 s
Kraftstoffverbrauch
bei konstant 90 km/h 4,1 l/100 km
bei konstant 120 km/h 5,3 l/100 km

Motor

Motorbauart in Längsrichtung angeordneter Zweizylinder-Viertakt-Boxermotor mit jeweils einer hochliegenden Nockenwelle, Luftkühlung, ölgekühltem Auslassbereich und elektronischem Motormanagement
Typ 450 in Längsrichtung angeordneter Zweizylinder-Viertakt-Boxermotor mit jeweils zwei obenliegenden Nockenwellen, Luftkühlung, ölgekühltem Auslassbereich und elektronischem Motormanagement

Motornummernsitz Kurbelgehäuse rechts
Verdichtungsverhältnis 11,0:1
Kurbelwellendrehrichtung auf Zündanlage gesehen im Uhrzeigersinn
Leerlaufdrehzahl 1100 – 1200/min

Nennleistung

Nennleistung bei Drehzahl 74 kW/7000/min
Typ 450 81 kW/7750/min
Drehmoment bei Drehzahl 115 Nm/5000/min
Typ 450 120 Nm/6000/min

Zylinderbohrung 101 mm
Kolbenhub 73 mm
Hubraum 1170 cm^3

Kompressionsdruck
gut 10 bar (450: 14 bar)
normal 8,50 – 10 bar (450: 12 bar)
schlecht < 8,5 bar (450: 10 bar)
Höchstdrehzahl max. 7800/min
Einfahrdrehzahl < 4000/min
Motoröl-Füllmenge
mit Filterwechsel max. 4,0 l
Motoröl-Nachfüllmenge
maximale Nachfüllmenge
zwischen MIN- und MAX-Markierung 0,5 l
Motoröl-Sollstand zwischen MIN- und MAX-Markierung

Motorblock

Zylinder
Bauart Leichtmetallzylinder, nikasilbeschichtet
Zylinderbohrungsdurchmesser
Toleranzgruppe A
Neuzustand 100,992 – 101,000 mm
Verschleißgrenze max. 101,050 mm
Toleranzgruppe B
Neuzustand 101,000 – 101,008 mm
Verschleißgrenze max 101,058 mm
Toleranzgruppe AB
Neuzustand 100,992 – 101,008 mm
Verschleißgrenze max 101,058 mm
Gesamtverschleißspiel
Kolben/Zylinder max 0,120 mm
zulässige Unrundheit der Zylinderbohrung
von der Oberkante 20 mm max 0,010 mm
von der Oberkante 100 mm max 0,015 mm

Gewindeüberstand des Zugankers
linker Zylinder,
beim unteren Einlassventil 16,5 mm
Überstand der Zuganker
für Zylinder im Kurbelgehäuse links

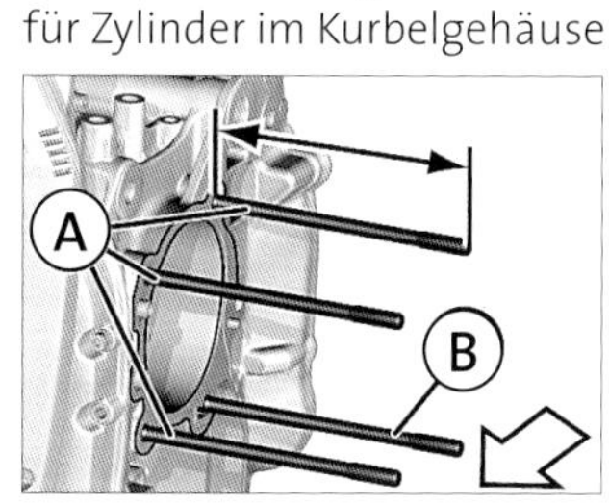

A 231,5 – 233,5 mm
B 221 – 223 mm

Überstand der Zuganker
für Zylinder im Kurbelgehäuse rechts

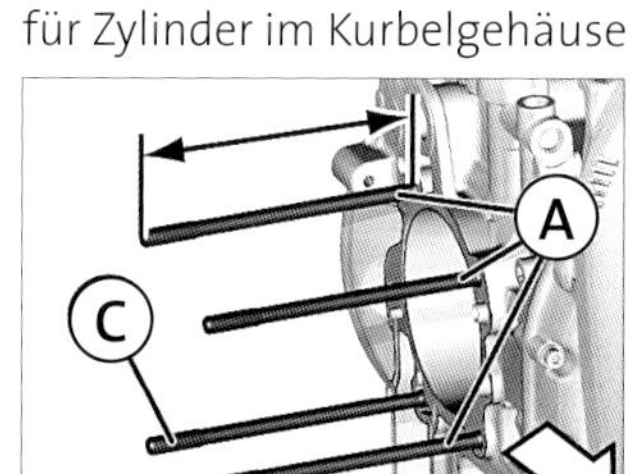

A 231,5 – 233,5 mm
C 211 – 213 mm

Typ 450 159,5 – 161,5 mm

29

Zylinderkopf mit Deckel

Ventilführungs-Innendurchmesser 5,000 – 5,012 mm
Typ 450 5,500 – 5,512 mm
Radialspiel der Auslassventilführung
Neuzustand 0,030 – 0,056 mm
Verschleißgrenze max 0,17 mm
Radialspiel der Einlassventilführung
Neuzustand 0,020 – 0,046 mm
Verschleißgrenze max 0,15 mm

Kurbelwelle mit Lager

Schleifstufen des Kurbelwellen-Führungslagers
Schleifstufe 0 0,000 mm
Schleifstufe 1 -0,250 mm
Markierung des Kurbelwellenlagers
Farbmarkierung an Außenseite
Schleifstufen des Kurbelwellen-Hauptlagers
Schleifstufe 0 0,000 mm
Schleifstufe 1 -0,250 mm
Radialspiel des Kurbelwellen-Führungslagers
0,018 – 0,046 mm
Kennzeichnung von Hauptlager und Hubzapfen an Kurbelwange vorn
Schleifstufe 0 ohne Farbmarkierung
Schleifstufe 1 mit Farbmarkierung
Hubzapfenschleifstufen
Schleifstufe 0 0,000 mm
Schleifstufe 1 -0,250 mm
Radialspiel des Kurbelwellen-Hauptlagers
Neuzustand 0,018 – 0,068 mm
Radialspiel des Kurbelwellen-Hauptlagers
Verschleißgrenze max 0,130 mm
Durchmesser des Kurbelwellen-Hauptlagers, Toleranzgruppe grün
Schleifstufe 0 59,964 – 60,003 mm
Durchmesser des Kurbelwellen-Hauptlagers, Toleranzgruppe gelb
Schleifstufe 0 59,974 – 60,013 mm
Durchmesser des Kurbelwellen-Hauptlagers, Toleranzgruppe grün
Schleifstufe 1 59,714 – 59,753 mm
Durchmesser des Kurbelwellen-Hauptlagers, Toleranzgruppe gelb
Schleifstufe 1 59,724 – 59,763 mm
Lagerzapfendurchmesser im Kurbelwellen-Hauptlager, Toleranzgruppe grün
Schleifstufe 0 59,939...59,948 mm
Lagerzapfendurchmesser im Kurbelwellen-Hauptlager, Toleranzgruppe gelb
Schleifstufe 0 59,949 – 59,958 mm
Lagerzapfendurchmesser im Kurbelwellen-Hauptlager, Toleranzgruppe grün
Schleifstufe 1 59,689 – 59,698 mm
Lagerzapfendurchmesser im Kurbelwellen-Hauptlager, Toleranzgruppe gelb
Schleifstufe 1 59,699 – 59,708 mm
Hubzapfendurchmesser
Schleifstufe 0 47,975 – 47,991 mm
Hubzapfendurchmesser
Schleifstufe 1 47,725 – 47,741 mm
Kurbelwellenaxialspiel
Neuzustand 0,080 – 0,163 mm
Verschleißgrenze max. 0,200 mm

Pleuel mit Lager

maximale Parallelitätsabweichung der Pleuelbohrungen
Abstand 150 mm max 0,020 mm
Bohrungsdurchmesser des kleinen Pleuelauges
22,015 – 22,025 mm; Typ 450: 24,00 – 24,021 mm
Pleuellager-Bohrungsdurchmesser 51,000 – 51,013 mm
Pleuellagerdurchmesser 48,016 – 48,050 mm
Radialspiel des großen Pleuelauges
Neuzustand 0,025 – 0,075 mm
Verschleißgrenze max. 0,130 mm
Breite des großen Pleuelauges 24,483 – 24,535 mm
Pleuelaxialspiel
Neuzustand 0,130 – 0,312 mm
Verschleißgrenze max. 0,500 mm
Radialspiel des kleinen Pleuelauges
Neuzustand 0,015 – 0,030 mm
Verschleißgrenze max. 0,060 mm
Markierung der Pleuelgewichtsklassen
Farbpunkte seitlich an Pleuelstange weiß/blau/gelb
Markierung der Pleuelgewichtsklassen
Beschriftung am Pleuelfuß
Einteilung der Pleuelgewichtsgruppen (mit Schrauben, ohne Lagerschalen)
Pleuelgewichtsklasse 0 / 2 x weiß 559,0 – 564,9 g
Pleuelgewichtsklasse 1 / 2 x blau 565,0 – 570,9 g
Pleuelgewichtsklasse 2 / 3 x weiß 571,0 – 576,9 g
Pleuelgewichtsklasse 3 / 3 x gelb 577,0 – 582,9 g
Pleuelgewichtsklasse 4 / 1 x blau 583,0 – 588,9 g
Farbmarkierung für Pleuellager
Lagerschale für Pleuelstange blau
Lagerschale für Pleueldeckel rot

Kolben mit Ringen und Bolzen

Kolbenbauart Leichtmetall-Gusskolben mit drei Kolbenringen
Kolbeneinbaurichtung
Pfeil auf Kolbenboden und/oder Gussnase zur Auslassseite
Kolbeneinbauspiel
Neuzustand 0,011 – 0,035 mm; 450: 0,055 – 0,075 mm
Verschleißgrenze max. 0,120 mm
Kolbengewichtsunterschied in einer Gewichtsklasse (Gewichtsklassen o und +)
komplett mit Bolzen und Ringen max. 10 g

Kolbendurchmesser
Toleranzgruppe A
Neuzustand, quer zur Kolbenbolzenachse,
6,0 mm über Kolbenunterkante 100,977 – 100,989 mm
Verschleißgrenze min. 100,900 mm

29 Technische Daten

Toleranzgruppe B	
Neuzustand, quer zur Kolbenbolzenachse,	
6,0 mm über Kolbenunterkante	100,965 – 100,977 mm
Verschleißgrenze	min. 100,890 mm
Kolbenring-Einbaurichtung	Bezeichnung "Top" weist nach oben
Toleranzgruppe AB	
Neuzustand, quer zur Kolbenbolzenachse,	
6,0 mm über Kolbenunterkante	100,973 – 100,981 mm
Verschleißgrenze	min. 100,895 mm
Kolbenbolzenbohrungsdurchmesser im Kolben	22,005 – 22,011 mm

Kolbenringbauart 1. Nut	M-Ring
Kolbenringhöhe 1. Nut	
Neuzustand	1,175 – 1,190 mm
Verschleißgrenze	min. 1,100 mm
Kolbenringstoßspiel	
1. Nut	
Neuzustand	0,100 – 0,300 mm
Verschleißgrenze	max. 0,800 mm
Kolbenringflankenspiel	
1. Nut	
Neuzustand	0,030 – 0,065 mm
Verschleißgrenze	max. 0,150 mm
Kolbenringhöhe	
2. Nut	
Neuzustand	1,175 – 1,190 mm
Verschleißgrenze	min. 1,100 mm
Kolbenringstoßspiel	
2. Nut	
Neuzustand	0,10 – 0,30 mm
Verschleißgrenze	max. 0,80 mm
Kolbenringbauart 2. Nut	M-Ring
Kolbenringflankenspiel	
2. Nut	
Neuzustand	0,030 – 0,065 mm
Verschleißgrenze	max. 0,150 mm
Kolbenringhöhe	
3. Nut	
Neuzustand	2,475 – 2,490 mm
Verschleißgrenze	min. 2,400 mm
Kolbenringstoßspiel	
3. Nut	
Neuzustand	0,30 – 0,60 mm
Verschleißgrenze	max. 1,20 mm
Kolbenringflankenspiel	
3. Nut	
Neuzustand	0,020 – 0,055 mm
Verschleißgrenze	max. 0,150 mm
Kolbenringbauart	
3. Nut	GSF-Ring
Kolbenbolzenradialspiel im Kolben	
Neuzustand	0,015 – 0,030 mm
Verschleißgrenze	max. 0,060 mm
Kolbenbolzendurchmesser	
Neuzustand	21,995 – 22,000 mm
Verschleißgrenze	min. 21,960 mm

Nockenwelle

Axialspiel der Nockenwelle	
Neuzustand	0,08 – 0,13 mm
Verschleißgrenze	max. 0,25 mm
Radialspiel der Nockenwelle	
Neuzustand	0,02– 0,07 mm
Verschleißgrenze	max. 0,15 mm

Stößel (OHC)

Tassenstößelradialspiel	
Neuzustand	0,020 – 0,054 mm
Verschleißgrenze	max. 0,180 mm

Kipp-/Schlepphebel mit Lagerung

Kipphebelachsen-Radialspiel	
Neuzustand	0,032 – 0,054 mm
Verschleißgrenze	max. 0,100 mm
Kipphebelaxialspiel	0,050 – 0,400 mm

Ventile mit Federn

Ventilspiel bei kaltem Motor (max 35 °C)	
Einlass	0,15 mm; 450: 0,13 – 0,23 mm
Auslass	0,30 mm; 450: 0,30 – 0,40 mm
Ventilfederlänge	
entspannt, Neuzustand	48,8 mm
entspannt, Verschleißgrenze	min. 45,2 mm
Einlassventil Ventilteller-Durchmesser	36,35 mm
Auslassventil Ventilteller-Durchmesser	31,00 mm
Auslassventilschaft-Durchmesser	
Neuzustand	4,956 – 4,970 mm
Verschleißgrenze	min. 4,936 mm
Einlassventilschaft-Durchmesser	
Neuzustand	4,966 – 4,980 mm
Verschleißgrenze	min. 4,946 mm

Ölversorgung

Schmiersystembauart	Nasssumpfschmierung
Einschaltdruck für Öldruck-Kontrollleuchte	
Kontrollleuchte an bei Unterschreitung	0,3 – 0,5 bar
Motoröldruck	
bei Öltemperatur min 80 °C	5,5 – 7 bar
Überdruckventil-Öffnungsdruck für Kurbelgehäuse-Ölkreislauf	
Ventil öffnet bei Überschreitung	6,5 bar
Differenzdruck zur Öffnung des Umgehungsventils	2,2 – 2,8 bar
Lage des Motorölstand-Schauglases	links unten am Kurbelgehäuse

Ölpumpe mit Sieb und Antrieb

Ölpumpenbauart	2 Duocentric-Pumpen
Ölpumpenaxialspiel	
Neuzustand	0,04 – 0,10 mm
Verschleißgrenze	max. 0,25 mm
Kühlölpumpen-Rotorhöhe	10,95 – 10,98 mm
Schmierölpumpen-Rotorhöhe	9,95 – 9,98 mm

29

Ansaugkrümmer
Ansaugstutzen-Durchmesser 42,0 mm

Motorelektrik
Haupt- und Nebenzündkerzen
Typ 307 und 382
Zündkerzen-Hersteller
und -Bezeichnung Bosch YR5LDE
NGK DCPR 8 EKC
Elektrodenabstand der Zündkerze
Neuzustand 0,7 – 0,9 mm
Verschleißgrenze max. 1,0 mm

Typ 303
Zündkerzen-Hersteller
und -Bezeichnung NGK DCPR 8 EKC
Elektrodenabstand der Zündkerze
Neuzustand 0,7 – 0,9 mm
Verschleißgrenze max. 1,0 mm

Typ 450
Zündkerzen-Hersteller
und -Bezeichnung NGK MAR8B-JDS
Elektrodenabstand der Zündkerze
Neuzustand 0,7 – 0,9 mm
Verschleißgrenze max. 1,0 mm

Generator mit Antrieb und Befestigung
Generator
Hersteller und Bauart Denso Dreiphasen-Wechselstromgenerator mit integriertem vollelektronischen Regler
Generatordrehzahl Ladebeginn 1100/min (303: 1200/min)
Generator Höchstleistung Spannung 14 V/660 W (303: 13,5 V/820 W
Generator Übersetzungsverhältnis 1:1,5 (303: 1:1,8)
Generator Höchststrom
bei Motordrehzahl 4000 U/min 55 A (303: 60 A)
Generator Antrieb Elastriemen 4PK592 (303: 4PK582)
Elastriemen Länge 588 – 596 mm (303: 578 – 586 mm)
Generator Nennstrom
bei Motordrehzahl 1000 U/min 16 A (303: 28 A)
Generator Maximaldrehzahl 18 000 U/min

Kraftstoffaufbereitung und Regelung
empfohlene Kraftstoffqualität Super bleifrei 95 ROZ/RON
Normal bleifrei (Kraftstoffsorte verwendbar mit Einschränkungen bei Leistung und Verbrauch) 91 ROZ/RON
Druckdifferenz zwischen den Ansaugstutzen
bei geschlossenen Drosselklappen
(im Leerlauf) max. 25 mbar
bei leicht geöffneten
Drosselklappen, 1400 – 1800/min max. 15 mbar

Kraftstoffpumpe mit Antrieb und Druckleitung

Farbmarkierung
für Kraftstoff-Vorlaufleitung weiß
für Kraftstoff-Rücklaufleitung blau

Drehzahlregler
Motordrehzahlbegrenzung 7800 U/min

Einspritzdüsen und Leitungen
Kraftstoffdruck des Einspritzsystems 3,5 bar

Drosselklappe und Betätigung
Drosselklappenstutzen Innendurchmesser 47 mm

Steuergerät elektronisch
Motorsteuerungs-Hersteller
und -Bezeichnung Bosch BMS-K

Kraftstoffversorgung
nutzbare Kraftstofffüllmenge ca. 20/33 l
Kraftstoffreservemenge ca. 4 l

Kühlung
Ölthermostat-Öffnungstemperatur 95 °C

Kupplung
Kupplungsbauart Einscheiben-Trockenkupplung
Kupplungsbetätigung hydraulisch
Kupplungsflüssigkeitsstand (Reparaturfall)
bei neuem Kupplungsbelag.
Fahrzeug steht gerade
und Lenker gerade. Unterkante Nut Behälterdeckelverrastung
Hydrauliköl Vitamol V10
Kupplungsflüssigkeitsstand (Sichtprüfung)
Fahrzeug steht gerade
und Lenker gerade Kupplungsflüssigkeitsstand darf nicht absinken.

Kupplung mit Mitnehmerscheibe
Durchmesser der Kupplungsscheibe 180 mm
Kupplungsscheibenstärke
Verschleißgrenze; zusammengedrückt
an den Nieten der Kupplungs-
scheibe gemessen 4,4 – 4,6 mm
Verzug der Mitnehmerscheibe
Seitenschlag max. 0,1 mm
Verzug Druckplatte und Gehäusedeckel 0,1 – 0,2 mm

29 Technische Daten

Schaltgetriebe

Getriebebauart schrägverzahntes 6-Gang-Getriebe mit integriertem Torsionsdämpfer, Klauenschaltung über Schiebemuffen
Getriebenummernsitz links unten seitlich am Getriebegehäuse
Getriebeölfüllmenge bis Unterkante Gewinde der Einfüllöffnung
800 ml
ab 10/2004 900 ml
Typ 303 ab 2008 und folgende 700 ml
Getriebeöl Castrol SAF-XO
Getriebewellen
Blockmaß der Getriebezwischenwelle
179,85 – 179,90 mm (ab 303: 181,85 – 181,90 mm)
Vordämpferhub der Getriebeantriebswelle
0,40 – 0,60 mm (ab 303: 0,40 – 0,70 mm)
Axialspiel der Getriebeabtriebswelle
Losrad 1. Gang 0,10 – 0,25 mm (ab 303: 0,15 – 0,30 mm)
Gesamtdämpferhub der Getriebeantriebswelle 2,80 – 3,40 mm
Axialspiel der Getriebeabtriebswelle
Losrad 2. Gang 0,15 – 0,45 mm
Blockmaß der Getriebeantriebswelle
163,10 – 163,15 mm (ab 303: 162,00 – 162,05 mm)
Getriebewellen-Nullabweichung
nur bei Verwendung des zugehörigen Nullmaßes 0,00 – -0,05 mm
Axialspiel der Getriebeabtriebswelle
Losrad 3. Gang 0,10 – 0,25 mm
Axialspiel der Getriebeabtriebswelle
Losrad 5. Gang 0,10 – 0,30 mm
Axialspiel der Getriebezwischenwelle
Losrad 6. Gang 0,1 – 0,25 mm
Axialspiel der Getriebezwischenwelle
Losrad 4. Gang 0,10 – 0,40 mm
Blockmaß der Getriebeabtriebswelle
Teilblockmaß B
(Schaltradlager 1. Gang - Schaltrad 6. Gang)
115,55 – 115,60 mm (ab 303: 117,50 – 117,55 mm)
Gesamtblockmaß A
(Schaltradlager 1. Gang - Lager abtriebsseitig)
182,64 – 182,69 mm (ab 303: 184,60 – 184,65 mm)

Zahnräder
Getriebeübersetzungen

Primärübersetzung	1,824 (31:17 Zähne)
1. Gang	2,277 (41:18 Zähne)
2. Gang	1,583 (38:24 Zähne)
3. Gang	1,259 (34:27 Zähne)
4. Gang	1,033 (31:3 39 0 Zähne)
5. Gang	0,903 (28:31 Zähne)
6. Gang	0,805 (29:36 Zähne)

ab Typ 303

Primärübersetzung	1,737
1. Gang	2,375 (38:16 Zähne)
2. Gang	1,696 (39:23 Zähne)
3. Gang	1,296 (35:27 Zähne)
4. Gang	1,065 (33:31 Zähne)
5. Gang	0,939 (31:33 Zähne)
6. Gang	0,848 (28:33 Zähne)

Innere Schaltungsteile

Schaltwellenaxialspiel 0,00 – 0,26 mm
Schaltwalzenblockmaß 141,4 – 141,5 mm
Schaltgabeleinstich Schiebemuffe 4./6. Gang
Breite 5,00 – 5,10 mm
Schaltgabelanlagefläche 4./6. Gang
Breite 4,825 – 4,900 mm
Schiebemuffe 4./6. Gang Axialspiel 0,100 – 0,275 mm
Schiebemuffe 2./3. Gang Schaltgabeleinstich
Breite 5,00 – 5,10 mm
Schaltgabelanlagefläche 2./ 3. Gang
Breite 4,825 – 4,900 mm
Schiebemuffe 2./3. Gang Axialspiel 0,100 – 0,275 mm
Schiebemuffe 1./5. Gang Schaltgabelstegbreite
Breite 3,9 – 4,0 mm
Schaltgabeleinstich 1./ 5. Gang
Breite 4,050 – 4,125 mm
Schaltgabel 1./5. Gang Axialspiel 0,050 – 0,225 mm
Verschleißgrenze für Axialspiel Schaltgabelbreite/ Einstichbreite bzw. Stegbreite max. 0,45 mm

Vorderachse, Vorderradführung

Bauart der Vorderradführung BMW-Telelever, obere Gabelbrücke kippentkoppelt, Längslenker im Motor und an der Telegabel gelagert, zentral angeordnetes Federbein auf Längslenker und Hauptrahmen abgestützt
Federweg vorn am Rad 190 mm
Gabelöl Füllmenge pro Gabelholm 650 ml
Teleskopgabelöl Teleskopgabelöl SAE 10
Gabelöl Füllhöhe
im Gabelholm (Luftkammer) 60 – 80 mm

Federbein

Bauart vorn Zentralfederbein mit Schraubendruckfeder und Zweirohrgasdruckdämpfer; Federvorspannung mechanisch einstellbar
Federvorspannung am Vorderrad
bei Straßenbetrieb Federvorspannung auf Stufe 2
für Einsatz auf Schotterpisten o.ä. und Beladung Federvorspannung auf Stufe 3
bei Betrieb im Gelände Federvorspannung auf Stufe 5

Teleskopgabel

Standrohr Außendurchmesser	41 mm
Gesamtfederweg am Rad vorn	190 mm
Standrohr Oberfläche	hart verchromt
Standrohr Prüfeinbaulänge	580 mm
Standrohr Schlag	max 0,1 mm

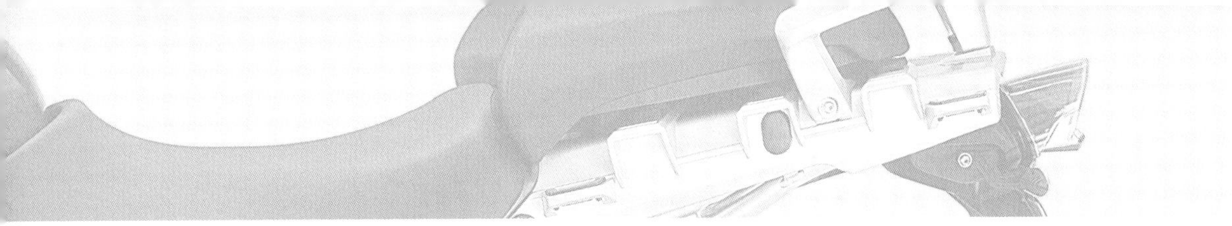

29

Lenkung
Lenkeinschlagwinkel je Seite 42°

Motorradlenker
Lenkrohrdurchmesser
außen 25,15 mm
Mitte 28,5 mm
Lenkerbauart Stahlrohrlenker konifiziert; 450 Alu
Lenkerbreite
ohne Gewichte 770 mm
mit Gewichten 871/950 mm

Handhebel
Spiel am Kupplungshebel kein Spiel (hydraulische Betätigung)

Hinterachse, Hinterradantrieb, -führung
Bauart des Hinterradantriebs Wellenantrieb mit Winkelgetriebe
Bauart der Hinterradführung Aluminiumguss-Einarmschwinge mit BMW Motorrad Paralever
Federweg hinten
am Rad 200/220 mm
Hinterradantrieb Zähnezahl
(Übersetzungsverhältnis) 31:11 (303: 32:11), an Unterseite Hinterradantriebsgehäuse eingeschlagen
Hinterradantriebsgehäuse
Bearbeitungsmaß an Innenseite Hinterradantriebsgehäuse eingeschlagen
Beschriftung am Tellerrad zwischen Nabe und Verzahnung
Kippspiel Hinterrad
Bauteiltemperatur max. 35 °C 0,5 mm
Getriebeöl Castrol SAF-XO
Hinterradantrieb Ölfüllmenge
Neubeüllung 200 ml
Wechsel 180 ml

Hinterachsgetriebe
Übersetzungsverhältnis
des Hinterradantriebs 2,82:1 (ab 303: 2,91:1)

Tellerrad und Ritzel mit Lagern
Zahnflankenspiel des
Hinterradgetriebes 0,10 – 0,22 mm

Stoßdämpfer
Grundeinstellung der Hinterraddämpfung
vollgetankt, mit Fahrer 85 kg Einstellschraube in Pfeilrichtung H bis zum Anschlag drehen, dann eineinhalb Umdrehungen in Pfeilrichtung S.

Federn mit Aufhängung
Bauart der Hinterradfederung Zentralfederbein mit Einrohrgasdruckdämpfer, stufenlos verstellbarer Zugstufendämpfung und hydraulisch verstellbarer Federvorspannung
Gesamtfederweg am Rad hinten 200/220 mm
Federvorspannung am Hinterrad
für Betrieb mit Fahrer solo Einstellrad in Pfeilrichtung LOW (L) bis zum Anschlag nach links, dann zehn Klicks nach rechts drehen
für Betrieb im Gelände oder
mit Sozius und Gepäck Einstellrad in Pfeilrichtung HIGH (H) bis zum Anschlag nach rechts drehen

Bremsen
Bremsflüssigkeitsstand vorn
Bremsflüssigkeitsbehälter waagerecht
Der Bremsflüssigkeitsstand darf die MIN-Markierung nicht unterschreiten.
Hydrauliköl Bremsflüssigkeit, DOT4
Bremsflüssigkeitsstand hinten
Bremsflüssigkeitsbehälter waagerecht
Der Bremsflüssigkeitsstand darf die MIN-Markierung nicht unterschreiten.
Hydrauliköl Bremsflüssigkeit, DOT4

Vorderradbremse
Bauart hydraulisch betätigte Doppelscheibenbremse mit 4-Kolben-Festsätteln und schwimmend gelagerten Bremsscheiben
Bremsbelagsmaterial vorn Sintermetall
Bremsscheibenstärke vorn
Neuzustand 4,5 mm
Verschleißgrenze 4 mm
Bremsbelagsverschleißgrenze vorn
nur Reibbelag ohne Trägerplatte. Die Verschleißmarkierungen (Nuten) müssen deutlich sichtbar sein.
min 1,0 mm
Bremsscheibendurchmesser vorn 305 mm
Bremsscheibenseitenschlag vorn
am Außendurchmesser max. 0,15 mm

29 Technische Daten

Hinterradbremse

Bauart	hydraulisch betätigte Scheibenbremse mit 2-Kolben-Schwimmsattel und fester Bremsscheibe
Bremsbelagmaterial hinten	organisch
Bremsscheibe hinten Durchmesser	265 mm
Bremsbelagverschleißgrenze hinten	nur Reibbelag ohne Trägerplatte. Durch die Bohrung des inneren Bremsklotzes darf die Bremsscheibe nicht sichtbar sein. 1,0 mm
Bremsscheibenstärke hinten	
Neuzustand	5 mm
Verschleißgrenze	4,5 mm
Bremsbelag-Verschleißanzeige	
3 Ringe sichtbar	min. 75 % Bremsbelagstärke
2 Ringe sichtbar	min. 50 % Bremsbelagstärke
1 Ring sichtbar	50-25 % Bremsbelagstärke
kein Ring sichtbar	Bremsbelag erneuern
Bremsscheibenseitenschlag hinten am Außendurchmesser, Bauteile abgekühlt	max. 0,35 mm

Hauptbremszylinder

Geberzylinder Vorderradbremse	
Kolbendurchmesser	16 mm
Geberzylinder Hinterradbremse	
Kolbendurchmesser	13 mm

ABS I

ABS-Bauart	Teilintegralsystem, abschaltbar
ABS-Hersteller und -Bezeichnung	FTE

Elektronische Komponenten

Drehzahlsensor vorn	
Abstand zum Sensorrad	0,2 – 1,7 mm

ABS II

ABS-Bauart	Teilintegralsystem, abschaltbar
ABS-Hersteller und -Bezeichnung	Conti Teves

Elektronische Komponenten

Drehzahlsensor vorn	
Abstand zum Sensorrad	0,2 – 1,7 mm

Fußbetätigung

Leerweg Fußbremshebel zwischen Bremslichtschalterbetätigung und Anschlag Rahmen	2 – 3 mm
Fußbremshebel-Grundeinstellung Oberkante Fußbremshebel bis Oberkante Einstellschraube	10 – 11,5 mm

Motorrad-Räder

Vorderrad Unwucht	
zulässige Restunwucht	max. 5 g
Hinterrad Unwucht	
zulässige Restunwucht	max. 45 g
Wuchtgewicht für Hinterrad	Gewichte sind je zur Hälfte rechts und links an der Felge anzubringen max. 80 g
Wuchtgewicht für Vorderrad	Gewichte sind je zur Hälfte rechts und links an der Felge anzubringen max. 80 g

Räder mit Lagerung

Vorderradbauart	Gussrad mit 5 Doppelspeichen MT H2/ Kreuzspeichenrad mit 40 Drahtspeichen MT H2
Hinterradfelgengröße	4,00" x 17"
Vorderradfelgengröße	2,50" x 19"
Hinterradbauart	Gussrad mit 5 Doppelspeichen, MT H2/ Kreuzspeichenrad mit 40 Drahtspeichen MT H2
Höhenschlag Vorderrad	max. 1,5/1,7 mm
Seitenschlag Vorderrad	max. 1,5/1,7 mm
Höhenschlag Hinterrad	max. 1,5/1,7 mm
Seitenschlag Hinterrad	max. 1,5/1,7 mm

Bereifung

Reifenbezeichnung vorn	110 / 80 R 19
Reifenfülldruck vorn	
Solobetrieb, bei kaltem Reifen	2,2 bar
Betrieb mit Sozius und/oder Beladung, bei kaltem Reifen	2,5 bar
Reifenbezeichnung hinten	150 / 70 R 17
Vorder- und Hinterrad- Reifenprofiltiefe	
nur für Deutschland	min. 1,6 mm
außerhalb Deutschlands	länderspezifische gesetzliche Vorgabe
Reifenfülldruck hinten	
Solobetrieb, bei kaltem Reifen	2,5 bar
Betrieb mit Sozius und/oder Beladung, bei kaltem Reifen	2,9 bar
Radventilprüfdruck	4 bar

Empfohlene Reifenpaarungen
Eine Übersicht der aktuellen Reifenfreigaben sind bei Ihrem BMW Motorrad Partner oder im Internet unter »www.bmw-motorrad.com« erhältlich.

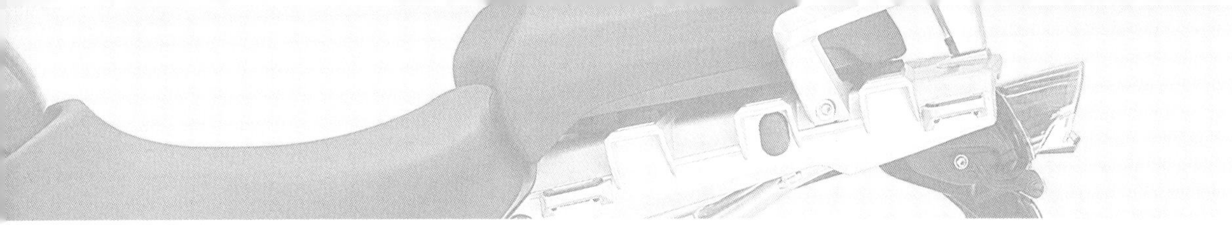

29

Sonderausstattung Kreuzspeichenräder

Vorderrad Unwucht	
zulässige Restunwucht	max. 5 g
Hinterrad Unwucht	
zulässige Restunwucht	max. 45 g
Wuchtgewicht für Hinterrad	Gewichte sind je zur Hälfte rechts und links an der Felge anzubringen max. 80 g
Wuchtgewicht für Vorderrad	Gewichte sind je zur Hälfte rechts und links an der Felge anzubringen max. 80 g
Vorderradbauart	Kreuzspeichenrad mit 40 Speichen, MT H2
Hinterradbauart	Kreuzspeichenrad mit 40 Speichen, MT H2
Höhenschlag Vorderrad	max. 1,7 mm
Seitenschlag Vorderrad	max. 1,7 mm
Höhenschlag Hinterrad	max. 1,7 mm
Seitenschlag Hinterrad	max. 1,7 mm

Motorradrahmen

Rahmenbauart	zweiteiliger Stahlrohrrahmen und mittragende Antriebseinheit
Typenschildsitz	linke Seite unter Seitencover
Fahrgestellnummernsitz	Vorderrahmen oben Mitte

Steckverbindung, Klemme

Belastbarkeit der Steckdose	max. 5 A

Batterie mit Halter

Batteriebauart	AGM-Batterie (Absorbent Glass Mat)
Batterienennspannung	12 V
Batterienennkapazität	14 Ah

Schalter und Relais

Betätigungsweg Handhebel zum Einstellen Schaltpunkt Mikroschalter	5 – 17 mm

Geschwindigkeitsanzeige mit Antriebswelle

Tachoantrieb/Signal	Hinterrad-Drehzahlsensor
Tachometer Bauart	elektronisch

Drehzahlmesser, Zeituhr und dgl.

Drehzahlmesser Bauart	elektronisch

Anzeige- und Instrumenten-Kontrollleuchten

Leuchtmittel der Instrumentenbeleuchtung und Warnleuchten	LED

Vordere Leuchten, Begrenzungs- und Seitenleuchten

Leuchtmittel für Standlicht	W5W / 12 V / 5 W

Scheinwerfer und Leuchten

Scheinwerferbauart	Doppelscheinwerfer in Freiformtechnik
Leuchtmittel für Fernlicht	H7 / 12 V / 55 W
Leuchtmittel für Abblendlicht	H7 / 12 V / 55 W
Abstand zwischen Scheinwerfer und Projektionsfläche für Scheinwerfereinstellung	10 m
Abstand Hell-/Dunkelgrenze zur Höhe der Scheinwerfermitte	
Fahrwerk in Grundeinstellung und Fahrzeug belastet mit 85 kg	15 cm
Leuchtmittel für Blinkleuchten vorn	R10W / 12 V / 10 W
mit SA Blinkleuchten weiß	RY10W / 12 V / 10 W
Leuchtmittel für Heck-/Bremsleuchte	P21/5W / 12 V / 5 W / 21 W
Leuchtmittel für Blinkleuchten hinten	R10W / 12 V / 10 W
mit SA Blinkleuchten weiß	RY10W / 12 V / 10 W

Diebstahlwarnanlage

Bauart Batterie	CR123A Lithium
Batterie Nennspannung	3 V

Zubehör für Gepäckträger

Zuladung Tankrucksack	5 kg
Zuladung der Koffer	siehe Hinweisschild im Koffer
Tempolimit für Fahrten mit Tankrucksack	130 km/h
Tempolimit für Fahrten mit Koffer	siehe Hinweisschild im Koffer
Zuladung des Topcase	siehe Hinweisschild im Topcase
Tempolimit für Fahrten mit Topcase	siehe Hinweisschild im Topcase

29 Technische Daten

29.1 Anzugsmomente

Motor

Motorgehäuse
Motorschutz-Aufnahme an Kurbelgehäuse
Puffer, M6 .... 8 Nm
Silentblock, M8 .... 19 Nm
Geänderte Motorschutzbefestigung ab April 2007
Halter Motorschutz vorn, M10 x 90 .... 19 Nm
Gummipuffer, M8 - 5.8 .... 19 Nm
Ölablassschraube an Kurbelgehäuse, M16 x 1,5... 32 Nm

Motorgehäuse links
M10 x 110
Voranzug .... 25 Nm
Endanzug .... 90°
M8 x 60, verschraubt mit Dichtring A8 x 13 Al ... 19 Nm
M6 x 50 .... 8 Nm
M6 x 35 .... 8 Nm
M6 x 25 .... 8 Nm

Motorschutz an Motor
vorn links, M8 x 16 .... 19 Nm
vorn rechts, M6 x 10, mit Scheibe .... 8 Nm
hinten links/rechts, Mutter M8 .... 19 Nm

Motorgehäuse rechts
M10 x 130
Voranzug .... 25 Nm
Endanzug .... 90°
M10 x 110
Voranzug .... 25 Nm
Endanzug .... 90°
M8 x 80 .... 19 Nm
M8 x 35 .... 19 Nm
M6 x 50 .... 8 Nm
M6 x 35 .... 8 Nm

Zylinder links an Kurbelgehäuse
M8 x 30 .... 19 Nm
M6 x 35 .... 8 Nm

Zylinder rechts an Kurbelgehäuse
M8 x 55 .... 19 Nm
M6 x 35 .... 8 Nm

Zylinderkopf mit Deckel
Zylinderkopfhaube an Zylinderkopf
M6 x 72 über Kreuz festziehen .... 10 Nm

Zylinderkopf an Zylinder
Mutter Zuganker
M10 über Kreuz stufenweise festziehen
Fügemoment .... 20 Nm
Voranzug .... 90°
Endanzug .... 90°
M10 x 90 .... 40 Nm
M6 x 30 .... 9 Nm

Zylinderkopf an Zylinder (Nachanzug)
Mutter Zuganker, M10
Muttern über Kreuz nacheinander lösen und wieder festziehen
Fügemoment .... 20 Nm
Endanzug .... 180°
M10 x 90
Schraube lösen und wieder festziehen .... 40 Nm
Öleinfüllschraube M34 x 1,5 .... 8 Nm

Gehäusedeckel

Riemenabdeckung an Motor M5 x 16 .... 5 Nm
Riemenabdeckung an Riemenabdeckung hinten
TS5 x 20 .... 3 Nm
Riemenabdeckung an Drehstromgenerator
M5 x 16 .... 5 Nm
Räderkastendeckel an Kurbelgehäuse
M6 x 30 .... 9 Nm
Lagerdeckel Nebenwelle vorn an Räderkastendeckel
M6 x 20 .... 8 Nm
Kupplungsabdeckung an Motor M6 x 16 .... 8 Nm

Gehäuseentlüftung
Entlüftungsanschluss an Zylinderkopf M6 x 14.... 8 Nm

Kurbelwelle mit Lager
Riemenrad an Kurbelwelle M22 x 1,5
Voranzug .... 40 Nm
Endanzug .... 140 Nm

Pleuel mit Lager
Verschraubung Pleuellager
Dehnschraube, M10 x 1,25, Schraube erneuern
Gewinde und Kopfauflage leicht geölt einbauen
Fügemoment .... 5 Nm
Voranzug .... 20 Nm
Endanzug .... 90°
Dehnschraube, M10 x 1, Schraube erneuern
Gewinde und Kopfauflage leicht geölt einbauen
Fügemoment .... 5 Nm
Voranzug .... 20 Nm
Endanzug .... 105°

Ausgleichswelle
Ausgleichsgewicht an Ausgleichswelle
Dehnschaftschraube, M8 x 70, Schraube erneuern
Voranzug .... 10 Nm
Endanzug .... 90°

Zahnrad an Ausgleichswelle
M8 x 50 .... 19 Nm
ab Oktober 2007
Mutter M12 x 1,5 .... 75 Nm

Nockenwelle
Kettenrad an Nebenwelle M5 x 16 - 10.9 .... 8 Nm
Kettenrad an Kurbelwelle M6 x 16 .... 8 Nm
Nockenwellenrad an Nockenwelle
M10 x 25 x 1,25 - 10.9 .... 65 Nm
Gehäuse für Kettenspanner an Kurbelgehäuse
M6 x 25... 8 Nm

Kettenspanner an Zylinder
Kettenspanner an Zylinder links, M18 x 1,5 .... 32 Nm
Kettenspanner an Zylinder rechts, M18 x 1,5...... 32 Nm
Lagerschraube der Steuerkettengleitschiene an Zylinder-/Kurbelgehäuse
M10, mit Dichtscheibe einbauen .... 18 Nm
Lagerschraube der Steuerkettenspannschiene an Kurbelgehäuse
M10, mit Dichtscheibe einbauen .... 18 Nm

Kipp-/Schlepphebel mit Lagerung
Gegenmutter Ventileinstellschraube M6 x 0,5 .... 8 Nm
Lagerbrücke an Steuerungsträger
M8 x 30 .... 18 Nm
M8 x 40 .... 18 Nm
Mutter Zuganker, M10
Fügemoment.................................. 20 Nm
Voranzug... 90°
Endanzug .... 90°

Nockenwellenlagerung
M8 x 65 - 10.9 .... 15 Nm
Steuerungsträger an Zylinderkopf
M6 x 30 .... 8 Nm
M6 x 60 .... 8 Nm

Ölversorgung
Kühlölleitung an Kurbelgehäuse (innerhalb Motor)
Hohlschraube M14 x 1,5......................... 25 Nm
Kühlölleitung an Kurbelgehäuse (innerhalb Motor)
M6 x 16... 8 Nm

Ölpumpe mit Sieb und Antrieb
Ölpumpe an Kurbelgehäuse
M6 x 40, Schrauben erneuern
Voranzug....................................... 4 Nm
Endanzug .... 90°
M6 x 45, Schrauben erneuern
Voranzug....................................... 4 Nm
Endanzug .... 90°
Ölansaugstutzen in Kurbelgehäuse rechts
M6 x 25.. 8 Nm
Überdruckventil in Kurbelgehäuse rechts
M20 x 1,5 - 5.8................................. 42 Nm

Ölfilter und Leitungen
Ölfilter an Kurbelgehäuse
Dichtring mit Motoröl benetzt................... 11 Nm

Ansaugkrümmer
Ansaugstutzen an Zylinderkopf M6 x 20.......... 8 Nm

Motorelektrik

Zündgeschirr, Zündkerzen
Hauptzündkerze an Zylinderkopf
Bosch YR5LDE, M12 x 1,25
Erst- und Wiederanzug .... 23 Nm
NGK DCPR8EKC, M12 x 1,25
Erst- und Wiederanzug .... 20 Nm

Nebenzündkerze an Zylinderkopf
Bosch YR5LDE, M12 x 1,25
Erst- und Wiederanzug .... 23 Nm
NGK DCPR8EKC, M12 x 1,25
Erst- und Wiederanzug .... 20 Nm

Zündspule
Abdeckung Nebenzündkerzenspule an Zylinderkopf
M6 x 12... 8 Nm

Generator mit Antrieb und Befestigung
Generator an Kurbelgehäuse, M8 x 25 .... 18 Nm
Kabelbaum an Generator M6..................... 6 Nm

Starter mit Befestigung
Starter mit Getriebe an Motor, M8 x 60.......... 19 Nm
Kabelbaum an Starter, M8....................... 10 Nm

Öldruck-, Öltemperatur-, Ölstandsanzeige
Öldruckschalter .... 30 Nm
Öltemperatursensor, M14 x 1,5.................. 16 Nm

Geber für Steuergerät
Kurbelwellensensor an Räderkastendeckel
M6 x 16... 8 Nm
Klopfsensor an Zylinder, M8 x 35................ 19 Nm
Nockenwellensensor an Nockenwellendeckel
M6 x 14... 8 Nm
Nockenwellendeckel an Zylinderkopf, M6 x 20 .... 8 Nm
Temperatursensor in Zylinderkopf, M10 x 1....... 10 Nm

Kraftstoffaufbereitung und Regelung

Einspritzdüsen und Leitungen
Halter Einspritzdüse an Drosselklappenstutzen
M5 x 16... 5 Nm

Ansauggeräuschdämpfer
Ansauggeräuschdämpfer an Heckrahmen, M6 x 8 8 Nm

Kraftstoffversorgung

Kraftstoffbehälter mit Einfüllrohr

Kraftstoffbehälter mit Halter Tankabdeckung an Vorderrahmen
M8 x 40 .... 19 Nm
Tankdeckel an Kraftstoffbehälter, M5 x 28 .... 3 Nm
Tankaufnahme an Verkleidungshalter, M8 x 25... 19 Nm

29 Technische Daten

Förderung, Aufbereitung und Inhaltsmessung, Steuergerät, Kraftstoffpumpe
Kraftstoffpumpe an Kraftstoffbehälter
Überwurfmutter ... 35 Nm

Kühlung

Ölkühler
Ölkühler an Verkleidungshalter, M6 x 30 ... 8 Nm

Ölkühlerleitungen
Ölkühlerleitung Vorlauf an Kurbelgehäuse
M6 x 16 ... 8 Nm
Ölkühlerleitung (Rücklauf) an Kurbelgehäuse
Hohlschraube, M16 x 1,5 ... 35 Nm
Ölkühlerleitung Rücklauf an Vorderrahmen
M6 x 12 ... 8 Nm
Ölkühlerleitung an Verkleidungshalter, M5 x 16 ... 5 Nm

Abgasanlage

Abgasrohr
Krümmer an Zylinderkopf
Hutmutter, M8 ... 21 Nm
Halter Abgasanlage an Getriebe, M6 x 38 ... 9 Nm

Schalldämpfer
Schalldämpfer an Heckrahmen, M8 ... 19 Nm
Schelle an Schalldämpfer und Abgaskrümmer
M10 x 1.5 x 52 - 10.9 ... 55 Nm

Abgasrohr mit Katalysator oder Komplettanlage
Lambdasonde an Krümmer,
Gewinde schmieren, Einbauhilfe (Optimoly TA)
M18 x 1,5 ... 45 Nm
Schelle Krümmer hinten, M6 x 25 ... 8 Nm

Kupplung

Kupplung mit Mitnehmerscheibe
Kupplungsgehäuse an Kurbelwelle
Schraube erneuern, Schraube geölt, M11 x 1,5 - 12.9
Voranzug ... 40 Nm
Endanzug ... 40°
Kupplungsgehäusedeckel an Kupplungsgehäuse
über Kreuz festziehen, M6 x 20 - 10.9 ... 12 Nm

Kupplungsbetätigung (Hydraulik)
Kupplungsnehmerzylinder an Getriebe ,M6 x 18 .. 8 Nm
Kupplungsleitung an Kupplungsarmatur
Hohlschraube, M10 x 1 ... 24 Nm
Kupplungsleitung an Nehmerzylinder
Hohlschraube mit Entlüfter, M10 x 1 ... 24 Nm
Entlüfterschraube an Hohlschraube ... 5 Nm

Schaltgetriebe

Getriebe-Öleinfüllschraube, M14 x 1,5 ... 30 Nm
Getriebeöl-Ablassschraube, M18 x 1,5 ... 30 Nm

Gehäuse mit Deckel
Getriebe an Motor
M8 x 35 ... 19 Nm
M8 x 50 ... 19 Nm
M8 x 75 ... 19 Nm
Getriebedeckel an Getriebegehäuse, M6 x 38 ... 9 Nm

Elektrische Anbauteile
Getriebepotenziometer an Getriebe, M6 x 28 ... 8 Nm
Getriebepotenziometer an Getriebe (berührungsloses Potenziometer), M5 x 16 ... 5 Nm

Äußere Schaltbetätigungsteile
Fußschalthebel an Zwischenwelle, M6 x 25 ... 8 Nm
Getriebeschalthebel an Schaltwelle, M6 x 25 ... 8 Nm
Kontermutter Kugelpfanne auf Schaltstange
Mutter M6 ... 8 Nm
Kugelzapfen an Getriebeschalthebel
Kugelzapfen M8 ... 19 Nm
Kugelzapfen an Zwischenwelle (Fußschalthebel)
Kugelzapfen M8 ... 10 Nm
Kontermutter Kugelzapfen an Zwischenwelle
Sechskantmutter M8 ... 17 Nm

Vorderachse, Vorderradführung

Teleskopgabel
Klemmschraube der Steckachse, M8 x 35 ... 19 Nm
Längslenker an Motor, M12 x 20
Voranzug ... 45 Nm
Endanzug ... 73 Nm
Federbein an Vorderrahmen Schraubensicherungsmittel (Loctite 243, mittelfest)
Sechskantmutter, M10 x 1,25 ... 34 Nm
Verschlussschraube an Gabelstopfen, O-Ring erneuern
M4 x 8 ... 2,3 Nm
Federbein vorn an Längslenker, Schraube erneuern, Schraubensicherung (mikroverkapselt), Kopf schmieren Einbauhilfe (Optimoly TA)
M10 x 50 x 1,25 ... 34 Nm

Kugelgelenk an Längslenker, Mutter erneuern, Schraubensicherung (mikroverkapselt)
M14 x 1,5 ... 130 Nm
Gabelbrücke an Vorderrahmen, Mutter erneuern, Schraubensicherung (mikroverkapselt)
M14 x 1,5 ... 130 Nm
Kugelgelenk in Gleitrohrbrücke, Schraubensicherung (mikroverkapselt)
M34 x 1,5 ... 230 Nm
Gabelbrücke oben mit Standrohr, Mutter erneuern Schraubensicherung (mechanisch)
M10 x 1,25 ... 40 Nm
Gabelbrücke unten an Gleitrohr, M8 x 25 ... 25 Nm

Hinterachse, Hinterradantrieb, -führung

Hinterradantriebsgehäuse mit Deckel
Gehäusedeckel an Winkelgetriebe, über Kreuz festziehen, M8 x 30 .... 30 Nm
Sechskantmutter an Kegelrad, Schraubensicherungsmittel (Loctite 2701, hochfest), Gewinde reinigen
M24 x 1,5 .... 200 Nm
Gewindering, M65 x 1,5 .... 180 Nm
Ölablassschraube in Winkelgetriebe, M12 x 1 .... 20 Nm
Öleinfüllschraube in Hinterradantriebsgehäuse
M12 x 1,5 mit Dichtring 12 x 16 .... 20 Nm

Hinterachsgetriebe-Aufhängung
Hinterradantrieb an Schwinge, Schraubensicherung (mikroverkapselt), Schraube erneuern, M12 x 1,5 100 Nm
Paralever-Strebe an Rahmen, Schraubensicherung (mikroverkapselt), Schraube erneuern
M10 x 55 - 10.9 .... 42 Nm
Paralever-Strebe an Hinterradantrieb, Schraubensicherung (mechanisch), Mutter erneuern
M10 x 55 - 10.9 .... 42 Nm
Gegenmutter Schwinge an Hauptrahmen links
M24 x 1,25 .... 145 Nm
Loslagerzapfen Schwinge an Hauptrahmen links, Gewinde und Lagersitz schmieren, Einbauhilfe (Optimoly TA), M24 x 1,25
Voranzug .... 20 Nm
lösen
Endanzug .... 7 Nm
Festlagerzapfen Schwinge an Hauptrahmen rechts
M6 x 16 .... 9 Nm
Abdeckschraube in Lagerzapfen rechts, M6 x 8 .... 9 Nm
Strebe links an Strebe rechts, Schraube erneuern, Schraubensicherung (mikroverkapselt), M6 x 16 .. 8 Nm

Federn mit Aufhängung
Federbein an Hinterradschwinge, im Reparaturfall Schraubensicherung verwenden, Schraubensicherungsmittel (Loctite 243, mittelfest)
M10 x 80 - 10 .... 58 Nm
Federbein an Hauptrahmen, Mutter erneuern, Schraubenkopf schmieren Einbauhilfe (Optimoly TA), Schraubensicherung (mechanisch),
M10 x 1,25 x 65 - 10.9 .... 50 Nm

Bremsen

Vorderradbremse
Bremsscheibe an Vorderrad
Linsenkopfschraube für Rollenpaket, Schraubensicherung (mikroverkapselt), über Kreuz stufenweise festziehen
M8 x 20 - 10.9
Voranzug .... 12 Nm
Endanzug .... 24 Nm
Linsenkopfschraube für Nietpaket (Nachrüstlösung), Schraube erneuern, Schraubensicherung (mikroverkapselt), über Kreuz stufenweise festziehen
M8 x 25 - 10.9
Voranzug .... 12 Nm
Endanzug .... 24 Nm
Bremssattel an Gleitrohr, M8 - 10.9 .... 30 Nm
Entlüfterschraube Bremssattel vorn .... 9 Nm
Gewindestift Bremsbeläge .... 7 Nm
Bremsarmatur Entlüfterschraube M5 .... 2 Nm

Hinterradbremse
Bremssattel an Winkelgetriebe, M8 x 25 .... 24 Nm
Bremssattel hinten Entlüfterschraube .... 5 Nm
Bremsscheibe an Radträger, Schraube erneuern, Schraubensicherung (mikroverkapselt), über Kreuz stufenweise festziehen
M8 x 15,5
Voranzug .... 12 Nm
Endanzug .... 30 Nm

Hauptbremszylinder
Kolbenstange Fußbremszylinder, Gegenmutter
M6 .... 8 Nm
Hinterradbremse Geberzylinder an Heckrahmen
M6 x 20 .... 11 Nm
Bremsflüssigkeitsbehälter an Heckrahmen, Schraube erneuern, Schraubensicherung (mikroverkapselt)
M6 x 10 .... 8 Nm

Bremsleitungen
Bremsschlauchabdeckung an Strebe, M6 x 16 .... 8 Nm
Bremsschlauch mit Hohlschraube an Komponenten
M10 x 1 .... 24 Nm
Verbindungsstück an Heckrahmen M6 x 16 .... 8 Nm
Bremsleitung mit Überwurfschraube an Komponenten
M10 x 1, M12 x 1 .... 14 Nm
Verteilerstück an Vorderrahmen M6 x 12 .... 11 Nm

Mechanisch-hydraulische Komponenten

ABS-Druckmodulator an Halter
Vibrationsdämpfer an Druckmodulator, M6 .... 5 Nm
Vibrationsdämpfer an Halter, Mutter M6 .... 8 Nm

Elektronische Komponenten
Drehzahlsensor an Gleitrohr, M5 x 10 .... 4 Nm
Drehzahlsensor an Hinterradantriebsgehäusedeckel
M5 x 10 .... 4 Nm

Fußbetätigung

Fußbremshebel mit Verbindungsgestänge
Fußbremshebel an Hinterrahmen, Schraubensicherung (mikroverkapselt), Schraube erneuern
M8 x 40 .... 21 Nm
Gegenmutter Fußbremshebel Anschlagschraube
M6, mit Sicherungslack sichern .... 9 Nm

30 Kabelverlegung

Kabelbaum links ABS
2004 – 2009

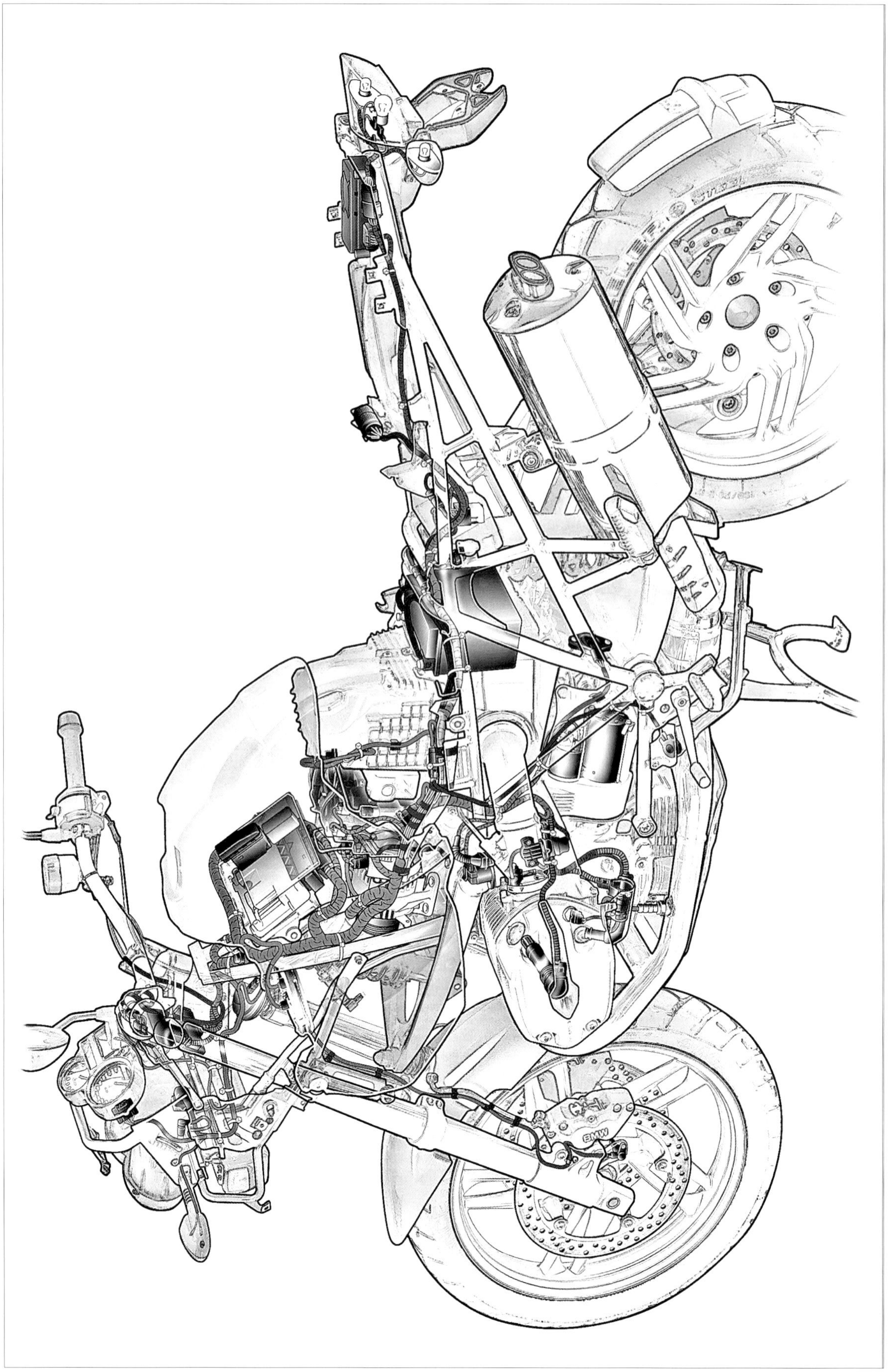

30

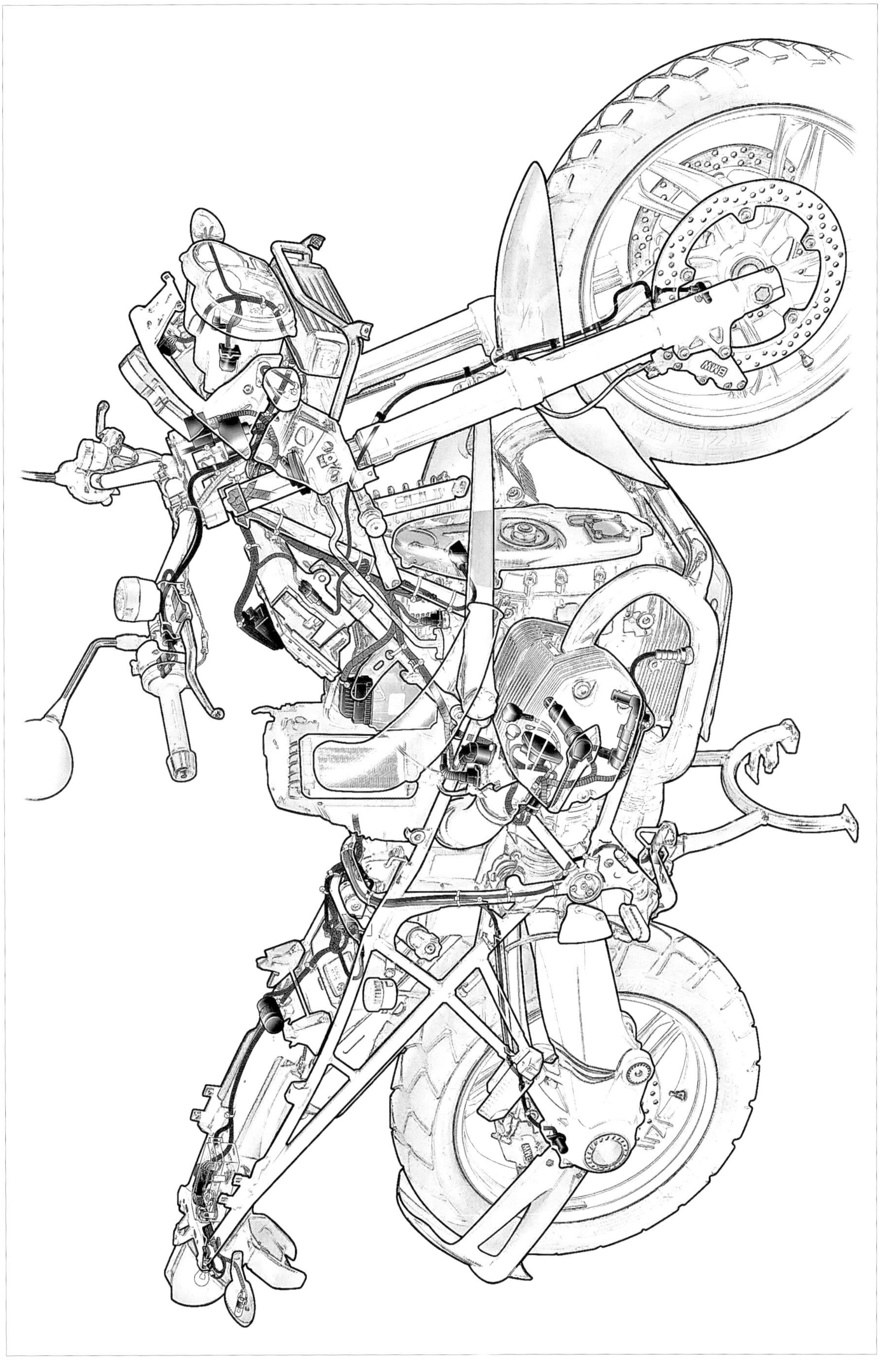

Kabelbaum rechts ABS
2004 – 2009

30 Kabelverlegung

Kabelbaum
Detail links
2010 – 2012

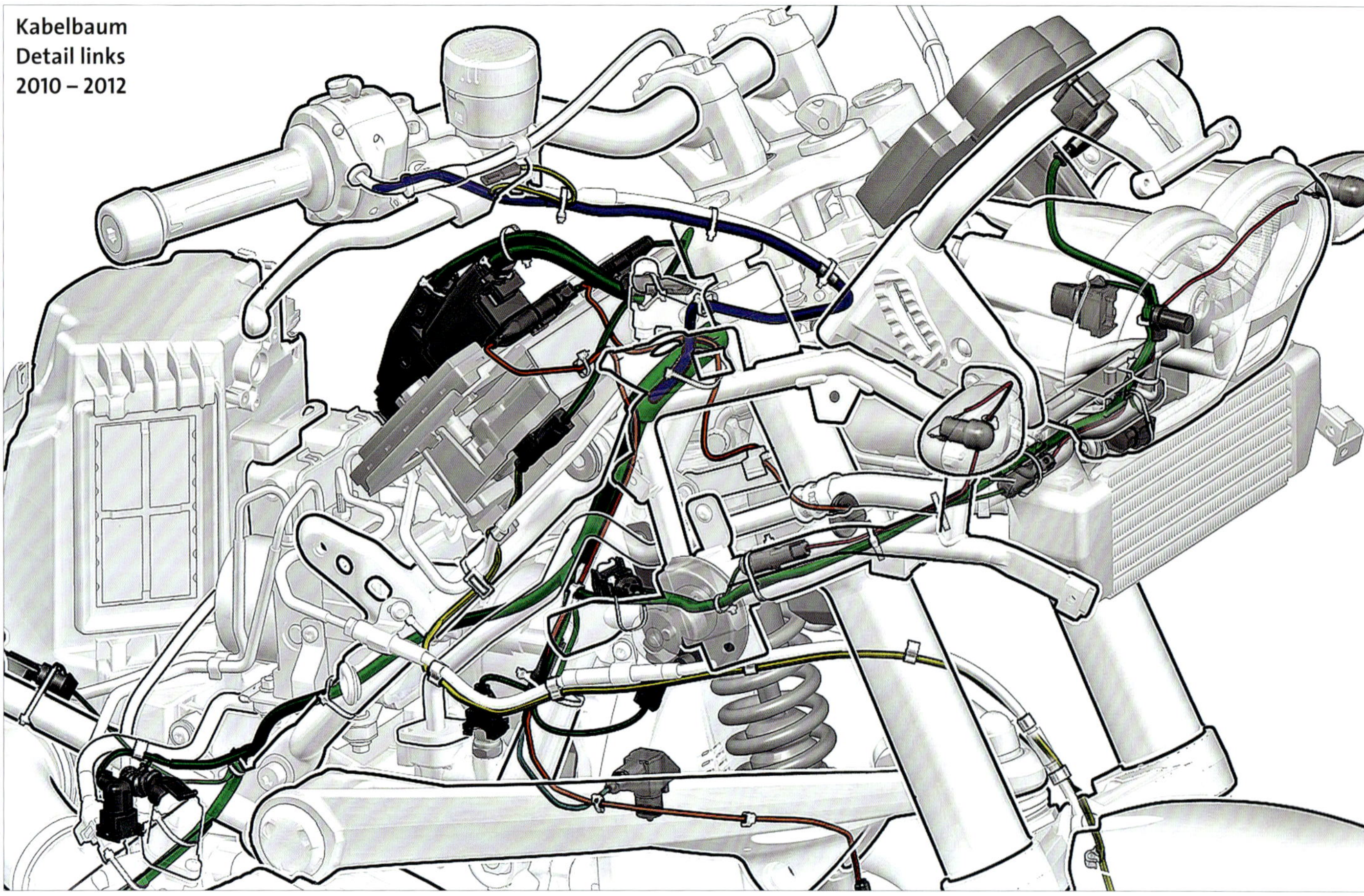

Motor-Kabelbaum
Zylinder
2010 – 2012

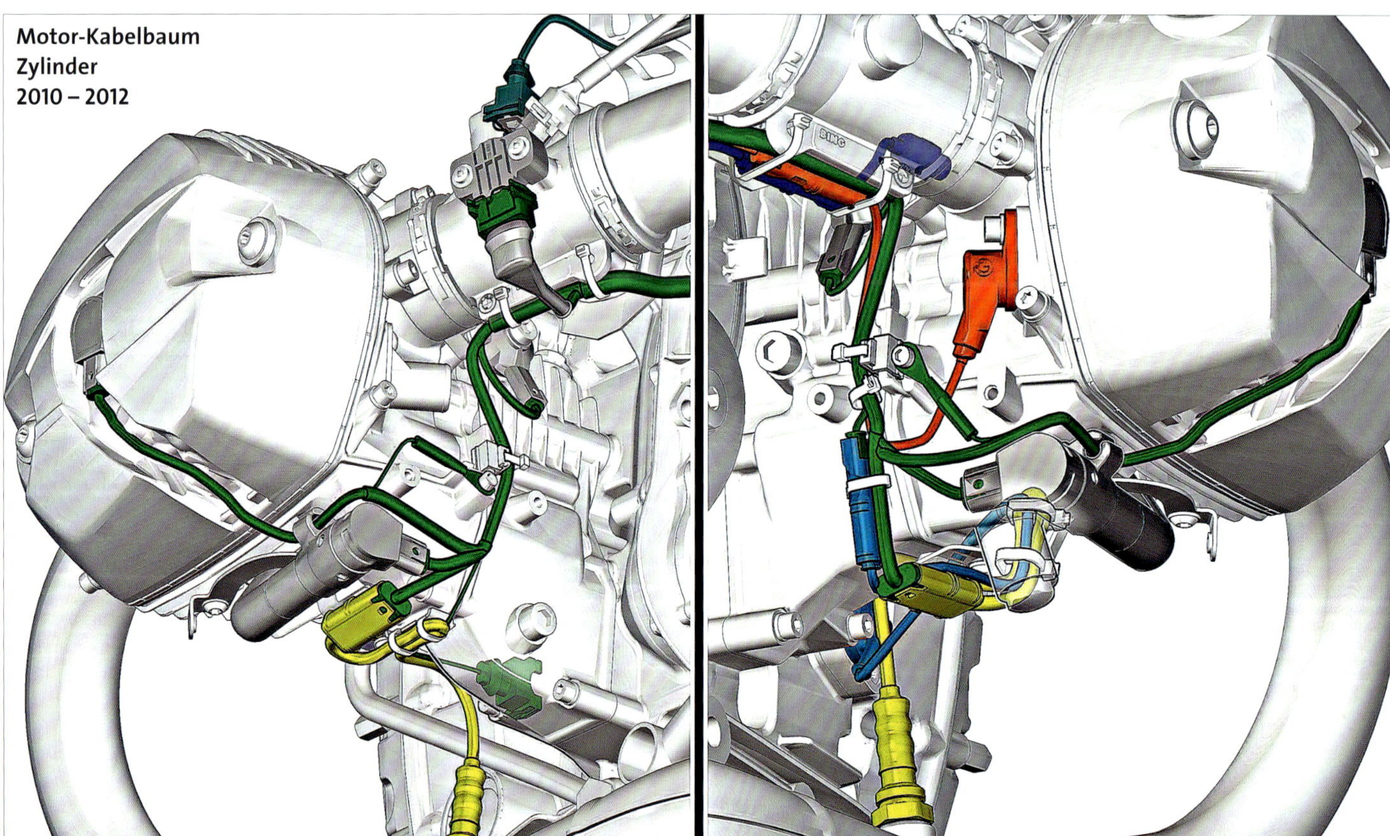

30

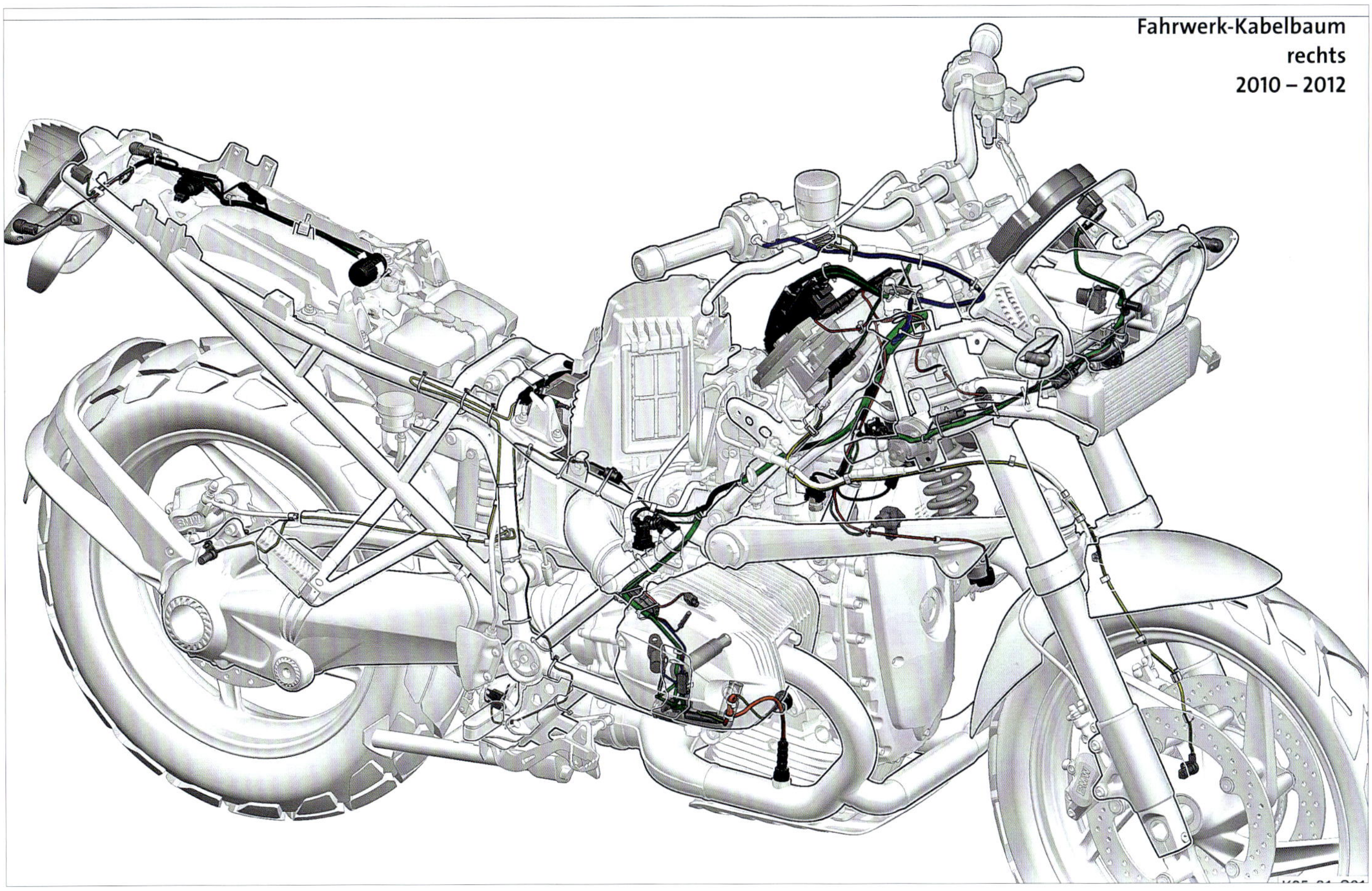

Fahrwerk-Kabelbaum
rechts
2010 – 2012

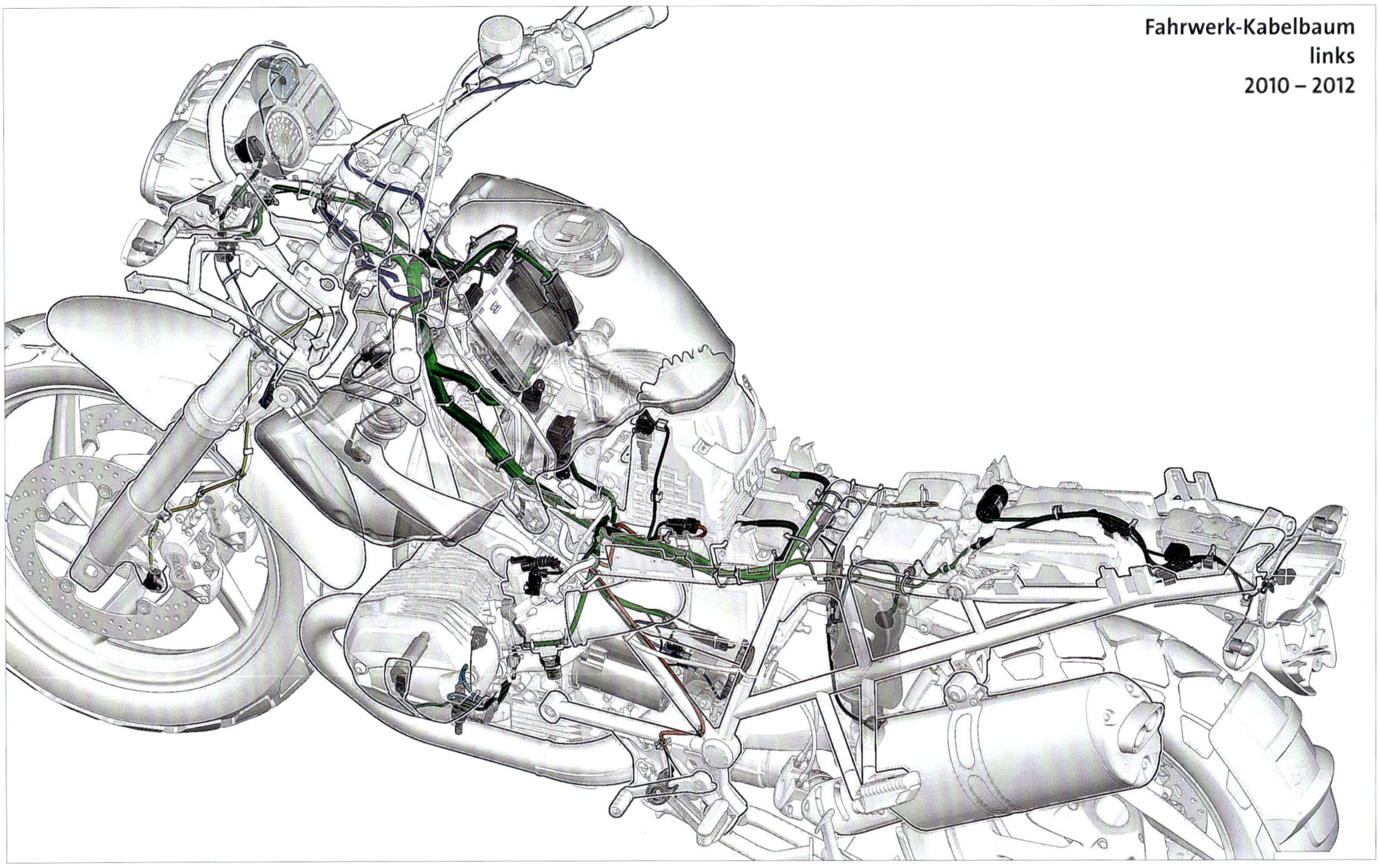

Fahrwerk-Kabelbaum
links
2010 – 2012

31 Modelle

R 1200 GS 2004

Hubraum: 1170 cm^3
Leistung: 72 kW/98 PS
bei Drehzahl: 7000 min^{-1}
Radstand: 1519 mm
DIN Leergewicht, fahrfertig, vollgetankt: 225 kg

felsrot uni metallisiert

ozeanblau metallic

wüstengelb uni metallisiert

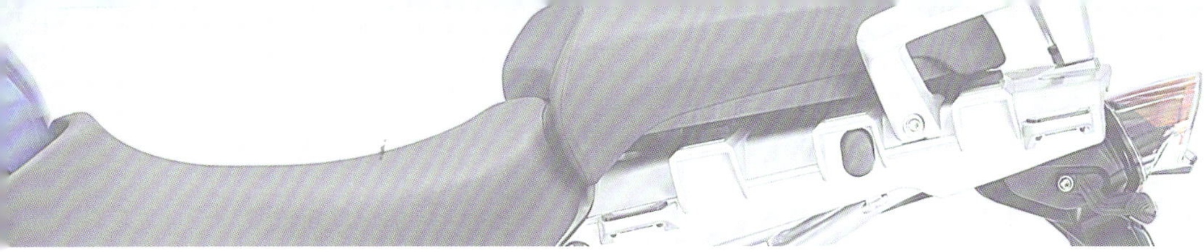

R 1200 GS Modelljahr 2006

Granitgrau metallic

R 1200 GS Modelljahr 2007

Nacht schwarz

31 Modelle

R 1200 GS 2008

Hubraum: 1170 cm³
Leistung: 77 kW/105 PS
bei Drehzahl: 7500 min–1
Radstand: 1507 mm
DIN Leergewicht, fahrfertig, vollgetankt: 229 kg

Namibiaorange

Tansanitblau

Titansilber metallic

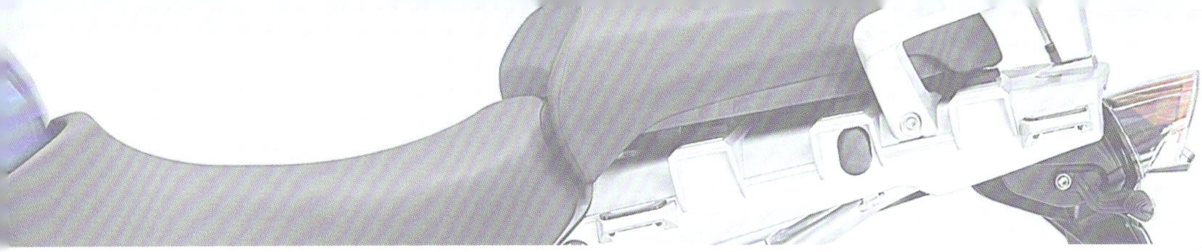

Schieferdunkel metallic matt

Alpinweiß uni, Schwarz lackierte Kreuzspeichenräder, Getöntes Windschild, Kotflügelverlängerung vorn, Zylinderkopfschutz aus Aluminium.

R 1200 GS 2009

31 Modelle dohc

R 1200 GS 2010

Hubraum: 1170 cm^3
Leistung: 81 kW/110 PS
bei Drehzahl: 7750 min^{-1}
Radstand: 1507 mm
DIN Leergewicht, fahrfertig, vollgetankt: 229 kg

Ostragrau metallic matt

Magmarot

Saphirschwarz metallic

Alpinweiß

R 1200 GS 2010

30 Years GS

Alpinweiß uni, Dreifarbiges Dekor in BMW Motorrad Motorsport Farben, Schriftzug „30 Years GS“ am Tank, Getöntes Windschild, Weiße Blinkleuchten, Kreuzspeichenräder mit schwarz eloxiertem Felgenring, Sitzbank in Rot mit dreidimensionaler „GS“-Prägung an den Seitenflanken.

31 Modelle dohc

R 1200 GS 2011

Triple Black

Tankcover und Vorderradkotflügel in Saphirschwarz metallic, Gabel und Motor in Schwarz uni, Schwinge, Heckramen und Zylinderkopfhauben in Asphaltgrau metallic, Kreuzspeichenrädern mit schwarz glänzendem Felgenbett, Schwarze Sitzbank mit auffälliger GS Prägung an den Seiten.

R 1200 GS Modelljahr 2012

Lupinblau metallic

Titansilber metallic

R 1200 GS 2012

Rallye

Karosserieumfänge in Alpinweiß uni und BMW Motorrad Motorsport Farben, Schwinge in Asphaltgrau metallic, Zylinderkopfhauben in Granitgrau metallic, Magmarot lackierte Heckrahmen.

31 Modelle Adventure

R 1200 GS 2006 Adventure

Hubraum: 1170 cm³
Leistung: 72 kW/98 PS
bei Drehzahl: 7000 min–1
Radstand: 1511 mm
DIN Leergewicht, fahrfertig, vollgetankt: 256 kg

Weißaluminium metallic matt Kniecover in Olivfarben

Alpinweiß uni

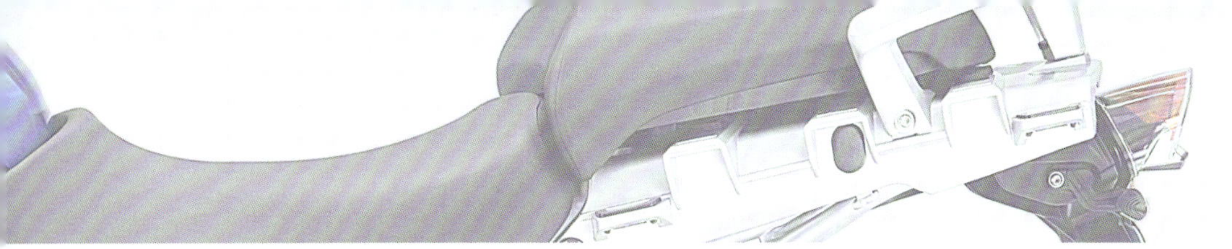

31

R 1200 GS 2008

Adventure

Hubraum: 1170 cm3
Leistung: 77 kW/ 105 PS
bei Drehzahl: 7500 min–1
Radstand: 1511 mm
DIN Leergewicht, fahrfertig, vollgetankt: 256 kg

Rot uni

Magnesium metallic matt

31 Modelle Adventure

R 1200 GS 2010

Adventure

Hubraum: 1170 cm^3
Leistung: 81 kW/ 110 PS
bei Drehzahl: 7750 min^{-1}
Radstand: 1510 mm
DIN Leergewicht, fahrfertig, vollgetankt: 256 kg

Rauchgrau metallic

Leuchtgelb metallic

R 1200 GS 2010

Adverture

30 Years GS

Alpinweiß uni, Dreifarbiges Dekor in BMW Motorrad Motorsport Farben, Robuster Motorschutz aus Aluminium, Extragroße Handprotektoren in Schwarz, Kreuzspeichenräder mit schwarz eloxiertem Felgenring, Sitzbank in Rot mit dreidimensionaler „GS“-Prägung an den Seitenflanken.

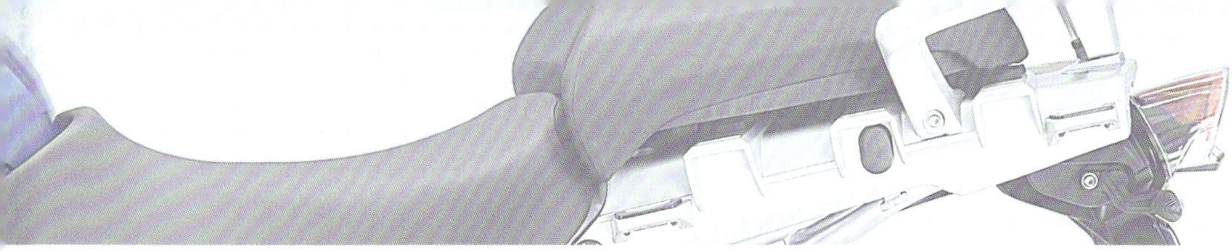

31

R 1200 GS 2011 Adventure

Triple Black

Lackierung der Karosserieumfänge in Saphirschwarz metallic, Telegabel in Schwarz, Motor in Schwarz, Heckrahmens in Asphaltgrau metallic, Einarmschwinge in Asphaltgrau metallic, Aluminium-Tankseitenverkleidungen in Silber, Zylinderkopfhauben in Granitgrau metallic, Zweifarbige Sitzbank in Schwarz/Rallyegrau.

R 1200 GS Adventure Modelljahr 2012

Alpinweiß uni
Sandrover uni

31 Modelle Adventure

R 1200 GS Adventure Modelljahr 2012

Magmarot uni

R 1200 GS 2013 Adventure

"90 Jahre BMW Motorrad"

Saphirschwarz metallic. Aluminium-Knieschutz in olivgrau eloxiert, Schwinge und Heckrahmen in Asphaltgrau metallic matt, Schwarz eloxierte Paralever-Strebe, Zylinderschutzhauben in Granitgrau metallic matt, Motor in Schwarz matt, Gold eloxierte Gabelstandrohre und Bremssättel vorne und hinten, Sitzbank in Luxor Olivgrau/ Seta Schwarz.